藝術文獻集成

花鏡

〔清〕陳淏

浙江人民美術出版社

圖書在版編目(CIP)數據

花鏡/(清)陳淏撰;陳劍點校.—杭州:浙江人民美術出版社,2019.12

(藝術文獻集成)

ISBN 978-7-5340-7501-8

Ⅰ.①花… Ⅱ.①陳… ②陳… Ⅲ.①觀賞園藝-中國-清代 Ⅳ.①S68

中國版本圖書館CIP數據核字(2019)第152768號

花　鏡

〔清〕陳　淏 撰
陳　劍 點校

責任編輯　霍西勝　張金輝　羅仕通
責任校對　余雅汝　於國娟
裝幀設計　劉昌鳳
責任印製　陳柏榮

出版發行　浙江人民美術出版社
（浙江省杭州市體育場路347號）
網　　址　http://mss.zjcb.com
經　　銷　全國各地新華書店
製　　版　浙江時代出版服務有限公司
印　　刷　三河市元興印務有限公司
版　　次　2019年12月第1版・第1次印刷
開　　本　880mm×1230mm　1/32
印　　張　14.25
字　　數　140千字
書　　號　ISBN 978-7-5340-7501-8
定　　價　79.80圓

點校說明

成書于清康熙年間的《花鏡》是一部關於傳統園林藝術的撰著。根據作者《自序》，可知是在其對「園林花鳥」諸事有過詳盡親身實踐或調查瞭解，對藝園之道亦頗有獨得之秘後，爲使「人人盡得種植之方」而撰就的。全書凡六卷。卷一作「花曆新裁」，對全年占候情況進行了介紹，并就每月在分栽、移植、扦插、接換、壓條、下種、收種、澆灌、培壅、整頓等方面的工作做了具體而細微的羅列。卷二爲「課花十八法」，系統記述了觀賞花木的栽培原理和管理方法。卷三至卷五分「花木類考」、「藤蔓類考」和「花草類考」，對涉及園藝的近三百種植物的名稱、形態、習性、產地、用途及栽培等方面的情況進行了系統介紹。卷六所附爲禽鳥、獸畜、鱗介、昆蟲等觀賞動物。從作者的敘述過程和結構來看，卷二的篇幅儘管偏少，却是全書最爲核心的部份。該卷不僅從科學的角度闡釋了諸如「人力亦可以奪天功」之類重視人的主觀能動性的觀點，卷末所附數則「花間日課」、「花園款設」和「花園自供」，對作者徜徉花鏡的生活進行了粗線條的描述，在無意間却也流露出一種遺留自晚明時期崇尚山居閑賞的「隱君子」氣息，成爲中國傳統農書中「山居系統」特徵的重要例證，同時也是對中國傳統造園藝術，尤其是游藝和陳設造物藝術方面的概要總結。

《花鏡》一書的作者，在以往的介紹中多作「陳淏子」，但根據其同時期後輩文人，尤其是方象瑛撰《扶搖陳先生暨元配戴孺人合葬墓誌銘》中「扶搖先生……諱淏，字爻一，號扶搖」的記載，以及其長子陳枚輯《留青新集》中收録陳扶搖撰著的《賀張鄒彦五袠壽序》、《答聘啟》、《賀笠翁六袠舉第六子啟》等數篇軼文，其作者署名均作「陳淏扶搖」或「陳淏爻一」，由此可知《花鏡》作者署名作陳淏較爲恰當。另一方面，經由今人誠堂、王建等先生考證，一直以來或由《自序》所稱「年來虛度二萬八千日」之句稍加推算得出的作者生年，或以「始末不詳」帶過的作者生平，也可自林雲銘撰《壽陳扶搖先生七十序》和方象瑛撰《扶搖陳先生暨元配戴孺人合葬墓誌銘》兩文知其大概。據《壽序》載「今上御極之二十有三年……爲扶搖先生侑古稀之爵」，因此得知陳淏於康熙二十三年（一六八四）虛歲七十，故其生於明萬曆四十三年（一六一五）。《墓誌銘》曰「康熙癸未年十月……將奉兩尊人柩合葬陸家坳祖塋南山之陽」，可知陳淏卒于康熙四十二年（一七〇三），壽高八十九虛歲。

《花鏡》自付梓以來，一直只在坊間傳刻，其裝訂方式或作一册、二册、三册、四册、六册不等，且其具體刊刻時間跨度較大，刊刻地點也較多，版本十分蕪雜。根據酆裕洹、伊欽恒、肖克之等先生的整理，以及各大圖書館藏書目録，除去未注明刊刻地點者，可知《花鏡》自清初刊行直至民國時期的版本不下數十種，現擇要羅列如下：

①金閶書業堂《花鏡》木刻二册（康熙二十七年，一六八八）。
②善成堂《花鏡》木刻二册（康熙二十七年，一六八八）。
③文會堂《花鏡》木刻四册（康熙二十七年，一六八八）。
④文治堂刊本（康熙二十七年，一六八八）。
⑤日本京都林權兵衛刊刻平賀源内校正六册（安永二年，一七七三）。
⑥芸生堂《秘傳花鏡》木刻六册（乾隆四十八年，一七八三）。

⑦慎德堂《花鏡》木刻四册（乾隆四十八年，一七八三）。

⑧文德堂《秘傳花鏡》木刻四册（乾隆四十八年，一七八三）。

⑨藻文堂刊本（乾隆四十八年，一七八三）。

⑩桂林堂刊本（乾隆四十八年，一七八三）。

⑪大文堂《秘傳花鏡》木刻四册（乾隆年間）。

⑫日本皇都菱屋孫兵衛刊刻平賀源内校正本（文政元年，一八一八）。

⑬日本皇都書林文泉堂、花説堂、五車樓合梓《秘傳花鏡》補刻平賀源内校正六册（文政十二年，一八二九）。

⑭掃葉山房《秘傳花鏡》木刻六册（同治八年，一八六九）。

⑮萬卷樓藏板《群芳花鏡全書》木刻六册（同治八年，一八六九）。

⑯上海書局《群芳花鏡全書》石印四册（光緒三十年，一九〇四）。

⑰漢口四官殿煉石書局《秘傳花鏡》石印六册（民國二年，一九一三）。

⑱上海煉石書局《秘傳花鏡》石印二册（民國二年，一九一三）。

⑲上海沈鶴記書局《群芳花鏡全書》石印一册（民國三年，一九一四）。
⑳錦章書局《繪圖園林花鏡》石印一册（民國三年，一九一四）。
㉑上海中華新教育社《繪圖百花栽培秘訣》石印二册（民國十一年，一九二二）。
㉒大美書局《群芳花鏡全書》排印一册（民國二十五年，一九三六）。
㉓上海沈鶴記書局《群芳花鏡全書》石印一册（民國二十五年，一九三六）。
㉔日本東京弘文堂書局《秘傳花鏡》排印杉本行夫翻譯本一册（昭和十九年，一九四四）。

筆者先後查閲的則主要有澳大利亞國家圖書館藏金閶書業堂刻本（下文簡稱「書業堂本」）、復旦大學圖書館藏《秘傳花鏡》六卷（收入《續修四庫全書》子部第一一一七册，未署明版本，具體行文與書業堂本無異，下文簡稱「復旦本」）、湖南圖書館藏《秘傳花鏡》六卷（牌記題名《花鏡》，未署刊刻處所，下文簡稱「湘圖本」）、故宫博物院藏文會堂刻本（下文簡稱「文會堂本」）、日本早稻田大學藏文泉堂、花説堂、五車樓合刻本（下文簡稱「和刻本」）、蘇州市圖書館藏萬卷樓清刻巾箱本（下文簡稱

「萬卷樓本」）等幾種。

其中，書業堂本、湘圖本、文會堂本、和刻本的作者自序均署「康熙戊辰」，獨萬卷樓本署「乾隆癸卯」，加之和刻本牌記欄外頂眉處標注「文政十二丑年補刻」、萬卷樓本牌記標注「同治八年新刊」的字樣，可知二者具體刊刻年代。此外，儘管書業堂本、湘圖本、文會堂本均未注明具體刊刻場所和時間，然其正文中數處「曆」字均無避諱，故爲各家公認是早於乾隆的康熙刻本。又，文會堂本還出現了部份段落錯亂以至與目録不能對應的情況，在整體秩序上稍遜於書業堂本和湘圖本。而且，從書業堂本、湘圖本與文會堂本所附版畫刻劃的整體水平來看，不僅可以看出湘圖本與書業堂本的承繼關係，二者也遠較文會堂本要早。

結合本書的版本源流情況和筆者接觸到的學術資源，此次點校以書業堂本同時參閱湘圖本爲底本（下文并稱「書業堂本」），參校了文會堂本、和刻本、萬卷樓本。在本書的校勘過程中，凡底本正確而校本有誤者，一般不出校記，然底本和校本雖有異處，又有不同含義者，亦列入校記。另外，具體到對校工作中，諸如「日」「曰」、「己」

「巳」等明顯錯訛或誤植之處，一律徑改而不出校記；而其中另有別意，或參考他著進行校正者，則於校記中予以説明，一則却掠美之嫌，一則資讀者自行參考、取用。

另外，《花鏡》所附各類花木、藤蔓、花草和禽鳥、獸畜、鱗介、昆蟲等版畫，歷來便是本書重要的組成部份，前述幾種此次點校所採用的版本中，底本書業堂本和校本文會堂本、萬卷樓本均收圖凡一百四十八幀，獨和刻本收録三百二十四幀，且其版刻較爲精細，因此將其進行適當修復之後再附於書後。

在這次點校工作中，參閲一九四九年來的整理和研究成果主要有：《花鏡》（整理本，中華書局一九五六年版，下文簡稱「中華本」）、《花鏡研究》（鄷裕洹編著，農業出版社一九五九年版，下文簡稱「鄷著」）、《花鏡》（伊欽恒校注本，農業出版社一九六二年版）、《〈花鏡〉伊校本拾遺》（孟方平撰文，載《中国农史》一九八七年第四期，下文簡稱「孟文」）等數種。另外，復旦本、和刻本部份書頁還有前人校讀手蹟，亦爲此次校勘提供了幫助，在此一并説明。

壬辰冬月抱風堂記於嶽麓之陰

目録

卷一

卷二

課花十八法

卷三

卷四

藤蔓類考

卷五

花草類考

卷六

附録

卷一

花曆新裁

正月占驗

九焦在辰，天火在子，地火在戌，荒蕪在巳。以上四月所當忌者，每月須當查看。

【立春日】晴明少雲，歲熟；陰則蟲傷禾。風從乾來，屬西北方。主暴霜殺物；坎來，西方。主大寒；震來，東方。有暴雷；巽來，東南。多蟲災；離來，南方。旱傷萬物。坤來沖方，西南。爲逆氣，主寒；六月有大水，無風人安物倍。赤雲在東方，主春旱；黑雲，春多雨水；赤雲在南方，主夏旱。虹見正東，春多雨，夏有火災，秋多水。下雨，主水。雪先春一日，年豐。

【元旦日】值丙，主四月旱；值戊〔一〕，主春旱四十五日；值己、癸，多風雨；值辛，主旱。歲朝東北風，主年豐；西北風，大水。四方有黄雲，主熟；青，主蝗；赤，主旱。東井有雲，歲澇；雨，主春旱。虹見，多旱。霞，主蝗蟲，果蔬盛。天有青氣，主蝗；赤氣，旱；黑氣，水。霜，主七月旱；有雹，人多疾。雷鳴，主七月有霜。霧，主大水，桑賤。大雪年豐，主秋水。【二日】值甲，爲上歲。【三日】得卯，主大水；得辰，晴雨匀。晴明，主上下安；月暈，所宿地小熟。風從東南來，旱；西北，水。【四日】值甲，爲中歲。【五日】值甲，爲下歲，得卯，主大水；得辰，稔。晴明，人安。雨，田地有收，蠶不收。霧大，傷穀。【六日】得辰，大稔。晴明，主大熟。【七日】得卯，春澇；得辰，水；得酉，中歲。晴明，主人安。風雨多，草木災。【八日】得卯，春澇，主全收。得辰，先旱後水。晴暖，宜穀，高田熟。雲掩月，春雨多。是日不見參星，月半看見紅燈。蜀俗以是日踏青。【九日】得辰，主仲夏水災。【十日】得辰，主水。月暈，主大旱。【十二日】得辰，主冬大雪；得酉，大熱。月暈，主飛蟲多死，大冷。

【上元日】晴，主三春少雨，百果熟。風吹上元燈，主寒食雨。有霧，主水。雨打上元燈，主秋無收。一〔二〕法：夜豎一丈竿，候月午影，六七尺，稔；若八九尺，主水；三五尺，必旱。

【雨水日】陰多，主水少；高下并吉。【十六】夜晴，主旱。風起西北最良。雨，主歲全收。【十七】爲秋收日。晴，主秋成，百花蕃茂。【晦日】有風雨，歲惡。

凡月內有三亥，主大水。日暈丙丁，主旱；戊己，水；庚辛，兵；壬癸，江河決溢。上旬月一暈，主樹木生蟲；二暈，禾穀蟲；三暈，主雷震物。暈多至六七，路多死人。廿三、廿四日暈，五穀不成。廿五日暈，梟貴。春雪多，應在一百二十日有大水。

正月事宜

辰御勾芒，木道升於初震；歲推更始，履端造於獻春。繫七十二候之初，二十四番之首。是月也，魚負冰，候雁北，甌蘭芳，瑞香烈，櫻桃將葩，楊柳欲荑，望春先放，百卉發萌，萬花時育，正園主人所當著意之秋也。因輯事宜十條於後，以便園丁從事，豈曰小補之哉。

分栽

木蘭、金雀兒。

移植

松、山茶〔三〕、楊柳、瑞香、迎春、木蘭、牡丹、蜀葵、桃、梅、李、木香、杏、棣棠、紅花。

扦插

長春、薔薇、錦帶、梔子、葡萄、棣棠花、紫薇、白薇、木香、迎春、石榴、佛見笑、金沙、櫻桃、銀杏、楊柳、素馨、西河柳、玫瑰、菊、珍珠珮。

接換諸般花果，皆可接換。

蠟梅、瑞香、海棠、梨、繡毬、林檎、柿、木瓜、壅狗糞。桃、榠樝、梅、薔薇、杏、李、半杖紅、以上并宜雨水後。 寶相、月季、荼蘼、木樨、以上宜中旬。 胡桃、橙、橘、桑。以上宜下旬。

壓條凡可扦插者，皆可壓條。

杜鵑、山茶、木樨、桑。

下種諸般花子皆可下。

松子、杏子、胡桃、榛子、枳殼、山藥、薏苡、橙、橘、次年分栽。萵苣、枸橘。

收種無。

澆灌凡草木花果，皆可澆肥。

牡丹、芍藥、瑞香、林檎、杏、茉莉、略潤。梅、桃、李、梨、葵。

培壅

石榴、梨、海棠、棗、林檎、櫻桃、柿、栗。

整頓

稼李〔四〕，元旦早，修剪諸樹枝條，紮花架，蓋葺墻垣，修池塘岸，整理器具，燒荒草，凡屬種植地，澆糞耕鋤，地熟候用。

二月占驗

九焦在丑，天火在卯，地火在酉，荒蕪在午。〔五〕

【春分日】天晴燠熱，萬物不成。月無光，有災。風從乾來，多寒；艮來，東南，主水暴出；巽來，草木生蟲，主四月暴寒；離來，主五月先水後旱；坤來，多水；兑來，北方，爲逆氣，主春寒。有青雲，年豐；有霜，主旱。

【朔日】值春分，主歲歉；值驚蟄，主蝗火。有風雨，主人災歲歉。【二日】見冰，主旱。閩俗以是日爲踏青節。【八日】東南風，主水；西北風，主旱。夜雨，桑柘貴。【十二】爲花朝。天晴，百果實；最忌夜雨，若得是夜晴，一年晴雨調匀。【十三】爲收花日，亦須晴明。

【花朝】一云「十五」，又爲勸農之日。晴明，主百花有成；風雨，主歲歉；月無光，有災異。

凡月内值月蝕，粟賤人饑。虹多見於東，主秋米貴；見於西，主絲貴、人災。有霜，主旱。

【社日】立春後五戊爲社。社在春分前，主年豐。在春分後，年惡。社日晴明，草木蕃茂，六畜大旺。略有微雨不妨。

二月事宜

花明麗日，光浮竇氏之機；鳥弄芳園，韻叶王喬之管；飄香墮䔉，擔風吞宿蝶之花；徙影流衣，握月卧聽鸝之酒。是月也，玄鳥至，倉庚鳴，桃始夭，李方白，玉蘭解，紫荆繁，梨花溶，杏花飾其靨，正花之候也。

分栽

紫荆、淩霄、山礬、萱草、迎春、笑靨兒、玫瑰、杜鵑、石榴、芭蕉、甘菊、映山紅、百合、木瓜、榆、木筆、茴香、珍珠珮、木槿、栗、玉簪、山丹、菊秧、金雀兒、石竹、菖蒲、蜀葵、虎刺、茨菰、十姊妹、甌〔六〕蘭、壽李、錦帶、柳、竹秧、甘露子。

移植餘同正月。

銀杏、桃、海棠、杏、葡萄、雪梅堆、芙蓉、玉簪、李、蜀葵、棗、山茶花、梧桐、栗、萱草、槐、蔓菁、蓖麻子、荼蘼、茱萸、桑、漆、椒。

扦插

梔子、瑞香、葡萄、梨、石榴、西河柳、木槿、芙蓉。春分日扦，妙。

接換皆宜春分前後，凡可接者，亦可過貼。

香櫞、橘、香橙、金柑、柚、紫丁香、沙柑、银杏、桃、梅、楊梅、林檎，宜春分日。石榴、李、枇杷、海棠、胡桃、紫荆花、大笑、榲桲、棗、柿，春分前。栗、木樨，宜春分後。桑秧、梨、山茶。

壓條

松、榛、栗、茶、枳、枸杞、榆、槐、椒、楮、桑、葡萄、梧桐。

下種

金錢、鳳仙、黄葵、茶子、山藥、曼陀子、松子、榛子、枳子、楮子、桐子、草決明、槐子、榆莢、茴香、椒核、雞冠、十樣錦、藕秧、花紅、胡麻、銀杏、紫蘇、老少年、麗春、紅花、桑椹、芝麻、皂莢、雁來黄、金雀花、剪春羅、剪秋紗、棉花、千日紅、秋海棠。

收種無。

澆灌凡可培壅者，皆可澆灌。

牡丹、芍藥、瑞香、柑、橘、林檎、橙、柚。

培壅

木樨、葡萄、皆宜用猪糞土。橘、橙、櫻桃、椒、皆宜糞灰及細土和，覆根。荷花。宜菜餅或麻餅屑壅。

整頓

整葡萄架，扶條幹上棚。修溝渠，築墻垣，去樹裏草。遇社日，以杵舂百果樹下，結實不落。凡諸草木茂而不實者，以祭餘酒灑之，即生。社日若芸草捉蟲，則不生。

三月占驗

九焦在戍，天火在午，地火在申，荒蕪在丑。

【清明日】喜晴，雨則百果損。西南風發，損桑。雷鳴，主麥虛。

【朔日】值清明，草木茂；值穀雨，年豐。風雨，草木多蟲傷；雷鳴，主旱。【三日】晴，主桑葉貴；雨，宜蠶，主水旱不時。有雷電，小麥貴；見霜，大冷。【四日】雨，主澇。【六日】大壞墻屋。【七日】南風，主歲歉。雨，主決損堤防。【十一】麥生日，宜晴。

【穀雨】前一日有霜，主歲旱。【十六】是日爲黄姑浸種日，不宜起風，若有西南風，主大旱。【晦日】有雨，麥不熟。

凡月内有三卯，宜豆；無，則麥不收。值日蝕，絲米貴。風不衰，主九月霜不降。雲甚厚重，主暴雨將至。暴雨至，名「桃花水」，主梅雨必多，須料理畏濕花木。雹多，歲稔。雪經三日不消，主九月霜不降，歲荒。

三月事宜

景逼三春，氣臨節變；金谷芳塘，無非繡譜；草茵花綺，盡成香國。繁紅鬧紫，相映踏青之履；燕蹴鶯翻，亂點玉人之額。是月也，鳴鳩拂其羽，戴勝降於桑；薔薇蔓，棣萼韡，木筆書空，海棠朝睡，柳絮化萍，雪毬解落，花之盛也。

分栽

銀杏、葡萄、櫻桃、石榴、剪金、南天竺、望仙、梔子、玫瑰、罌粟、栗、孩兒菊、松、枸杞、芙蓉、芭蕉、石竹、剪秋紗、山丹、百合、玉簪、杏、決明、紅鉢盂、菊、清明後。箬蘭、棗、藕秧、碧蘆。

移植凡可分栽者，皆可移植。

石榴、木樨、冬青、薔薇、木槿、夾竹桃、枇杷、槐、菖蒲、檜、梧桐、醒頭香、芍藥、茱萸、橘、梔子、橙、秋海棠、梨、椒、木香、柑、芙蓉、茶、宜向陽之地。楊梅、木瓜、茨、紫蘇、菱花。

扦插

葡萄、瑞香、薔薇、櫻桃、月季。

接換

梅、杏接佳桃不久。杏、梅接更宜。柿、桃接。桃、梅接。李、桃接。玉蘭、木筆接。栗、同木[七]接。橘、橙、香櫞、柑，俱橘[八]接。楊梅、枇杷、棗、繡毬、冬青。

壓條

石榴、梔子、梧桐、茶條、木棉[九]、夾竹桃。

下種

梧桐、梔子、鳳仙、雞冠、紫草、十樣錦、木棉、紅蓼、山茶、皂角、紅花、小茴香。

收種

櫻桃、榆莢、金雀花。

澆灌

凡木并蔬草之未發萌者，皆可澆肥；如已發萌，則不可著肥。若土燥，只宜清水。

培壅附過貼三種，其法詳「十八法」內。

石榴、玉蘭、夾竹桃，俱宜過貼。萵苣、苧麻。俱宜壅肥土。

整頓

建蘭、出窖。菖蒲、出窖後日添水。橘、橙、俱去裹草。水竹、茉莉、虎刺、天棘、鬧山，俱方出露天。收蠶沙，開溝渠。

四月占驗

九焦在未，天火在酉，地火在辛，荒蕪在申。

【立夏日】天晴，主旱。日暈，主水。有雨，吉。有風，主熱。風從乾來，主霜；坎來，多雨，地動，魚蝦廣；艮來，山崩地動；離來，夏旱；坤來，人不安，草木傷；兑來，有蝗〔一〇〕。南方有雲，年豐。虹出正南，貫離位，主旱，有火災。有露，主桑貴。

【朔日】值立夏，主地動，人不安；值小滿，草木災。晴明，歲豐。晴太燠，主旱。日生暈，主水。風，主熱，有重種兩禾之患。大風雨，主大水。【四日】稻生日，宜晴。【八日】夜雨，果實少。【十三】有雨，麥不收。【十四】晴，主歲稔。東南風，吉。

【小滿】有雨，主歲大熱。【十六】宜雨。如日月對照，主秋旱。月上早，色紅，主大旱；遲而白，主水。【二十】俗名爲「小分龍日」，晴則分嬾龍，主旱；雨則分健龍，主水。一云二十八日方是。東南風發，謂之「鳥兒風信」，主熱。

凡月内有三卯，宜麻。日暈逢壬癸，主江河決溢。大寒，主旱。諺云：「黄梅寒，井底乾。」

四月事宜

炎氛扇夏，草欲迎涼；丙日烘天，蓮思脱火。篁新籜解，櫻薦盤登；緑暗紅稀，群芳斂艷。是月也，螻蟈鳴，蚯蚓出；牡丹王，芍藥相於階；罌粟秋，木香升於上；杜鵑啼血，荼蘼香夢，花事闌也。

分栽

松、柏、菊、椒、菖蒲、瑞香、畏梅水浸。秋芍藥、麥門冬。

移植

梔子、帶雨。秋海棠、帶子。菖蒲、櫻桃、枇杷、翠雲草、荷秧。宜立夏前三日，須扶葉出水立。

扦插

石榴、芙蓉、荼蘼、梔子、木香、櫻桃、須雨天。錦葵、茉莉。宜芒種前後。

接換無。

壓條

木樨、紫笑、繡毬、梔子、可扦。薔薇、玉蝴蝶。

下種

枇杷、杏子、槐莢、椒核、雞冠、紅豆、芝麻、栗子、柿核、菱、芡。俱宜上旬。

收種

罌粟子、紅花子、桑椹、芫荽子、諸菜子。

澆灌

櫻桃、摘實後宜澆肥。諸色草花。皆宜澆肥水。

培壅無。

整頓

茉莉、如本長大，須換大盆。梨、箬葉包。素馨。出窖。剪菖蒲，宜初八日，或十四亦可。斫竹，不蛀。理蠶砂〔一二〕。

五月占驗

九焦在卯，天火在子，地火在酉，荒蕪在巳。

【芒種】天晴，主歲稔。宜雨，即黄梅雨，但須遲。半月内不宜有雷。

【朔日】值芒種，六畜災；值夏至，冬米貴。晴日，主年豐；雨，主歉。初旬内大風不雨，主大旱。吴楚以芒種後逢丙日進梅，小暑逢未日出梅；閩人又以壬日進梅，辰日出梅。梅雨中冬青花開，主旱。俗云：「冬青花不落濕地。」故主旱也。【二日】雨，井泉枯。【三日】雨，主水。

【端午】天〔一三〕晴，主水。月無光，主旱，有火災。雨，主絲綿貴，來年熟。霧，主大水。雹，主禽獸死，草木傷。【十一】得辰，主五穀不收。

【夏至】在端午前，主雨水調；在末旬，大歉。日暈，主大水。是夜天河中星密，有雨；星疎，雨多。風從乾來，大寒；坎來，寒暑不時，山水暴發；艮來，湧泉出崩；巽來，主九月風落草木；坤來，主六月有横流水；兑來，秋有寒霜。夏至雨謂之「淋時雨」，主久雨。後半月名「三時」，首三日爲頭時，次五日爲中時，後七日爲末時。風發在中時前二日，大凶。有雷〔一三〕，主久雨。十日後雷名「送時雷」，主久旱。有雲，三伏必熱。是日巳時，東南有青氣，年豐；無，則應在十月有災。【二十】爲大分龍日，占同小分龍。次日有雨，年豐。【三十】不雨，主人多疾。

凡月内逢月蝕，主旱。砲車雲起，主暴風拔木。上辰上巳雨，主蝗災。夏至後四十六日内，虹出西南貫坤位，主水，及蝗災，魚少。雷不鳴，主五穀減半。

五月事宜

芙蕖泛水，艷如越女之顋；蘋藻飄風，影亂秦臺之鏡。榴火烘天，葵心傾日，能不畏炎而獨麗者，猶賴有此耳。是月也，鹿角解，鵙始鳴，錦葵鮮，山丹赬，簷蒲有香，夜合始交，萱北鄉，花之杰也。

分栽

茉莉、素馨、紫蘭、菖蒲、竹、十三爲竹醉日。香藤。

移植

櫻桃、枇杷、棠棣、橙、香橼、剪春羅、石榴、瑞香、花紅、金橘、山丹、西河柳。

扦插

木香、荼蘼、棣棠、石榴、橘、簷葡萄、長春、薔薇、錦帶、寶相、月季、珍珠珮、西河柳。

接换無。

壓條

槐、杏、桃、李、梅、桑。

下種

梅核、桃核、杏核、李核、槐子、芝麻、紅花、桑椹。

收種

罌粟、木棉、杏、梅、桃、水仙根、林檎、槐、藍澱、百草頭。俱宜端午日收。

澆灌凡樹木久旱，止宜清水澆，惟草花宜澆輕肥。

櫻桃、輕肥。茉莉、肥糞。桑、柑、橘。黄梅内略用糞清。

培壅不宜。

整頓

木竹、闢山、宜棚護酷日。嫁棗、五日午時。修桑、除草、紮檜柏屏風，端午五鼓，以斧斫諸果木數下，結實多。

六月占驗

九焦在子，天火在卯，地火在巳，荒蕪在辰。

【小暑日】東南風，兼有白雲成塊，主有舶䑲風，半月發，必大旱。

【朔日】值夏至，大荒；值小暑，大水；值大暑，人病。得甲，饑。西南風，主蟲傷百卉。雨，主熟。【三日】晴，主旱，草枯。霧，大熱。【六日】晴，主有收。雨，主秋水。【晦日】值立秋，早稻遲。南風，主蟲災。不雨，人多疾。

凡月内逢日月蝕，主旱。三伏内有西北風，主冬月有冰堅。天氣涼，則五穀不結。虹屢見，主米麻貴。雹，夜見南方，主久晴；見北方，主即雨，七月亦然。

六月事宜

螢飛腐草，光浮帳裏之書；蟬噪涼柯，影入機中之髩。葉老花殘，蜂愁蝶怨。是月也，鷹始摯，蟋蟀鳴，桐花馥；菡萏爲蓮，茉莉來賓，凌霄發，鳳仙降於庭，雞冠環户，花皆息也。

分栽不宜。

移植

茉莉、素馨、蜀葵、林檎。

扦插不宜。

接换

樱桃、梨、桃。并宜下旬。

壓條不宜。

下種

梅核、杏核、桃核、李核、蔓菁、葵、水仙。取根葡和土日曬，半月後，任意區種、畦種或盆種，俱用肥土覆蓋。酒糟和水，澆花必盛。

收種

洛陽花、桃、林檎、花椒、剪春羅。

澆灌凡草類可澆輕肥水。

牡丹、芍藥、林檎、桃、柑、橘、宜清水。茉莉、肥水。菊、宜輕肥水。階前草。

培壅

橘、橙、香橼、麥門冬。

整頓

鋤一切花木地，竹地更要緊。紮花屏，是月伐竹，不蛀。

七月占驗

九焦在酉，天火在午，地火在辰，荒蕪在亥。

【立秋日】晴，主萬卉少成實。風涼，吉。熱，主來年災旱。秋天雲興，若無風，則無雨。風從乾來，暴寒多雨；坎來，冬多雨雪；震來，秋多暴雨，草木再榮；巽來，凶；離來，旱；坤來，有收成；兑來，秋多濃霜。西方有雲微雨，吉。西南黄雲如群羊，坤氣至也，主五穀、果蔬有成。黑雲相雜，宜桑麻，如無此氣，主歲多霜。赤雲，主來年旱，西南有赤雲，宜粟。秋後四十六日内，虹出正西貫兑位，主旱。雷，損晚禾。

【朔日】值立秋，處暑，人多疾。月蝕，主旱。虹見，主田不收。有霜，損晚禾。

【三日】有霧，主年豐，草木榮盛。

【七夕】有雨，名「洗車水」，吉。【八日】得滿斗，主秋成。

【處暑日】雨不通，白露枉用工。有雨，主熟。【十六】日上早，熟；，月上遲，秋雨至。有雨，主來歲荒。是日名爲「洗鉢雨」，僧家四月十五結夏上堂，七月十五解夏散堂，十六洗鉢有雨，便知下年必荒。停堂，甚驗。

凡月内值日月蝕，主人災，水大。日常無光，主蟲災。有三卯，主大熟。雨小，吉；，雨大，傷穀。

七月事宜

商風警葉，滿林疑落木之聲；，大火西流，四壁起素娥之影。巧遺仙縷，慧乞蛛絲。是月也，寒蟬鳴，鷹祭鳥；，玉簪搔頭，紫薇浸月，木槿朝榮，梧桐葉墮；，蓼花紅，菱乃實，花之暮也。

分栽　移植　扦插　壓條　培壅俱不宜。

接換

海棠、林檎、春桃、寒毬、棠梨。

下種

蜀葵、望仙、苜蓿、蠟梅子、水仙。猪糞和泥種。

收種

蓮子、芡實、松子、柏子、黃葵、紫蘇子、龍眼、胡桃、楮實、茴香、棗子。

澆灌凡草類皆宜輕肥，獨橘、橙〔一四〕不可澆糞。

木樨。陰處可澆猪糞和水三分之二，陽處添水減糞。

整頓

菊叢、剪菖蒲、宜十四。刈草、是月鋤地，最能殺草。伐竹木。宜辰日。

八月占驗

九焦在午，天火在酉，地火在卯，荒蕪在卯。

【白露日】天晴，多蝗蟲。雨，損草木。此日名「天收日」，若納音屬火，主蟲多物損。

【朔日】值白露，主果穀不登；值秋分，主物貴。晴，主連冬旱。有雨，宜種麥。大風雨，人不安。南風，禾熟。【十二】半晴，吉。是日看水淺深，可卜來年水旱。

【中秋】晴，主來年多水。無月，蚌無胎，蕎麥無實。月有光，主兔多魚少。雨，主來年低田熟，上元無燈。

【秋分日】天晴，主有收。微雨或陰天，最吉，來年大熟。風從乾來，主下年陰雨；坎來，多寒；艮來，風急，主十二月陰寒。震來，爲逆氣，百花虛發；巽來，主十月多暴氣；離來，歲惡；兑來，大熟。酉時西方有白雲，主大稔；黑雲相雜，宜麻豆；赤雲，主來年旱。秋分後四十六日，虹出西北貫乾位，多水，主虎傷人。有霜，主人多病。【十八】爲潮生日，前後必有大雨，名「横港水」。

凡月内日蝕，人多瘡疥；月蝕，主饑，魚鹽貴，人災。有三卯三庚，低處草木盛，浮雲不歸。二月雷不行，是月不宜聞雷。有雷雪，多病人。十三至二十三日，爲詹家天，最忌栽種。

八月事宜

擊土鼓以迎寒，鈞天不耐；建幔亭而張晏，仙露將傾。四時開朗，莫過於浮槎問石；一年快事，端不許嫦娥笑人。是月也，鴻雁來，玄鳥逸，槐黄榮，桂香飄；斷腸始嬌，金錢夜擲，丁香紫，蘋沼白，花盡實也。

分栽俱宜秋分後。

牡丹、宜秋分前。芍藥、山丹、佛龕、百合、南天竺、木瓜、石竹、木筆、玫瑰、蔓菁、貼梗海棠、水仙、石榴、櫻桃、紫荆、金燈、剪春羅。

移植

牡丹、秋分。木樨、宜雨。丁香、橘、枇杷、木香、枸杞、橙、木瓜、銀杏、桃、梧桐、李、梔子、杏、柑、梅、剪秋紗。

扦插

木香、薔薇。雨中諸色藤木者，皆可扦活，俱宜秋分前。

接换

牡丹、玉蘭、梨、緑萼、桃、各種。西府海棠。

壓條

玫瑰、木香。秋分前。

下種

罌粟、洛陽花、苜蓿、宜中秋夜。菱、茨、此二物取堅黑色者，撒池内，來歲自生。胡荽、晦日晚下。長春、麗春、石竹、萵苣、紅花。

收種

梧桐、石榴、秋葵、椒核、藍種、剪春羅、夜落金錢、鳳仙。

澆灌草類宜肥，木類忌肥，即清水亦不可多。如橙、橘、柑、柚，更不宜澆。

牡丹、芍藥、瑞香、俱宜猪糞。剪春羅。宜雞屎。

培壅

竹菌。宜用大麥糠，或稻穩，添河泥壅。

整頓

牡丹、每枝留一二頭，餘盡去之。芍藥、去舊梗。蘘荷、月初踏其苗，否則不滋茂。蘭、可以換盆，亦可分栽。菊，宜加土。花竹科盆。白露後用簾遮。

九月占驗

九焦在寅，天火在子，地火在巳，荒蕪在未。

【朔日】值寒露，主冬大冷；值霜降，多雨，來歲稔。晴明，萬物不成。風雨，來年春旱，夏多水。微雨，吉；大雨，傷禾。虹見，主麻貴，人災。

【重陽日】晴，則冬至、元旦、上元、清明四日皆晴。東北風發，主來年豐；西北風，則來年歉。此日是雨歸路，有雨宜禾，又主來年熟。【十三】天晴，主一冬晴。月無光，主蟲傷草木。

凡月内日蝕，主饑疫；月蝕，牛馬災。月常無光，主蟲災，布帛貴。草木不凋，主來年三月傷壞。虹出西方，大小豆貴。有雹，牛馬不利。無霜，主來年三月多陰寒，草木皆傷。雷鳴，主穀大貴。

九月事宜

重陽變序，節景窮秋。霜抱樹而擁柯，風拂林而下葉。金堤翠柳，帶星采以均調；紫塞蒼鴻，追霞光而結陣。是月也，豺祭獸，雀化蛤，菊始英，芙蓉冷；漢宮秋老，芰荷爲衣；橙橘登，山藥乳，諸實告成也。

分栽

蠟梅、櫻桃、萱草、桃、楊梅、柳、俱宜霜降後。牡丹、芍藥、上旬。菊、八仙、玫瑰、貼梗海棠、水仙。宜朔日。

移植凡可分栽者，皆可移。

紫笑、枇杷、山茶、玫瑰、橙、橘、俱宜霜降後。竹、移諸果木，俱宜上旬。麗春。

扦插不宜。

接換　壓條俱不宜。

下種

罌粟、重陽。柿、水仙、紅花。月終。

收種

桐子、槐子、茶子、栗子、決明、老少年、金錢、蓖麻、雞冠、薔薇、紫草、十樣錦、秋葵、木瓜、石榴、榧子、茱萸、秋海棠、梔子、枸杞、紫蘇、銀杏、梨、剪秋紗。

澆灌

牡丹、芍藥、林檎、木樨、梅、杏、桃、李、階前草。

培壅不宜。

整頓

建蘭、茉莉、俱宜霜降後移暖窖。素馨、水仙、俱宜遮蔽，置簷下。石榴、芭蕉、葡萄。俱宜用草包。去荷花缸内水，採甘菊，耕肥地，修竇窖，諸果木轉垛者，待〔一五〕來春方可移栽。

十月占驗

九焦在亥，天火在卯，地火在丑，荒蕪在寅。

【立冬】天晴，主冬暖魚多。風從乾來，歲豐；坎來，多霜；震來，深雪酷寒；巽來，冬温，來年夏旱；離來，次年五月大疫；坤來，水泛溢。雷震，萬物不成。立冬四十日内，虹出正北貫坎位，冬少雨，春多水災。冬三月，虹見西方，有青雲覆之，春雨調和；白雲覆之，春多狂風；黑雲覆之，春多雨水。有霧，名「沐露」，主來年水大。冬前霜，早[一六]禾好；冬後霜，晚禾有收。

【朔日】值立冬，有災異。值小雪，東風，米賤；西風，米貴。天晴，主冬晴。風雨，來年夏多旱。雷鳴，人災。【二日】雨，芝麻不實。【十五】月望，爲五風生日。此日有風，主終年風雨如期，謂之「五風信」。天晴，主暖。月蝕，主魚貴。【十六】天晴，主冬暖。南風三日，主有雪。雨，主寒。

凡月内日蝕，主冬旱；月蝕，秋穀魚鹽貴。月無光，六畜貴。有三卯，米價平。

又，一月無壬子，留寒待後春。雷鳴，人災。閩俗立冬後十日爲入液，至小雪爲出液，如液内雨，百蟲飲此而蟄，謂之「定液雨」。雷内有霧，主來年五月有大水。

十月事宜

節届玄靈，鐘應陰律。寒雲拂岫，帶落葉以飄空；朔氣浮川，映岑樓而疊迴。簷前日暖，暄可護花；嶺上梅先，春堪贈友。是月也，雉入水爲蜃，芳草化爲薪；木葉解，苔蘚枯，蘆飛雪，朝菌歇，花復胎也。

分栽俱宜月初。

長春、錦帶、牡丹、芍藥、笑靨、秋芍藥、櫻桃、木香、荼蘼、寶相、徘徊、棣棠花、海棠、薔薇、郁李、金萱、玫瑰、佛見笑、玉簪、天竹、水仙、木筆。

移植凡可分栽者，皆可移。

金橘、脆橙、望仙、蜀葵、香橼、黄柑、梅、菊、蠟梅。

扦插不宜。

接換不宜。

壓條

貼梗、西府、垂絲。

下種

蔓菁、人參、五味子。

收種

石榴、茶子、枸杞、栗子、皂角、薏苡仁、槐子、椒核、決明、梔子、山藥、金燈。

澆灌

牡丹、芍藥、水仙、石榴、山茶、楊梅、枇杷、橘、菊、橙、柑、柚、香櫞、栗。

培壅

櫻桃、肥土。茴香、凡畏寒花木，根上〔一七〕皆宜壅土。竹。

整頓

蘭花、菖蒲、俱入窖。夾竹桃、菊秧、虎刺、俱宜入室。水仙、笆泥圍搭棚蓋，南向用門，日暖開曝。芙蓉。斫長尺餘段，以稻草蓋向陽土坑内，來春取插肥土。包裹一概畏寒樹木。

十一月占驗

九焦在申，天火在午，地火在子，荒蕪在午。

【冬至日】天晴，主年内多雨，萬物不成。風寒，大吉。風從乾來，明年夏旱；艮來，新正多陰雨；震來，大雷雨不止；巽來，諸蟲害草木；離來，名賊風，人宜避之，吉；坤來，多水；兑來，多雨。冬至後四十六日内，虹出東北方貫艮位，主來春多旱，夏有火災。青雲北起，主歲熟，人安；赤雲，主旱；黑雲，水；白雲，災；黄雲，大熟；無云，歲惡。有露，主來年旱。有赤氣，主旱；黑氣，水；白氣，人多疾。雪大，來年熟；少，則來年旱。冬至前後有雪，主來年水多。

【朔日】值冬至，主年荒。有風雨，宜麥。大雪，主來歲凶。【二、三日】得壬，主旱。【四日】壬，大熟。【五日至八日】壬，主大水。【九日】壬，大熟。【十日】壬，少收。

凡月内日蝕，人畜俱災，米魚鹽貴；月蝕，米貴。有雷雨，來春米貴。雨多，主年内必晴。冬至後三辛爲入臘。

十一月事宜

日往月來，灰移火變。鴻入漢而藏形，鶴臨橋而送語；彤雲垂四野之寒，霽雪開六花之瑞。鶡鴠不鳴，麋角始解。蕉花紅，枇杷蕊，松柏秀，荔梃出。剪綵時行，花信風至，皆是月事，花之終也。

分栽

蠟梅、蜀葵、萵苣。

移植

松、檜、柏、杉、桑、四時菊，果木。凡轉垛過者，冬至後、春社前，皆可移植。

扦插　接换　壓條　下種俱不宜。

收種

橘子、橙子、柑子、香櫞、梨子。埋菊秧，盦芙蓉條。

澆灌

牡丹，冬至日，澆糟水。海棠，亦宜糟水。諸色花木，皆宜澆肥，故不細載。

培壅先用肥灰、麻餅壅起根高，再以水澆之。

牡丹、芍藥、石榴、柑、橘、櫻桃、橙、梨、柚、楊梅、瑞香、芙蓉、木香、栗、棗、柿、椒、諸種竹、桑、階前草。

整頓

薔薇、芰。荼蘼、修。紫笑、避霜。木香、删細嫩條。瑞香，日曬避霜。伐竹木，酵〔一八〕溝泥，收牛馬糞。

十二月占驗

九焦在巳，天火在酉，地火在亥，荒蕪在戌。

【小寒日】有風雨，主損六畜。〔一九〕

【朔日】值小寒，主白兔見祥；值大寒，虎傷人。有風雨，來春主旱。東風，主六畜災。

【大寒日】有風雨，主損鳥獸。【除夜】東北風，主來年大熟。夜犬吠，新年無疫。冷雨暴作，主來年六七月有横水泛溢。

凡月内有日月蝕，主來年水災。月常無光，主五穀貴。有霧，主來年旱。酉日起，尤驗。虹見，主黍穀貴。雷鳴，主來年旱澇不均。雪裏雷鳴，主陰雨百日。雨，主冬春連陰兩月。上酉日雪，主來年荒。冰後水長，主來年水；冰後水退，主來年旱。月内萌類不見，主來年五穀不實。柳眼青，主來年大熟，花果有成。下霧，主旱。

十二月事宜

時值歲終，嚴風遞冷，苦霧添寒，冰堅漢帝之池，雪積袁安之宅。爆竹烘天，寒隨除夜去；屠蘇答地，春逐百花來。是月也，雁北向，鵲始巢，蠟梅坼，茗花發；水仙負冰，梅蕊綻，寶珠灼，水澤腹堅，歲之終，花之始也。

分栽

水仙、桑。

移植諸般花木，俱可移。

山茶、玉梅、海棠、楊柳。

扦插

月季、薔薇、石榴、宜廿五扦。十姊妹、楊柳、廿四扦，不生毛蟲。佛見笑。

接换不宜。

壓條凡果樹可壓。

木香、薔薇。

下種

松子、花紅、橘子、橙子、柑子、榮麻子、楮子。

收種無。

澆灌凡一切花木，天氣時和，皆可澆肥。

牡丹、狗糞亦妙。芍藥、俱用濃糞。櫻桃。

培壅

桑、添泥。牡丹、墩土。芍藥、橘、橙、楊梅。灰糞遶傍壅根。

整頓

嫁李，是月晦日，正月旦日，五更，以長竿打李樹椏，則結實多。伐竹木，不蛀。石榴，除夕以石塊安榴椏枝間，則結實大，元旦日亦可。貯雪水，剝〔二〇〕桑，刈棘，酵〔二一〕河溝泥。來春用。

校勘記

〔一〕「戊」，各本均作「戌」，據和刻本校記改。

〔二〕「一」，書業堂本、萬卷樓本均脫，據文會堂本、和刻本補。

〔三〕「茶」，書業堂本、文會堂本、萬卷樓本均作「查」，據和刻本改。

〔四〕「李」，各本均作「樹」，據孟文改。

〔五〕「二月占驗……荒蕪在午」，各本均脱，據中華本補。中華本「午」作「酉」，據鄺著改。

〔六〕「甌」，書業堂本、文會堂本、萬卷樓本均作「歐」，據和刻本改。

〔七〕「同木」，各本均作「桐」，據孟文改。

〔八〕「橘」，和刻本作「柚」。

〔九〕「棉」，各本均作「綿」，據文意改。

〔一〇〕「蝗」，書業堂本、文會堂本、萬卷樓本均作「煌」，據和刻本改。

〔一一〕「理蠶砂」，書業堂本、和刻本均作「埋蠶沙」，據文會堂本、萬卷樓本改。

〔一二〕「天」，各本均作「大」，據文意改。

〔一三〕「雷」，書業堂本、文會堂本、萬卷樓本均作「霜」，據和刻本改。

〔一四〕「橙」，書業堂本、文會堂本、萬卷樓本均作「燈」，據和刻本改。

〔一五〕「待」，書業堂本、文會堂本、萬卷樓本均作「似」，據和刻本改。

〔一六〕「早」，書業堂本作「旱」，據文會堂本、萬卷樓本、和刻本改。

〔一七〕「上」，書業堂本、文會堂本、萬卷樓本均作「主」，據和刻本改。

〔一八〕「酵」，書業堂本、文會堂本、萬卷樓本均作「醇」，據和刻本改。

〔一九〕「十二月占驗……主損六畜」，書業堂本、文會堂本、萬卷樓本均脱，據和刻本補。

〔二〇〕「剝」，各本均作「剥」，據孟文改。

〔二一〕「酵」，書業堂本、文會堂本、萬卷樓本均作「醉」，據和刻本改。

卷二

課花十八法

課花大略

嘗觀天傾西北，地限東南，天地尚不能無缺陷，何況附天地而生之草木乎？生草木之天地既殊，則草木之性情焉得不異？故北方屬水，性冷，產北者自耐嚴寒；南方屬火，性燠，產南者不懼炎威，理勢然也。如榴不畏暑，愈暖愈繁；梅不畏寒，愈冷愈發。荔枝、龍眼，獨榮於閩粵；榛、松、棗、柏，尤盛於燕齊。橘柚生於南，移之北則無液；蔓菁長於北，植之南則無頭。草木不能易地而生，人豈能强之不變哉！然亦有法焉。在花主園丁，能審其燥濕，避其寒暑，使各順其性，雖遐方異域，南北易地，人力亦可以奪天功，夭喬未嘗不在吾儕掌握中也。余素性嗜花，家園數畝，除書屋、講堂、月榭、茶寮之外，遍地皆花竹藥苗。凡植之而榮者，即紀其何以榮；植之而瘁者，必究其何以瘁。宜陰宜陽，喜燥喜濕，當瘠當肥，無一不順其性情而朝夕體驗之。即有一二目未之見，法未盡善者，多詢之嗜花友，以花爲事者，或賣花傭，以花生活者，多方傳其秘訣，取其新論，復於昔賢花史、花譜中參酌考正而後録之。可稱樹藝經驗良方，非徒採紙上陳言，以眩賞鑒者之耳目也。因輯《課花十八法》於左，以公海内同志云爾。

辨花性情法

每見世俗好花，不惜重資購取。有從千里攜歸，未及半載，非枯焦即聾閉，是昧其理而失其性也。苟得其性，萬無不生之木、不艷之花，惟在治圃者亟當詳察耳。如朱草應月而生，日長一葉，月半即落，謂之「蓂莢」。梧葉隨年而長，每枝十二，立秋解一，謂之「知秋」。黄楊木遇閏〔二〕月反短，謂之「厄閏」。梧桐葉遇閏月獨多，謂之「增閏」。蔓草皆左旋，順天之左旋也。凡花皆五出，法地之數五也。橘藉尸榮，榴滋骸茂，蕨以猿啼盛發，蕉以雷振頓長。橄欖畏鹽，納鹽實落；番蕉喜火，釘火愈生。紫薇怕癢，皂角怕箍。茯苓碎瓦，薜荔壓枝。杞板受刀復合，柿木畫皮生紋。建蘭葉喜人捋而緑，水仙葉惡人捋而黄。蘭花向午發香，荷花向午香斂。芡開花向日，菱開花背日。蕪荑生於燕，枳榛死於荆。春分鐵烙梨枝而栽，小雪刀段芙蓉而窖。五月斫桑枝，六月吊水仙。物各有性，所必然也。大概早茁者，茂於和煦之時；遲發者，盛於沍寒之候。古云：畜匏之家不燒穰，種瓜之家不焚漆，避物性之相忤也。苟欲園林璀燦，萬卉争榮，必分其燥濕高下之性，寒暄肥瘠之宜，則治圃無難事矣。若逆其理而反其性，是採薜荔於水中，搴芙蓉於木末，何益之有哉？

種植位置法

有名園而無佳卉，猶金屋之鮮麗人；有佳卉而無位置，猶玉堂之列牧豎。故草木宜寒宜暖，宜高宜下者，天地雖能生之，不能使之各得其所，賴種植時位置之有方耳。如園中地廣，多植果木松篁，地隘只宜花草藥苗。設若左有茂林，右必留曠野以疎之；前有芳塘，後須築臺榭以實之；外有曲逕，内當壘奇石以邃之。花之喜陽者，引東旭而納西暉；花之喜陰者，植北囿而領南薰。其中色相配合之巧，又不可不論也。如牡丹、芍藥之姿艷，宜玉砌雕臺，佐以嶙峋怪石，修篁遠映。梅花、蠟瓣之標清，宜疎籬竹塢，曲欄暖閣，紅白間植，古幹横施。水仙、甌蘭之品逸，宜磁斗綺石，置之卧室幽牕，可以朝夕領其芳馥。桃花夭冶，宜別墅山隈，小橋溪畔，横參翠柳，斜映明霞。杏花繁灼，宜屋角墻頭，疎林廣榭。梨之韻，李之潔，宜閒庭曠圃，朝暉夕藹，或泛醇醪，供清茗以延佳客。榴之紅，葵之燦，宜粉壁緑牕，夜月曉風時，聞異香、拂麈〔二〕尾，以消長夏。荷之膚妍，宜水閣南軒，使薰風送麝，曉露擎珠。菊之操介，宜茅舍清齋，使帶露餐英，臨流泛蕊。海棠韻嬌，宜雕墻峻宇，障以碧紗，燒以銀燭，或憑欄，或欹枕其中。木樨香勝，宜崇臺廣廈，挹以涼飈，坐以皓魄，或手談，或嘯詠其下。紫荊榮而久，宜竹籬花塢。芙蓉麗而開，宜寒江秋沼。松柏骨蒼，宜峭壁奇峰，藤蘿掩映。梧竹致清，宜深院孤亭，好鳥閒關。至若蘆花舒雪，楓葉飄丹〔三〕，宜重樓〔四〕遠眺。棣棠叢金，薔薇障錦，宜雲屏高架。其餘異品奇葩，不能詳述，總由此而推廣之。因其質之高下，隨其花之時候，配其色之淺深，多方巧搭。雖藥苗野卉，皆可點綴姿容，以補園林之不足，使四時有不謝之花，方不愧「名園」二字，大爲主人生色。

接換神奇法

凡木之必須接換，實有至理存焉。花小者可大，瓣單者可重，色紅者可紫，實小者可巨，酸苦者可甜，臭惡者可馥，是人力可以回天，惟在接換之得其傳耳。如樹將發生時，或將黄落時，皆宜接換，大約春分前、秋分後，是其脱胎換骨之候也。凡樹生二三年者易接，其接枝亦須擇其佳種；已生實一二年，有旺氣者過脈乃善。接必兩枝，俟其活後生葉，揀弱者删去其一。至於斫木，須執刀端直，不至重傷則易成。截樹砧，須用细齒利鋸斷之，又將快刀裁砧處令光，使不沁水。遂從砧之一傍裁開其皮，微連以膜，約一小寸，先將剪下之枝，裁去兩旁，於口中含熱，連唾插掩，是假人涎以助其氣。用紙封外，再以箬封，然後用麻縈縛。如乾壤少潤，總不宜灌，須遮日曝，待其成體，方可開也。匕頭須木枝與樹砧，各斜裁其半，以人唾粘掩之，以瓦規土，灌使少潤，晴陰皆以器覆之。木之佳者，須側坎而探，斫〔五〕斷其中根，止留四散生者，立覆側坎而灌之，則生子必碩大。樹以皮行汁，斜斷相交則生。用泥泥之，或以鋭皮連木者，插所斫之木心而泥之。倒插而生者，析其皮而緒之也。凡接，須取向南近下枝用之，則著子多。如以本色樹接本色，惟以花之佳、果之美者接，自不待言矣。若以他木接，必須其類相似者方可。如桃、梅、李、杏互接，金柑、橙、橘互接，林檎、棠梨互接，夫人而知之。至於奇妙處，又不可不講也。白梅接冬青或楝樹上，即變墨梅。西河柳接海棠，極易生長。櫻桃接貼梗上，則成垂絲；貼梗接梨樹上，則成西府。柿樹接桃，則爲金桃。梅接桃則脆，桃接杏則肥。桑接梨則鬆而美，桃接李則紅而甘；桑接楊梅則不酸，李接桃杏則可久之類，亦宜留心。圃人接换之法有六。一曰「身接」。用細鋸截去原樹枝莖作盤砧，高可及肩，以利刀際其盤之兩傍，微啓小罅，深可寸半，先以竹片探之，測其淺深。却以〔六〕所接條〔七〕約五寸長，一頭削作小篦樣，略噙口中，即納之罅内，使皮骨相對。插訖，用樹皮封固得所，再用牛糞和泥，斟酌封裹之，勿令透風。外仍留二眼於上，以洩其氣。二曰「根接」。如小樹將鋸截去原樹身，離地五寸許，以所接條削尖插之，一如身接法。即以原土培封，外將棘刺圍護之。三曰「皮接」。用小快刀於原樹身，「八」字斜劈之，以竹籤測其淺深，將所接枝條，皮骨相向插入。封護如前法。候接枝發茂，斷其原樹枝莖，使其莖獨茂耳。四曰「枝接」。如皮接之法而差近之，一本可發二色或三色花。五曰「壓接」。只宜小樹，先於原樹横枝上接，截下留一尺許，於所取接條樹上根外方半寸，尖刀斷皮肉至骨，併帶膜揭皮肉一方片，須帶芽心揭下。口噙少頃，取出印濕痕於横枝上。以刀尖依痕刻斷原樹壓處，大小如之。以接按之，上下兩頭將桑皮紙封繫，緊慢得宜。仍用牛糞泥塗護之。隨樹大小，酌量多少，接之。俟苞生根，始斷其半，而後分植焉。六曰「搭接」。將已種出芽條，去地三寸許，上削作馬耳，用所接條，併削馬耳，相搭接之。封繫、糞壅如前法。凡接樹雖活，下有氣條從本身上發者，急宜削去，勿令分其氣力。一概種接，須令接頭向外，則易生。

分栽有時法

一切草木，分各按其時，栽能得其法，則長成捷於核種多矣。凡根上發起小條，俱可分。必先就本根相連處，斷而不動，以待次年，當分時移植，仍記其陰陽，不令轉易，即活。若陰陽易位，則難生矣。大樹須髡，不髡恐風摇則死。故《國策》云：「柳縱横顛倒，樹之皆生，使千人樹之，一人摇之，則無生柳。」至若小樹，可以不記、不髡。每栽必量其樹之大小，先掘深坑，納樹其中，以泥水沃之，著土令加薄〔八〕泥，東西南北摇之，良久，待其泥漿入根内已足，再加肥土，自無不活。若此時不摇實，則根虚，多死。其根上土決宜堅築，惟留上面三寸勿築，取其鬆柔易受水也。每澆水過，即以燥土覆之，不然恐易乾涸。埋定後，不可再用手捉動摇，及六畜觸突。正月爲上時，自朔暨晦，可栽大木，如松、柏、桐、梓、茶、竹之類是也。花果樹必須望前，望後栽者果必少實。二月爲中時，可栽百卉。三月爲下時，不宜栽者多矣。須查逐月條例，如棗雞口、槐兔目、桑蝦蟆眼、榆負瘤，與鼠耳、虻翅等，各有其時，皆從葉生形容之象似，以此時栽種者多生。雖云「早栽者，葉晚出」，究竟宜早爲妙。凡栽樹，將大蒜一枚，甘草一寸，先放根下，永無蟲患。正月盡，至二月，可剝樹枝；二月盡，至三月，可掩樹枝，埋樹枝土中令生，二年已上，便可移栽。凡栽日，宜六儀、母倉、除、滿、收、成、開，及甲子、己巳、戊寅、己卯、壬午、癸未、己丑、辛卯、戊戌、己亥、庚子、丙午、丁未、戊申、壬子、癸丑、戊午、己未等日。忌死炁、乙日、建、破日、火日。至如栽桃宜密，栽李宜稀，栽杏宜近，人家之法，不能枚舉。在有園圃者，隨地活變之耳。凡草木或有不見栽時之例者，求之此條，可也。

扦插易生法

草木之有扦插，雖賣花傭之取巧捷近法，然亦有至理存焉。凡未扦插時，先取肥地，熟斸細土成畦，用水滲定。待二三月間。樹木芽蘖將出時，須揀肥旺發條，如拇指大者，斷長一尺五寸許，每條下削成馬耳狀；另以杖刺土成孔，約深五六寸；然後將花條插入孔中，築令土著木，每穴相去尺餘，稀密相等，常澆令潤澤，不可使之乾燥。夏搭矮棚蔽日，至冬則换暖蔭，仲春方去。候其長成高樹，始可移栽。每欲扦插，必遇天陰，方可動手。如遇連雨，則有十分生機；無雨，減半。梅雨時儘可扦，晴亦不宜。插須一半入土中，一半出土外。若扦薔薇、木香、月季及諸色藤本花條，必在驚蟄前後。揀嫩枝斫下，長二尺許，用指甲刮去枝下皮三四分，插於背陰之處；四旁築實不動，其根自生。若果木，須揀好枝，先插於芋頭或蘿蔔上，再下土時則易活。腦上必須用箬葉裹之。若扦各色花枝，接頭亦得。總之，扦插移栽，不外乎「宜陰忌日」四字。至於扦盆花捷法：取春花半開者，用快剪斷下，即插芋頭上，或蘿蔔内，立以花盆種之，時加澆灌，不見日色，久久自生根芽矣。

移花轉垛法

移花接木，在主人以爲韻事，於花木實繫生死關頭。若移非其時，種不得法，未有能生者也。今述其要，爲圃友知之。凡木，有直根一條，謂之「命根」。趁小時栽便盤屈，或以磚瓦盛之，勿令直下，則易於移動。若大樹，稱春初未芽時，或霜降後根旁寬深掘開，斜將鑽心釘地根截去，惟留四邊亂根，轉成圓垛，仍覆土築實，不但移栽便，而實結亦肥大。小樹轉垛後一年，即可移；若大樹，必須三年，每年輪開一方，乃可移種。轉垛時以稻秸紉成草索，盤縛定泥土〔九〕，未可移動。復以鬆土填滿，四圍鋤開處，仍用肥水澆實。待次年正二月間移起，就合種處。如種果木，宜寬，當以丈二爲矩。視樹之大小作區，安頓端正，然後下土半區，將木棒斜築根垛下結實，上以鬆土壅，高過地面三二寸，但不露大根，足矣。若本身高者，必須椿〔一〇〕木扶縛定，勿使風摇動，即以肥水澆之。如無雨，每朝澆水，待月半後根實，生意漸萌，便如隨常澆法，可也。若遷移遠路，必髠其梢，未能便栽，必須蔽日，雖遲三五日不妨；但若垛碎日曝，則無生理矣。凡種一切果木，望前移植者，多實。在南浙蒔花爲業者，則不然。無花不種，無日不移。新啟園亭，而欲速搆者，雖非其時，亦可以植。皆因轉垛得法，少俟天雨即移，頃刻便成林麓矣。古云：「移樹無時，莫教樹知。多留宿土，記取南枝。」此正轉垛後之謂也。

過貼巧合法

凡花木分栽、壓條、接換皆不可者，乃以過貼法行之。先將樹相等、葉相類之小木，移於欲貼之木傍。視其可以枝相交合處，以利刀各削其皮一半，相對合之，以竹籜包裹，麻皮纏縛牢固，外以泥封之。如大樹，則所合枝傍截半斷，斷小樹所合枝發梢。若欲花果兩般合色，則勿去梢，來年春方可截斷連處，復候長定，然後移種，可也。脱果木生之果，八月間以牛羊糞和土，包其鶴膝；再用紙包裹，麻縛令密，以木撑住，以水頻澆，任其發花結實。次年夏秋間，始開包視之，其根已生，則斫斷埋土中，其花實自能晏然不動，一如巨木所結。又一法，選嫩樹枝，長尺餘者，刮去皮寸許，用有節竹箭，劈作兩開，合著樹枝，用篾縛住，内以土築實，其根自生。二年後方可剪開。凡驚蟄前後，并八月中皆可過貼。

下種及期法

凡下諸色花卉種時，亦有至理存焉。地不厭高，土肥爲上；鋤不厭數，土鬆爲良。至於下之早晚，已載於《月令》條下，兹不再贅。但種之之法，不可不知。臨下時，核宜排，子宜撒。必於日中燥曝、潔净，然後合浸者浸之。不浸者，看其子，粗則培入土内，細則均撒土面，下訖即以糞沃其上，暖日區種者亦然。下之日必須天晴，雨則不出。下後三五日，必須得雨，旱則不生。遇旱須頻澆水。若佳果欲種，須候肉爛〔一〕和核排種之。以尖朝上，將肥土蓋之，否則所生之實，便不類其佳，亦且難生。細子下後，必蓋以灰，恐不蓋，必爲蟲蟻所食，則無生種矣。

收種貯子法

凡名花結實，須擇其肥老者收子；佳果，須候其熟爛者收核，則種後發生必茂。其法：在收子時，取苞之無病而壯滿者，與果之長足而不蛀者，摘下日曬極乾，懸於通風處，或以瓶收貯。各號名色，庶臨期收用，不致差錯。將瓶懸於高處，勿近地氣，不生白瞢。如隔年陳者，亦多不生。核種者，當於墻南向陽處，鋤一深坑，以牛馬糞和土，平鋪其底。將核尖向上排定，復以糞土覆之，令厚尺許，至春生芽，萬不失一。但忌水浸風吹，皆能腐仁。又一法：以泥包核，圓如彈大，就日曬乾，方投糞土坑中，尤妙。凡果實未全熟時，不可便摘，恐抽過筋脈，來歲不盛。摘必兩手拿摘，則年年結實自繁。若孝服人摘之，來年不生。故治圃者，能隨時而收，按時而下，遲早不踰，斯得之矣。

澆灌得宜法

灌溉之於花木，猶人之需飲食也。不可太饑，亦不可太飽。燥則潤之，瘠則肥之，全賴治圃者不時權衡之耳。大凡人心喜香艷而惡枯寂。春夏萬卉爭榮，則澆灌之力勤；秋冬草木零落，則澆灌之念弛。孰知來年之馥郁，正在秋冬行根發芽時之肥沃也。及至交春，萌蘖一生，便不宜澆肥。肥能蔔翳，即有一二喜肥者，亦須停久宿糞。熟糞只可臘月用，餘月用之有害，若用撏猪毛湯，或用雞鴨翎湯，不宜親木跗，恐生蛀蟲。湯内若投以荔枝、圓眼核，則翎易腐而蟲不生，亦是善貯肥之一法。當果實時宜澆，摘實後并臘前通宜澆，若宿糞和以塘水，勝於諸水，以其〔一二〕暖而壯也。究竟以黄梅水爲最，當多蓄聽用。但澆肥之法，草與木不同。草之行根淺，而受土薄，隨時皆有凋謝，逐月皆可澆肥，惟在輕重之間耳。如正月則七分糞三分水，二月六糞四水，三月對和，四月四糞六水，五月三糞七水，八月四糞六水，九月對和，十月六糞四水，十一月七糞三水，十二月八糞而止。即十一二月、正月，亦有宜輕肥者，并不宜者，俱載《花曆》條下，兹不再贅。若遇天旱，每日要澆，只宜清水。肥須隔數日一用，然亦須分早晚。早宜肥水澆根，晚宜清水灑葉。若果木則不然，二月至十月澆肥，各有宜忌。如二月樹已發嫩條，必生新根，澆肥則梢反枯。倘有萌未發者，澆之不礙，三月亦然。凡花開時不宜澆糞，恐墮其花。夏至梅雨時澆肥，根必腐爛。八月尤忌澆肥，白露雨至，必長嫩根，一澆即死。六七月花木發生已定，皆可輕輕用肥，至小春時便能發旺。若柑橘之類，又不宜肥，肥則皮破脂流，隆冬必死。杜鵑、虎刺〔一三〕，尤不可肥。至如石榴、茉莉，雖烈日之下，儘肥澆不害。一云：社酒澆果根，則實繁。冬至日糟水澆牡丹、芍藥、海棠，則花艷。皂角無實，根旁鑿一孔，入生鐵屑三五斤，泥封之，即結角。如菖蒲無力萎黃，水和鼠糞澆之即盛，此補澆灌之所不及也。每月九焦日，不但忌種，抑且忌澆。

培壅可否法

地有高下，土有肥瘠，糞有不同，若無人力之滋培，各得其宜，安能使草木盡欣欣以向榮哉？在植物莫不以土爲生，以肥爲養。故培壅之法，必先貯土。取好土糞澆，草火煨過，再以糞澆，復煨，如此數次。曝乾、搗碎、篩净，揀去瓦石、草根，收藏缸內，置之日照雨飄處聽用。或取黄泥浸臘糞中年餘，亦有用處。至於各花各有宜壅之糞土，必須預爲料理。如或用灰糞，或麻餅、豆餅屑和土者，或貯二蠶沙、鞔鼓皮屑和土者。鼓皮取其無硝。或以牛馬糞，或以猪羊粪，或以雞鴨等糞和土，當令發熱過，方爲肥土。又人之櫛髮垢膩，壅花最佳。然不能多得，只可盆花取用耳。壅根宜高三五寸，澆水實定，不可太過。如竹、木、桑、菊，根皆上長，每年必添泥覆方盛。各種肥土用法，已詳《花曆》條下，兹不贅。凡五果花〔一四〕盛時，逢霜則無實，當預於園中多貯敗草、牛馬乾糞。逢天雨新晴，北風寒切，是夜必霜，此時放火作煴，令花少得烟氣，可免霜威，則實可保。至若盆花，受氣有限，全賴良土培壅，更不可怠忽。所貯花盆，先須炭屑及瓦片浸糞溝中經月，爲鋪盆之用，不可臨期取辦，使不如法。

治諸蟲蠹法

凡木有蠹，葉有螃，果有螬，蔌有蝗，穀有螟、螣、蝥、蟹，皆由陰陽不時，濕熱之氣所生。雖有佳木奇葩，一經侵蝕，無生理矣。今特録其可以驅除之法，爲治圃者知之。凡樹内蛀蟲，入春頭俱向上，難於鈎取，必用烟薰；逢冬頭向下，只須鐵線一搜，立盡。初春去蠹蝎蛣蝠者，以杉木爲鍼，閉塞其氣則自死，或以硫黄末塞之。如蛀穴深曲，以焰硝、硫黄、雄黄，作紙藥線，維穴中焚之，走其烟臭則皆死。或以芫花或百部葉納穴中，亦能殺蟲。若在外截蟲螃蟲，則以魚腥血水灑其葉上，不久自消。能飛之蟲，取江橘穰以膠之，或畜蟻以食柑蟲。若順風燒油簍，可以驅松蟲；若用多年竹燈架，挂果樹上，可以去青蟲，或將桐油紙撚條，塞蛀眼亦可。桐油脚入糞，澆蔬菜，亦能去蟲。樹有蠹孔，彈竹篾於孔邊，如蒲蟲聲，其蠹自出，即此可悟啄木鳥取蟲之理矣。桃生蛀，煮猪頭湯冷澆之。橘生蟲，用修馬蹄屑塞之。林檎、梨樹生毛蟲，埋蠶蛾於下，或用海魚腥水澆之。槐生蟲，擂鼓於樹下則盡落。芝麻梗挂樹上，則無簑衣蟲。西風久雨，亦能殺毛蟲。桑樹蟲多，用鐵線鈎取。凡樹生癩，以甘草削釘，鍼之自消。凡栽花草，根下置白斂末，最能辟蟲患。土坑中先置甘草一寸、大蒜一枚，後種樹上，則不生蟲。蓋木實之蠹者，必不沙爛，沙爛者必不蠹，亦性使然也。一法：清明子時，於諸樹上縛稻草一根，則不生蟲。清明前一二日，多取螺螄浸水中，至清明日，以此水灑墻壁甃砌，能去蜒蚰。盆内有蟻穴，以香油或羊骨引出之。有蚓穴，以鴨糞壅之，或灰水澆之，如用灰水，當即以清水解之。又云：以生人髮挂樹上，鳥雀不敢偷啄其實。

枯樹活樹法

天生地長，草木之榮枯，豈人得而主之？然人爲萬物之靈，能殺之，復能生之，挽回造化，亦在掌握之間。如木以肉桂作釘，釘之即死，用甘草水灌之復榮；烏賊魚骨釘之則翳，以狗膽解之仍茂。或曰「鱗魚乾樹」，即墨魚也，一名海螵蛸。又云「河豚骨」。若以邵陽魚刺日西時樹陰即死。一云：桂釘[一五]木上則茂，釘木下則枯。大榕樹以蘇木作釘，釘其根則死。葡萄樹以甘草鍼針之即槁。柚樹一抹阿魏入其内則立枯。以肉桂屑布地，則草不生，人溺煻麻即萎。豆汁澆鼠莽根即爛。韮汁滴野葛上即枯。枇杷、梔子、瑞香、杜若、秋海棠澆糞即萎。凡樹離根三尺，斫其皮，納巴豆數粒，則汁瀉而枯。穴果樹以鐘乳粉納之，則實多味美，納於老樹根皮内，則瘁者復茂。白斂末置花根下，辟蟲易活。又騸[一六]樹法：凡木發芽時，根旁掘土，搜其直下命根截去，則結果肥大易長。

變花摧花法

天然香艷，何假人爲？然而好奇之士，偏於紅白反常、遲早易時處顯技，遂借此以作美觀。如白牡丹欲其變色，沃以紫草汁，則變魏紫；紅花汁則變緋紅；黄則取白花初放時，用新筆蘸白礬水描過待乾，再以藤[一七]黄和粉，調淡黄色描上，即成姚黄。恐爲雨淋，復描清礬水一次，色自不落。牡丹根下置白朮末，諸種花色皆起腰金。白菊蕊以龍眼殼照住，上開一小孔，每早以澱青[一八]水或胭脂水滴入花心，放時即成藍紫色。海棠用糟水澆，開花更鮮艷而紅。凡花紅者欲其白，以硫黄燒烟熏盞，蓋花在内，少頃即白。芙蓉欲其異色，將白花含苞用水調各色於紙，蘸花蕊上，仍裹其尖，開時即成五采。昔馬塍藝花如藝粟，槖駝之技名於世，往往能發非時之花，誠足以侔造化而通仙靈。凡花之早放者，名「堂花」。其法：以紙糊密室，鑿地作坎，緶竹置花其上，糞土以牛溲、馬尿、硫黄，盡培溉之功。然後置沸湯於坎中，少候湯氣熏蒸，則扇之以微風，花得盎然融淑之氣，不數朝而自放矣。若牡丹、梅花之類，無不皆然，獨桂花則反是。蓋桂稟金氣而生，須清涼而後放，法當置之石洞岩竇間，暑氣不到之所，鼓以涼颸，養以清露，自能先時而舒矣。凡花欲催〔一九〕其早放，以硫黄水灌其根，便隔宿即開。或用馬糞浸水澆根，亦易開。若欲其緩放，以雞子清塗蕊上，便可遲三兩日。此雖揠苗助長之舉，然亦須適其寒温之性，而後能臻其神奇也。

種盆取景法

山林原野〔二〇〕，地曠風疎，任意栽培，自生佳景。至若城市狹隘之所，安能比户皆園？高人韻士，惟多種盆花小景，庶幾免俗。然而盆中之保護灌溉，更難於園圃。花木之燥濕冷暖，更煩於喬林。盆中土薄，力量無多，故未有樹，先須製下肥土，全賴冬月取陽溝汙泥曬乾，篩去瓦礫，將糞潑濕，復曬。如此數次，用乾草柴一皮，肥土一皮，取火燒過，收貯至來春，隨便栽諸色花木可也。栽後宜肥者，每日用雞鵝毛水與糞水相和而澆〔二一〕。如花已發萌，不宜澆糞。若嫩條已長，花頭已發，正好澆肥。至花開時，又不可澆。每日早晚，只須清水，果實時亦不可澆，澆則實落。凡植花，三四月間，方可上盆，則根不長而花多，若根多則花少矣。或用鼉沙浸水澆之，亦良。草子之宜盆者甚多，不必細陳。果木之宜盆者甚少，惟松、柏、榆、檜、楓、橘、桃、梅、茶、桂、榴、槿、鳳竹、虎刺、瑞香、金雀、海棠、黄楊、杜鵑、月季、茉莉、火蕉、素馨、枸杞、丁香、牡丹、平地木、六月雪等樹，皆可盆栽，但須剪裁有致。近日吴下出一種，仿雲林山樹畫意，用長大白石盆，或紫沙宜興盆，將最小柏檜或楓榆，六月雪或虎刺、黄楊、梅椿等，擇取十餘株，細視其體態，參差高下，倚山靠石而栽之。或用崑山白石，或用廣東英石，隨意疊成山林佳景。置數盆於高軒書室之前，誠雅人清供也。如樹服盆已久，枝幹長野，必須修枝盤幹。其法：宜穴幹納巴豆，則枝節柔軟可結。若欲委曲折枝，則微破其皮，以金汁一點，便可任意轉摺。須以極細棕索縛弔，歲久性定，自饒古致矣。凡盆花拳石上，最宜苔鮮。若一時不可得，以菱泥、馬糞和匀，塗潤濕處及榁枝間，不久即生，儼如古木華林。

養花插瓶法

家無園圃，枯坐一廛，則眼前之生趣何來？即有芳華，一遭風雨，則經年之灌溉皆虛。不若採千林於半囱，萃四序於一甄。古人「瓶花」之说，良有以也。貯之金屋，主人之賞鑒猶存，聊借一枝，貧士之餘芬可挹。但養不得其法，不特花即失神，亦且色不耐久。今略舉各花養法而言之。凡花滋雨露以生，雖瓶養亦當用天落水，每日添換，其開庶久。若三四日不換，花必零落，蕊必乾枯。每夜宜擇無風有露處置之，猶可多延一二日之鮮麗，此乃天與人參之力也。折花之法，不可亂攀。須擇其木之叢雜處，取初放有致之枝，或一二種，比枝配色，不冗不孤，稍有畫意者，方剪而燔其折〔二二〕處插之，则滋不下洩，花可耐久。蓋有不宜清水養者，又不可不察也。如梅花、水仙，宜鹽水養。而梅更宜醃猪肉汁，去油俟冷插花，且瓶不結凍，雖細蕊皆開。若貯古瓶中，常刺以湯，還能结子生葉。海棠花須束薄荷葉於折處，再以薄荷水浸養，细蕊盡開。梔子花折處須搥碎，以鹽入瓶中乾插，自能放花抽葉，花謝後鹽仍可用。牡丹初折，即燃其枝，不用水養，當以蜜浸，自榮，謝後蜜仍可用。芍藥燒枝後，即插水瓶中，夜间另浸大水缸内，早復歸瓶，則葉緑花鲜。蓮花先用泥塞其折孔内，再以髮纏之，先插入瓶，後方灌水，夜置無風有露處，則菡萏皆開。芙蓉、竹枝、金鳳花，皆當以沸湯養之，乘熱即塞瓶口，則花易開而葉不損。若蜀葵、秋葵、芍藥、萱花等類，宜燒枝插，餘皆不可燒。凡貯瓶中水，須燒紅瓦片投之，則水不臭。冬月將濃灰汁和酒灌瓶内，則不凍。鲜肉凍汁養山茶、蠟梅，則開耐久。如瓶口大者，内置锡管，冬月貯水，不碎瓶。若小口膽瓶等，投硫黄末數钱，亦可免凍之患。夫花之配搭既善，則花之意態自佳，而貯花之瓶罍，并供花之位置，亦不可不講也。瓶之最忌者，兩對一律。有珥環成行列，以繩束縛，以多爲貴。若銅瓶雖不能得出土舊觚、青緑入骨、砂斑垤起者，亦宜擇其款製精良者一二。磁瓶雖不能皆哥窑、象窑、定窑、柴窑，亦須選細潤光潔好窑瓶二三，方不辱名花，而虚此一番攀折也。大抵書齋清供，宜矮小爲佳，喜銅瓶必花觚、銅觶、尊罍、方漢壺、素温壺、扁壺之類，愛窑器必紙搥、鹅頸、茄岱、花尊、花囊、蓍草、蒲槌、壁瓶之類，方不與家堂香火前五事件内瓶同。至若廳堂大厦，所用大瓶，不在此例也。如插牡丹、芍藥、玉蘭、粉團、蓮花等，則花之本質既大，瓶自宜大，又不在此例。嘗聞古銅窑器入土久則得氣深，以此養花，其色必鮮，且能結實。雖無濟於事，無園者亦可眩奇。吁！寒士處此，名花猶可假乞，古器從何而致？若有宣德、成化，或龍泉窑者一二，便可脱俗矣。

整頓删科法

諸般花木，若聽其發幹抽條，未免有礙生趣。宜修者修之，宜去者去之，庶得條達暢茂有致。凡樹有瀝水條，是枝向下垂者，當剪去之。有刺身條，是枝向裏生者，當斷去之。有駢枝條，兩相交互者，當留一去一。有枯朽〔二三〕條，最能引蛀，當速去之。有冗雜條，最能礙花，當擇細弱者去之。但不可用手折，手折恐一時不斷，傷皮損幹。粗則用鋸，細則用剪；裁痕須向下，則雨水不能沁其心，木本無枯爛之病矣。至伐木之期，必須四月、七月，則無蟲蠹之患，而木更堅韌耐用。若非時斫伐者，必須水漚一月，或火熾〔二四〕極乾，亦不生蟲。

花香耐久法

昔人云：「種花一載，看花不過十日。」香艷不久，殊爲恨事！今特載一二耐久之法，以補惜花主人之不逮爾。冬月用竹刀取梅蕊之將開者，蘸以蠟投尊缶中，夏月取出，以沸湯就盞泡之，蕊即解綻，香亦不減。搗女貞實汁，即冬青子。拌巖桂半開者，入細磁瓶中，以厚紙蓋之，至無花時，密室聊置一盤，其香裊裊，可以久留。或以鹽滷浸桂花，藏至來年，色香俱在。玫瑰同鹹梅、白糖拌收瓶內，經年花之色香如故。又一法：取梅或菊，或玫瑰、茉莉、珍珠蘭，皆摘其半開之蕊，四停茶葉一停花，以罐罌收之；內一層茶、一層花，間投至滿，用紙箬縶固，入鍋內，以重湯煮之，取出待冷；另用紙封固，裹置火上焙極乾，收用炮茶，其香可愛。又香橼、佛手，若扦芋於其蒂上，以濕紙圍護之，經久不癟。或擣蒜罨其蒂，則香更充溢。

花間日課四則

春

晨起，點梅花湯，課奚奴灑掃曲房花徑，閲花曆，護階苔。禺中，取薔薇露浣手，薰玉蕤香，讀赤文緑字。晌午，採笋蕨，供胡麻，汲泉試新茗。午後，乘款馬，執剪水鞭，攜斗酒雙柑，往聽黄鸝。日晡，坐柳風前，裂五色箋，任意吟詠。薄暮，遶徑，指園丁理花，飼鶴種魚。

夏

晨起，芰荷爲衣，傍花枝吸露潤肺，教鸚鵡詩詞。禺中，隨意閲老莊數頁，或展法帖臨池。晌午，脱巾石壁，據匡床，與忘形友談《齊諧》、《山海》；倦則取左宫枕，爛游華胥國。午後，刳椰子盃，浮瓜沉李，搗蓮花，飲碧芳酒。日晡，浴罷蘭湯，棹小舟垂釣於古藤曲水邊。薄暮，籜冠蒲扇，立高阜，看園丁抱甕澆花。

秋

晨起，下帷檢牙籤，挹花露，研硃點校。禺中，操琴調鶴，玩金石鼎彝。晌午，用蓮房洗硯，理茶具，拭梧竹。午後，戴白接羅冠，著隱士衫，望霜葉紅開，得句即題其上。日晡，持蟹螯鱸鱠，酌海川螺，試新釀，醉聽四野蟲吟，及樵歌牧唱。薄暮，焚畔月香，壅菊觀鴻，理琴數調。

冬

晨起，飲醇醪，負暄盥櫛。禺中，置氈褥，燒烏薪，會名士作黑金社。晌午，挾筴理舊稿，看樹影移階，熱水濯足。午後，攜都統籠，向古松懸崖間，敲冰煮建茗。日晡，羔裘貂帽，裝嘶風鐙，策蹇驢，問寒梅消息。薄暮，圍爐促膝，煨芋魁，説無上妙偈，剪燈閲《劍俠》、《列仙》諸傳，嘆劍術之無傳。

花園款設八則

堂室坐几

堂前設長大天然几一，或花梨，或楠木，上懸古畫一。几上置英石一座。東坡椅六，或水磨，或黑漆。室中設天然几一，宜左邊東向，不可迫近牕檻，以避風日。几上置舊端研一，筆筒一，或紫檀，或花梨，或速香；筆規一；古窰水中丞一，或古銅；研山一，或英石，或水晶，或香樹根。古人置研俱在左，以其墨光不閃眼，且於燈下更宜。清烟徽墨一，畫册、鎮紙各一，好騰瓶一。又小香几一，上置古銅爐一座；香盒一，非雕漆，即紫檀；白銅匙柱一副；匙柱瓶一，非出土古銅，即紫檀或老樹根。左壁懸古琴一，右壁挂劍一，拂塵帚一。園中切不可用金銀器具，愚下艷稱富尚，高士目爲俗陳。

書齋椅榻

書齋僅可置四椅、二櫈，一床、一榻。夏月宜湘竹，冬月加以古錦製褥，或設臯比，俱可。他如古須彌座，短榻矮几、壁几、禪椅之類，不妨高設，最忌靠壁平設數椅。屏風僅可置一座，書架、書櫃〔二五〕俱宜列於向明處，以貯圖史。然亦不可太雜，如書肆樣。其中界尺、裁紙刀、鐵錐各一。

敞室置具

敞室宜近水，長夏所居，盡去牕檻，前梧後竹，荷池繞於外，水閣啟其旁，不漏日影，惟透香風。列木几極長丈者於正中，兩旁置長榻無屏者各一。不必挂佳畫，夏日易於燥裂，且後壁洞開，亦無處可懸挂也。北牕設竹床蕲〔二六〕簟於其中，以便長日高臥。几上設大硯一，青綠水盆一，尊彝之屬，俱取陽大者。置建蘭、珍珠蘭、茉莉數盆於几案上風之所，兼之奇峰古樹，水閣蓮亭。不妨多列湘簾，四垂牕牖，人望之如入清涼福地。

臥室備物

臥室之用，地屏、天花板雖俗，然臥處取乾燥，用亦無妨，第不可彩畫及油漆耳。面南設臥榻一，榻後別留半室或耳房，人所不至處，以置薰籠、衣架、盥匜、廂奩、書燈、手巾、香皂礶之屬。榻前僅置一小几，不設一物。小方杌二，小橱一，以貯香藥、玩器，則室中精潔雅素。一涉絢麗，便類閨閣氣，非林下幽人，眠雲夢月所宜矣。更須穴壁一，貼爲壁床，以供契友高人，連床夜話。下穴抽替，以藏履襪。庭中不可多植賤木，第取異種，當秘惜者，置數本於内，以文石伴之，如英石、崑山石之類。盆景則設仿雲林或大癡畫意者二三盆，以補密室之不逮。

亭榭點綴

大凡亭榭，不避風雨，故不可用佳器，俗者又不可耐，須得舊漆、方面、粗足、古樸、自然者置之。露坐，宜湖石平矮者，散置四傍。其石墩、瓦墩之屬，俱置不用，尤不可用朱架架官磚於上。榜聯須板刻，庶不致風雨摧殘。若堂柱館閣，則名箋重金，次硃砂皆可。

廻廊曲檻

廊有二種，繞屋環轉，粉壁朱欄者多。堦砌宜植吉祥繡墩草，中懸紗燈，十餘步一盞，以佐黑夜行吟，花香興到用。別搆一種竹椽，無瓦者，名曰「花廊」。以木槿、山茶、槐、柏等樹爲墻，木香、薔薇、月季、棣棠、荼蘼、葡萄等類爲棚，下置石墩、磁鼓，以息玩賞之足。

密室飛閣

几榻俱不宜多置，但取古製狹邊書几一，置於其中。上設筆硯、香盒、薰爐之屬，俱宜小而雅。別設石小几一，以置茗甌茶具。置小榻一，以供倦時偃臥趺坐。不必挂畫，或置古奇石，或供檀香呂祖像，或以佛龕供鎏金大士像於上，亦可。

層樓器具

樓開四面，置官桌四張，圈椅十餘，以供四時宴會。遠浦平山，領略眺玩。設棋枰一，壺矢骰盆之類，以供人戲。具筆墨硯箋，以備人題咏。琉璃畫紗燈數架，以供長夜之飲，古琴一，紫簫一，以發客之天籟，不尚伶人俗韻。

懸設字畫

古畫之懸宜高，齋中僅可置一軸於上；若懸兩壁，及左右對列，最俗。須不時更換，長畫可挂高壁，不可用挨畫竹曲挂畫。桌上可置奇石，或時花盆景之屬，忌設朱紅漆等架。堂中，宜挂大幅横披。齋中密室，宜小景花鳥，若單條、扇面、斗方、挂屏之類，俱不雅觀。有云：畫不對景，其言亦謬〔二七〕。但不必拘，挨畫几須離畫一分，不至汙畫。

香罏花瓶

每日坐几上，置矮香几方大者一，上設罏一。香盒大者一，置生熟香，小者二，置沉香、龍涎餅之類，筯瓶一。每地不可用二罏，更不可置於挨畫桌上，及瓶盒對列。夏月宜用磁，冬月用銅，必須古舊之物，不可用時罏被薰。凡插花隨瓶製，置大小矮几之上。春冬銅瓶，若磁者必須加以錫膽，或水中置硫黄末。秋夏用磁。堂屋、高樓宜巨；書室、曲房宜小。貴銅瓦，賤金銀，忌有環，鄙成對。花宜瘦巧，不取煩雜。每採一枝，須擇枝柯奇古。若二枝，須高下合宜，亦止可一二種，過多便如酒肆招牌矣。惟蘂苗草本，插膽瓶或壁瓶内者不論。凡供花不可閉牕户，恐焚香烟觸即萎，水仙尤甚，亦不可供於畫桌上，恐有傾潑損畫。

仙壇佛室

慕長生者，供青牛〔二八〕老子一軸，或純陽負劍圖一，必須宋元名筆方妙。如信輪迴者，供烏絲藏佛一尊，以金鑁甚厚，慈容端整，妙相具足者爲上。或宋元脱紗大士像，俱可。若香像、唐像、接引、諸天等像，號曰「一堂」，并朱紅、銷金、雕刻等橱，道家三清、梓童、關帝等神，皆僧寮、羽客所奉，非居士所宜也。此室位置，得在長松石洞，有石佛、石几處，更佳。案頭須以舊磁净瓶獻花，净碗酌水，石鼎爇香，中點石琉璃燈，左旁置古倭漆經橱，以盛釋典或仙籙，右邊設一架，懸靈璧石磬，并幡幢、如意、蒲團、几榻之類，隨便款設，但忌〔二九〕纖巧。庭中列施食臺，臺下用古石座、石幢一，幢下植香艷名花。

花園自供五則

天然具

斫柏成扉，牽蘿就幕，屈竹爲籬，倚松作座，山林真率，自覺天然。

桃核盃、古藤杖、木筆、蒲劍、松拂、碧筒、花壺蘆、書帶草、蕉扇、椶索、金燈、荷珠、芰荷衣、柏子香、錦帶、柳線、玉簪、菡萏、榆莢錢、椰實瓢、竹杖、瓔盂、蓮房、秧針、珊瑚珠、御馬鞭、蘭佩、楓香、蘿帶。

自來音

柝鳴永巷，角奏邊陲，擊熱敲寒，總不入高人之夢。惟是一頃白雲，横當衾枕，數聲天籟，惠我好音。

松濤、竹笑、鶴鳴皋、燕呢喃、砧聲夜擣、蛙鼓、蚓笛、魚吹浪、蛩〔三〇〕啾唧、鐵馬驟風、雁警、石溜、呦鹿鳴、鵲驚枝、犬聲如豹、雞唱、泉涓、蟬唈露、風度曉鐘、莎雞振羽。

百禽言

鼎沸笙歌，不若枝頭嬌鳥。候調鸚䳇，何如燕語鶯鳴。能言之禽儘多，若不羅其群，毀其卵，毋煩飲啄，而自集長鳴也。

行不得也哥哥、鳳凰不如我、都護從事、姑姑得過且過、鉤輈格磔、不如歸去、春去了、婆餅煎、泥滑滑、上山看火、蠶上山結繭，便有此聲。莫損花、鵓果果、脱布衫、捉壺蘆、哎呦！

百花釀

市醞村醪，豈宜名勝？況園中自有芳香，皆堪採釀，既具百般美麯，何難一浼杜康。

椒柏酒、梅花酒、松液酒、柏葉酒、天門冬酒、茯苓酒、桑椹酒、竹葉酒、茴香酒、百靈藤酒、菖蒲酒、南藤酒、五加酒、荔枝酒、薏苡仁酒、枸柑酒、菊花酒、女貞酒、桂花酒、枸杞子酒、碧芳酒、葡萄酒、豆淋酒、歸圓酒、生地黃酒、縮砂酒、玫瑰酒、苣〔三二〕勝酒。即炒芝麻同薏苡仁各二升，生地八兩，袋浸酒。酒庫須近廚房左右，夏日合麯，冬日釀酒。隨意取麯造成，每甕上號明某酒，則開飲不差。

天然箋

憑樓遠眺，花底豪吟，園中四時，自有天然箋簡可供筆墨，何煩楮造色成。

紅葉箋、蕉葉箋、梧桐箋、柿葉箋、楸葉箋、貝葉箋，黎雲箋、散花箋、苔箋、蒲箋。

校勘記

〔一〕「閏」，書業堂本、文會堂本、萬卷樓本均作「潤」，據和刻本改。

〔二〕「塵」，各本均作「麈」，據孟文改。

〔三〕「丹」，書業堂本、文會堂本均作「舟」，據和刻本改。

〔四〕「樓」，書業堂本、文會堂本均作「桃」，據和刻本改。

〔五〕「斫」，各本均作「釘」，據孟文改。

〔六〕「以」，書業堂本、文會堂本、萬卷樓本均作「其」，據和刻本改。

〔七〕「條」，書業堂本作「絛」，據文會堂本、和刻本、萬卷樓本改。

〔八〕「薄」，萬卷樓本作「溝」。

〔九〕「土」，各本均作「上」，據孟文改。

〔一〇〕「椿」，各本均作「椿」，據文意當作「椿」。

〔一一〕「爛」，書業堂本、萬卷樓本均作「難」，據文會堂本、和刻本改。

〔一二〕「以其」，各本均作「其以」，據孟文改。

〔一三〕「刺」，各本均作「茨」，據文意當作「刺」。

〔一四〕「五果花」，各本均作「生花果」，據孟文改。
〔一五〕「釘」，各本均作「矴」，據孟文改。
〔一六〕「騙」，書業堂本、萬卷樓本均作「騙」，據文會堂本、和刻本改。
〔一七〕「藤」，各本均作「籐」，據文意當作「藤」。
〔一八〕「青」，書業堂本、文會堂本、萬卷樓本均作「清」，據和刻本改。
〔一九〕「催」，各本均作「摧」，據孟文改。
〔二〇〕「野」，各本均作「墅」，據孟文改。
〔二一〕「澆」，各本均作「燒」，據和刻本校記改。
〔二二〕「折」，書業堂本、文會堂本、萬卷樓本均作「析」，據和刻本改。
〔二三〕「朽」，書業堂本、萬卷樓本均作「巧」，據文會堂本、和刻本改。
〔二四〕「熾」，書業堂本、和刻本、萬卷樓本均作「偪」，據文會堂本改。
〔二五〕「櫃」，和刻本作「櫥」。
〔二六〕「蕲」，各本均作「靳」，據孟文改。
〔二七〕「謬」，書業堂本、文會堂本、萬卷樓本均作「繆」，據和刻本改。

〔二八〕「牛」，書業堂本、文會堂本、萬卷樓本均作「年」，據和刻本改。
〔二九〕書業堂本、文會堂本、萬卷樓本均脱「忌」字，據和刻本補。
〔三〇〕「蝱」，書業堂本、文會堂本、萬卷樓本均作「蝱」，據和刻本改。
〔三一〕「苣」，各本均作「豆」，據孟文改。

卷　三

花木類考

是編乃緑墅名園所必需，主人好花而不善植者，所當細閲也。然詳圃而略農，非棄本以趨末。五穀簡而草木繁，若不細審其性情，分别其宜忌，則萬卉千葩，安望其色之妍、香之濃、葉之肥、實之美耶！今以不傳之秘，公之同人，則世無不生之花矣。

松

松爲百木之長，諸山中皆有之。兩鬣、三鬣而細者，常松也。五鬣、六鬣爲一朵葉者，剔牙栝子松也。闊瓣厚葉者，羅漢松也。其質磥砢修聳，多節永年。皮粗如龍鱗，葉細如馬鬣，遇霜雪而不凋，歷千年而不殞。其花色黄而多香，但有粉而無瓣，實似猪心，疊成鱗砌。秋老則子長鱗裂，味最甘香可口。滇南子色黑，遼東子色黄。千歲松産於天目、武功、黄山，高不滿二三尺，性喜燥背陰，生深巖石塌上，永不見肥，故歲久不大，可作天然盆玩。又有赤松、白松、鹿尾松之異，惟剔牙松青皮而嫩，稍傷其皮，則脂易溜，須以火鐵燙止，用糞泥密封，方不洩氣。凡欲松偃蓋，必截去松之大根，惟留四旁根鬚，則無不偃蓋矣。種法：於春分前，浸子十日，治畦下糞，漫撒畦内，如種菜法，其苗自生。一切花木，皆貴少壯，獨松、柏、梅等，世人多貴蒼老古勁。歲久松能化石，脂能成珀。如上有兔絲，則根下有茯苓，爲仙家服食之藥，其花亦可作粉食。

柏

柏，一名「蒼官」，一名「掬」，與松齊壽，有扁柏、檜柏、黄柏、瓔珞柏之異。惟扁柏爲貴，故園林多植之。因其葉側向而生，又名「側柏」。其味微澀而甘香，道人多採作服食，用點茶湯。諸木向陽，柏獨〔一〕西指。其性堅緻，有脂而香，故古人破爲暢臼，用以擣鬱。三月開細鎖花，不甚可觀，結實成球，狀如小鈴，霜後四裂，中含數子，大如麥粒，亦自芬香。仁亦道家所服食者。檜柏，體堅難長，亦難萎黄，木聳直而皮薄肌細，葉至冬更青翠。瓔珞柏，枝葉俱垂下，宜栽庭際，皆無花有子。峨眉山有竹葉柏身者，名「竹柏」，禀堅凝之質，不與群卉同凋，其小者止一二尺，可作盆玩。又乾陵有柏，木之文理大者，多爲菩薩、雲氣、人物、鳥獸，狀態分明，徑尺一株，可值萬錢。柏性喜𩅰，每年中用𩅰過糞水澆三四次，則色鮮潤。秋時剪小枝二三尺者，插肥地亦活。或收子至二三月間，用水淘，取沉者著濕地，隔兩日再淘，候芽出，將劚熟地成畦，以子勻撒其中，覆以細土，二三日一〔二〕澆。苗出土後，須圍以短籬，防蝦蟆所食。

梓

梓，一名「木王」。林中有梓樹，諸木皆内拱。葉似梧桐，差小而無歧〔三〕。春開紫白花如帽，極其爛熳。生莢細如箸，長尺許。冬底葉落，莢猶在樹。種法：秋末冬初，取莢曝乾播種，一年薅之，二年方可移植。或交春斷其根，瘗於土，亦能發條，其葉飼豕最肥。

牡丹

牡丹爲花中之王，北地最多，花有五色、千葉、重樓之異，以黄紫者爲最。自歐陽修作記後，人皆烘傳其名，遂有《牡丹譜》，今乃取其一百三十一種，詳釋於後。其性宜涼畏熱，喜燥惡濕，根窠樂得新土則茂，懼烈風酷日，須栽高敞向陽之所，則花大而色妍。移植在八月社前，或秋分後皆可。根下宿土少留，切勿掘斷細根。每種過，先將白斂末一斤，拌勻新土內。因其根甜，多引土蠶螬蟲，故用白斂殺之。再以小麥數十粒撒下，然後坐花於上，以土覆滿，復將牡丹提與地平，使其根直，則易活。不可踏實，隨以天落水或河水灌之。子類母丁香而黑，六月收置向風處，晾一日，以瓦盆拌濕土盛之，至八月中，取其下水即沉者，而畦種之。待其春芽長大，五六月以葦箔遮日，夜則露之，至次年便可移種矣。然結子畦種，不若根上生苗分植之便，其接換亦在秋社前後，將種活五年以上小牡丹，去地留一二寸，將利刀斜削去一半，再以佳種旺條截一段，斜削去一半，上留二三眼，貼於小樹上，合如一木，以麻縛定，用濕泥抹其縛處，兩瓦合之，内填細土，待來春驚蟄後，出瓦與土，隨以草薦圍之，未有不活者。其花愈接愈匀。昔張茂卿接牡丹於椿樹之上，每開則登樓宴賞，至今稱之。夏月灌溉，必清晨或初更，必候地涼方可澆。八九月，五七日一澆，十月、十一月，三四日一澆，十二月地凍，止可用猪糞壅之。春分後便不可澆肥，直至花放後，略用輕肥。六月尤忌澆，澆則損根，來年無花。花未放時去其瘦蕊，謂之「打剥」。花將放，必用高幕遮日，則花耐久，開殘即剪，勿令結子，留子則來年不盛。冬至日以鐘乳粉和硫黄少許，置根下，有益。如枝梗蟲蛀〔四〕，當尋其蛀眼，用硫黄或塞或熏；或用杉木作針，釘之自斃。性畏麝香、桐油、生漆氣，旁宜植逼麝草，如無，即種大蒜、葱、韮亦可。不使亂草侵土，并熱手撫摩。若折枝插瓶，先燒斷處，鎔蠟封之，可貯數日不萎；或用蜜養，更妙。花謝後，蜜仍可用，養芍藥亦然。如將萎者剪去下截，用竹架起，投水缸中浸一宿，復鮮。一法：以白朮末放根下，諸般花色悉帶腰金。若北方地厚，雖無肥糞，即油籸肥壅之亦盛，不可一例論也。但忌犬糞。八月十五是牡丹生日，洛下名園，有植牡丹數千本者，每歲盛開，主人輒〔五〕置酒延賞。若遇風日晴和，花忽盤旋翔舞，香馥異常，此乃花神至也，主人必起具酒脯，羅拜花前，移時始定，歲以爲常。

附牡丹釋名共一百三十一種

正黄色計十一品

御衣黄、千葉，似黄葵。　姚黄、千葉樓子，産姚崇家。　淡鵝黄、平頭，初黄後漸白。　禁院黄、千葉起樓子。　甘草黄、單葉，深黄色。　愛雲黄、大瓣，平頭，宜重肥。　黄氣毬、瓣圓轉，淡黄。　金帶腰、腰間色深黄。　女真黄、千葉而香濃，喜陰。　太平樓閣、千葉，高樓。　蜜嬌。本如樗，葉尖長，花五瓣，蜜蠟色，中有蕊，根檀心。

大紅色計十八品

錦袍紅、即潛溪緋，千葉。　狀元紅、千葉樓子，喜陰。　朱砂紅、日照如猩血，喜陰。　舞青猊、中吐五青瓣。　石榴紅、千葉樓子，喜陽。　九蕊珍珠、紅葉上有白點如珠。　醉胭脂、千葉，莖〔六〕長，頭垂。　西瓜穰、内深紅，邊淺淡。　錦繡毬、葉微小，千瓣，圓轉。　羊血紅、千葉，平頭，易開。　碎剪絨、葉尖多缺如剪。　金絲紅、平頭，瓣上有金線。　七寶冠、千葉樓子，難開。　映日紅、千葉細瓣，喜陽。石家紅、平頭，千葉，不甚緊。鶴頂紅、千葉，中心更紅。王家紅、千葉，樓尖微曲。小葉大紅。頭小葉多，難開。

桃花色計二十七品　點校者案：實計二十六品。

蓮蕊紅、有青趺三重。西番頭、千葉，難開，宜陰。壽安紅、平頭，細葉，黃心，宜陽。添色紅、初白，漸紅，後深。鳳頭紅、花高大，中特起。大葉桃紅、闊瓣，樓子，宜陰。梅紅、千葉，平頭，深紅色。西子紅、千葉，圓花，宜陰。舞青霓、千葉，心吐五青瓣。西瓜紅、胎紅而長，宜陽。美人紅、千葉，軟條，樓子。嬌紅樓臺、千葉，重樓，宜陰。海天霞、平頭，花大如盤。輕羅紅、千葉而薄。皺葉紅、葉圓有皺紋，宜陰。陳州紅、千葉，以地得名。殿春芳、晚開，有樓子。花紅繡毬、細瓣而圓花。四面鏡、有旋瓣四面花。醉仙桃、外白內紅，宜陰。出莖桃紅、莖長有尺許。翠紅妝、起樓，難開，宜陰。嬌紅、似魏紅，而不甚大。鞓紅、單葉，紅花稍白，即青州紅。罌粟紅、單葉，皆倒暈。魏家紅。千葉，肉紅，略有紅梢，開最大，以姓得名。

粉紅色計二十四品　點校者案：實計二十三品。

觀音面、千葉，花緊，宜陽。粉西施、淡中微有紅暈。玉兔天香、中二瓣如兔耳。玉樓春、千葉，多雨盛開。素鸞嬌、千葉，樓子，宜陰。醉楊妃、千葉，平頭，最畏烈日。粉霞紅、千葉，大平頭。倒暈檀心、外紅，心白。木紅毬、千葉，外白内紅，如毬。三學士、係三頭聚萼。合歡嬌、一蒂雙頭者。醉春容、似醉西施，開久露頂。紅玉盤、平頭，邊白，心紅。玉芙蓉、成樹則開，宜陰。鶴翎紅、千葉細長，本紅末白。西天香、開早，初嬌後淡。回回粉、細瓣，外紅内白。瑪瑙盤、千葉，淡紅，白梢檀心。雲葉紅、瓣層次如露。滿園春、清明時即開。瑞露蟬、花中抽碧心如合蟬。疊羅、中心瑣碎如羅紋。一捻紅。昔日貴妃匀面，脂在手，偶印花上，來年花生，皆有指甲紅痕，至今稱以爲異。

紫色計二十六品

朝天紫、金紫，如夫人服。腰金紫、腰間圍有黄鬚。金花狀元、微紫，葉有黄鬚。紫重樓、千葉，樓最難開。葛巾紫、圓正，富麗如巾。紫雲芳、千葉，花中包有黄蕊。紫羅袍、千葉，瓣薄，宜陽。丁香紫、千葉，小樓子。茄花紫、千葉，樓深紫，即藕絲。瑞香紫、淺紫，大瓣而香。舞青猊、千葉，有五青瓣。駝褐紫、大瓣，色似褐衣，宜陰。紫姑仙、大瓣，樓子，淡紫。烟籠紫、千葉，淺淡交映。潛溪緋、叢中特出緋者一二。紫金盤、千葉，深紫，宜陽。紫繡毬、即魏紫也，千瓣，樓子，葉肥大而圓轉可愛。檀心紫、中有深檀心。葉底紫、似墨紫花，在叢中旁必生一枝，引葉覆上，即軍容紫。潑墨紫、深紫色，類墨葵。鹿胎紫、千葉，紫瓣上有白點，儼若鹿皮紋，宜陽。魏家紫、千葉大花，産魏相家。平頭紫、即左紫也，千葉，花大徑尺，而齊如截，宜陽。乾道紫、色稍淡，而暈紅。紫玉、千葉，白瓣中有深紫色絲紋，宜陰。錦團緣。其幹亂生成叢，葉齊小而短厚，花千瓣，粉紫色，合綻如叢瓣，細紋。

白色計二十二品

玉天仙、多葉，白瓣檀心。慶天香、千葉，粉白色。玉重樓、千葉，高樓子，宜陰。綫邊白、瓣邊有緑暈。蜜嬌姿、初開微蜜，後白。萬卷書、即玉玲瓏，千瓣，細長。銀妝點、千葉，樓子，宜陰。水晶毬、瓣圓，俱垂下。玉剪裁、平頭，葉邊如鋸齒。白青猊、中有五青瓣。蓮香白、平頭，花香如蓮。伏家白、以姓得名，猶如姚黄。鳳尾白、中有長瓣特出。玉盤盂、多葉，大瓣，開早。玉版白、單葉，細長如拍版。鶴翎白、多葉而長，檀心。金絲白、瓣上有淡黄絲。羊脂玉、千葉，樓子，大白瓣。青心白、千葉，青色心。玉碗白、單葉，大圓花。平頭白、花大尺許，難開，宜陰。一百五。瓣長多葉，黄蕊檀心，花最大，此品嘗至一百五日先開。

青色計三品

佛頭青、一名「歐碧」，群花謝後，此花始開。緑蝴蝶、一名「萼緑華」，千瓣，色微帶緑。鴨蛋青。花青如蛋殼，宜陰。

牡丹花之五色燦爛，其形、其色、其態度變幻，原莫可名狀。後之命名，亦隨人之喜好，約數百種，然而雷同者亦不少。茲存一百三十種，尚有疑似處，望博雅裁之。

梅

梅，一名「柟」，一名「⿱艹獠」。葉、實、花，俱似杏差小，而花獨優於香。昔范石湖有《梅譜》，約九十餘種，大抵〔七〕一花二三名者多。今特取其山林常有，而人所常植者二十種，詳釋於後。梅本出於羅浮、庾嶺，喜暖故也。而古梅多著於吴下，吴興、西湖、會稽、四明等處，每多百年老幹，其枝樛曲萬狀，蒼蘚鱗皴，封滿花身，且有苔鬚垂於枝間，長寸許，風至，緑絲飄動。其樹枝四蔭週遭，可羅坐數十人，好事者多載酒賞之。蓋梅爲天下尤物，無論智、愚、賢、不肖，莫不慕其香韻而稱其清高。故名園古剎，取橫斜疎瘦，與老幹枯株，以爲點綴。早梅冬至前即開，晚梅春分時始放，如多植，則相繼而開最久。性潔喜曬，澆以塘水則茂，肥多生螃。但結實微酸，而酸之功用甚廣，人多取焉。食若畏酸，同韶粉嚼，則味不酸而牙不軟，或以胡桃肉解齼。音「楚」。

附梅花釋名共二十一種

諸色梅

綠萼梅、凡梅跗蒂皆絳紫，此獨純綠。重葉梅、花頭甚豐，千葉，開如小白蓮。玉蝶梅、花頭大而微紅色，甚妍可愛。冠城梅、單葉者實大，五月熟，千葉者實少。消梅、即江梅，花與冠城相似，實微甘而脆。照水梅、花開朵朵向下而香濃，亦梅中奇品。鴛鴦梅、重葉數層，紅艷輕盈，一蒂雙實。黃香梅、一名「緗梅」，花小，而心瓣微黃，香尤烈。品字梅、一花結三實，但其實小，不堪啖。紅梅、千葉，實少，來自閩、湘，有「福州紅」、「潭州紅」名。杏梅、花色淡紅，實扁而斑，其味似杏。墨梅、此系楝[八]樹所接江梅，而花成淡墨色者。麗枝梅、花繁而蒂紫，但結實不甚大。冰梅、實生，葉𦁸而不花，色如冰玉，無核，含自融。鶴頂梅、花如常梅，惟實大而紅。冬梅、結實甚小，十月可用，不能熟。九英梅、此花爲白樂天、杜子美所賞鑒。朱梅、較之千葉紅梅，色更深而艷。江梅、白花檀心紫蒂，王荆公稱爲「花御史」。臺閣梅、花開後，心中復有一小蕊再放出。榔梅。出均州太和山，相傳真武折梅枝插榔樹上，誓曰：「吾道若成，花開果結。」後榔果開，梅結實，至今尚在五龍宫北。

蠟梅

蠟梅，俗作「臘梅」。一名「黄梅」，本非梅類，因其與梅同放，其香又相近，色似蜜蠟，且臘〔九〕月開，故有是名。樹不甚大而枝叢。葉如桃，闊而厚，有磬口、荷花、狗英三種。惟圓瓣深黄，形似白梅，雖盛開如半含者，名「磬口」，最爲世珍。若瓶供一枝，香可盈室。狗英亦香，而形色不及。近日圓瓣者，皆如荷花而微有尖；僅免狗英者，皆由用狗英接換故也。若以子出，不經接過者，花小而香淡，其品最下。實如垂鈴，夏熟採取，試水沉者，種之多生。產荆襄者，爲上。今南浙亦盛，其本宜過枝，不宜接换。

山　茶

山茶，一名「曼陀羅」。樹高者一二丈，低者二三尺，枝幹交加。葉似木樨，闊厚而尖長，面深緑光滑，背淺緑，經冬不凋。以葉類茶，故得茶名。花之名色甚多，姑列於後。其開最久，自十月開，至二月方歇。性喜陰燥，不宜大肥。春間臘月皆可移栽。四季花寄枝，宜用本體。黄花香寄枝，宜用茶體，若用山茶體，花仍紅色。白花寄枝，同上。磬口花、鬯口花，宜子種。以單葉接千葉，則花盛而樹久。以冬青接，十不活一二。

附山茶釋名共十九種

諸色茶花

瑪瑙茶、産温州，紅黄白粉爲心大紅盤。鶴頂紅、大紅蓮瓣，中心塞滿如鶴頂，出雲南。寶珠茶、千葉攢簇殷紅，若丹砂，出蘇杭。焦萼白寶珠、似寶珠，蕊白，九月開，甚香。楊妃茶、單葉花，開最早，桃紅色。正宮粉、賽宮粉、花皆粉紅色。石榴茶、中有碎花。梅榴茶、青蒂而小花。真珠茶、淡紅色。菜榴茶、有類山躑躅。躑躅茶、色深紅，如杜鵑。串珠茶、亦粉紅。磬口茶、花瓣皆圓轉。茉莉茶、色純白，一名「白菱」，開久而繁，亦畏寒。一撚紅、白瓣有紅點。照殿紅、葉大而且紅。晚山茶、二月方開。南山茶。出廣州，葉有毛，實大如拳。

瑞香

瑞香，一名「蓬萊花」。有紫、白、紅三色。本不甚高，而枝幹極婆娑，隔年發蕊，蓓蘗於葉頂，立春後即開。花紫如丁香者，其香更濃。葉邊有黄暈者，名「金邊瑞香」。又有似楊梅葉者，或球子者，孿枝者。其性喜陰耐寒，然又惡濕，婦人多喜扦帶。不宜糞澆，惟用浣衣垢水，或燖猪湯澆，或壅人頭垢，則茂。芒種時，剪取嫩條，破開，放大麥一粒，用亂髮纏之，插入土中，根旁壅好，勿令見日，以垢水澆之。一云：左手折花，隨即扦插，勿換手種，無有不活。其根甚甜，多藏蚯蚓，必須以法去之。又名「麝囊」，能損花，宜另植。

結　香

結香，俗名「黃瑞香」。幹、葉皆似瑞香，而枝甚柔韌，可綰結。花色鵝黃，比瑞香差長，亦與瑞香同時放，但花落後始生葉，而香大不如。

迎春花

迎春花，一名「腰金帶」。叢生，高數尺。方莖厚葉，開最早，交春即放淡黃花。形如瑞香，不結實，對節生小枝，一枝三葉。候花放時移栽肥土，或巖石上，或盆中。而柔條散垂，花綴枝頭，實繁且韻。分栽宜於二月中旬，須用燖牲水澆，方茂。

櫻　桃

櫻桃，一名「楔」，又有「荆桃」、「含桃」、謂鳥喜含。「崖蜜」、「蠟櫻」、色皆黃。「朱英」、色赤。「麥英」數名。此木得正陽之氣，故實先諸果而熟。禮薦宗廟，亦取其先出也。本不甚高而多蔭，春初開白花，繁英如雪，其香如蜜。葉圓有尖，邊如細齒，結子一枝數十夥，有朱、紫、蠟三色。又有千葉者，其實少。但果紅熟時，必須守護，否則爲鳥雀白頭翁所食，無遺〔一〇〕也。枝節間有根鬚垂下者，二月間取栽於肥土中，常以糞澆之，即活。若陽地種者，還種陽地；陰地種者，還種陰地，不可用糞。實熟時，常張葦箔以護風雨，一經雨打，則蟲自内生，人莫之見，須用水浸良久，候蟲出，方可食。

玉　蘭

玉蘭，古名「木蘭」，出於馬跡山。紫府觀者佳，今南浙亦廣有。樹高大而堅，花開九瓣，碧白色如蓮，心紫緑而香，絶無柔條。隆冬結蕾，一幹一花，皆著〔一一〕木末，必俟花落後，葉從蒂中抽出。在未放時多澆糞水，則花大而香濃。但忌水浸，與木筆并植，秋後接換甚便。其瓣擇洗精潔，拖麪麻油煎食，極佳；或蜜浸，亦可，其製法與牡丹瓣同。

杏　花

杏花，有二種：單瓣與千瓣。劍州山有千葉杏花，先紅後白，但嬌麗而不香。樹高大而根生最淺，須以大石壓根，則花易盛，而結實始繁。其核可種，而仁不堪食。其可食者，係關西巴旦杏，一云「八丹」。實小而肉薄，核内仁獨甘美，點茶上品。梅杏黃而帶酢，沙杏甘而有沙，木杏扁而青黃，柰杏青而微黃。又一種金杏，圓大如梨，深黃若金橘。每種，將核帶肉埋於糞土中，任其長大，來年須移栽。若不移過，則實小味苦。又不可栽密，密則難長少實。昔李冠卿家有杏，花多不實，一媒姥見而笑曰：「來春與嫁此杏。」冬至忽攜一樽酒過，云：「婚家撞門酒也。」索處子紅裙繫樹，祝曰：「青陽司令，庶彙惟新。木德屬仁，更旺於春。森森柯幹，簇簇繁陰。我今嫁汝，萬億子孫。」明年結子果多，相傳爲韻事。

丁　香

丁香，一名「百結」。葉似茉莉，花有紫、白二種，初春開花，細小似丁香蓓蕾，而生於枝杪〔一二〕。其瓣柔，色紫，清香襲人。接、分俱可，但畏濕，而不宜大肥。

辛　夷

辛夷，一名「木筆」，一名「望春」，較玉蘭樹差小。葉類柿而長，隔年發蕊，有毛，儼若筆尖。花開似蓮，外紫内白，花落葉出而無實。别名「侯桃」，俗呼「猪心花」。又有紅似杜鵑者，俗呼爲「石蕎」。其本可接玉蘭，亦宜斫條扦插，可同玉蘭并植，至秋後過枝即生，皆可變爲玉蘭。多澆糞水，則花大而香濃，人多取蕊合香。

杜　鵑

杜鵑，一名「紅躑躅」。樹不高大，重瓣紅花，極其爛縵，每於杜鵑啼時盛開，故有是名。先花後葉，出自蜀中者佳。花有十數層，紅艷比他處者更佳。性最喜陰而惡肥，每早以河水澆，置之樹陰之下，則葉青翠可觀。亦有黄、白二色者。春鵑亦有長丈餘者，須種以山黄泥，澆以羊糞水方茂。若用映山紅接者，花不甚佳。切忌糞水，宜豆汁澆。

桃

桃，爲五木之精，能制百鬼，乃仙品也。隨處有之。枝幹扶疎，葉狹而長。二月開花，有紅、白、粉紅、深紅之殊。他如單瓣大紅、千瓣粉紅、千瓣白之變，爛縵芳菲，其色甚媚。花最易植，木少則花盛、實甘、子繁。性早實，三年便結子。六七年即老，結子便細，十年後多枯。其皮最緊，若四年後，用刀自樹本豎劙其皮，至生枝處，使膠盡出，則皮不脹不死，多有數年之活。傳云「千歲桃」，豈尋常之物，惟仙家稱之。究竟桃無久壽，而種類甚多，詳載於後。種法：取佳種熟桃，連肉埋糞地中，尖頭向上，覆熟肥土尺餘，至春發生，帶土移栽别地則旺。若仍在糞地，則實小而苦。凡種桃淺則出，深則不生，故其根淺不耐久。近得所傳云：於初結實次年，斫〔一三〕去其樹，復生又斫，又生；但覺生虱，即斫，令復長，則其根入地深，而盤結自固，百年猶結實如初。又桃實太繁，則多墜。於社日舂根下土石壓其枝則不落。桃子若生蟲，以煮猪首淡汁澆之，自無。如生蚜蟲，以多年竹燈挂懸樹梢間，則蟲自落。

附桃花釋名共二十四品

諸色桃

日月桃、其種一枝有二花，或紅或白。崑崙桃、一名「王母桃」，出洛中，表裏皆赤，冬熟。巨核桃、霜下始花，大暑方熟，出常山。瑞仙桃、花最稠密，其色則深紅。人面桃、花粉紅，千葉，少實，又名「美人桃」。毛桃、《爾雅》名「褫桃」，小而多毛，核粘，味劣不堪。緋桃、即蘇桃，花如剪絨，比諸種開遲，色艷。金桃、出太原，形長色黄，以柿接之，遂成金色。鴛鴦桃、千葉，深紅，開最後，結實必雙。銀桃、單葉，實圓，色青白，肉不粘核，六月中熟。李桃、單葉，深紅花，實圓色青，肉不粘核。雪桃、即十月桃，花紅，形圓，色青，肉粘核，味甘酸。水蜜桃、出上海顧氏家，其味甜如蜜。油桃、出汴中，花深紅，實小，有赤斑點，光如塗油。新羅桃、單葉，紅花，其子可實，性獨熱。扁桃、出波斯國，形扁而肉澀，核如盒，味甘在仁。雷震紅、雷雨過，輒見一紅暈，更爲難得。鷹嘴桃、花紅，實在六月熟，有尖如鷹嘴狀。餅子桃、單葉，花紅，實狀如香餅，味甘。墨桃、花色紫黑，似墨葵，亦異種難得者。白碧桃、單葉、千葉二種，惟單葉結實繁。胭脂桃、單葉，紅花，結實，至熟時，其色如胭脂。壽星桃。樹矮而花千葉，實大，可作盆玩。羊桃。出自福州，其實五瓣，色青黄。

金絲桃

金絲桃，一名「桃金孃」，出桂林郡。花似桃而大，其色更赬。中莖純紫，心吐黄鬚，鋪散花外，儼若金絲。八九月實熟，青紺若牛乳狀，其味甘，可入藥用。如分種，當從根下劈開，仍以土覆之，至來年移植便活。

夾竹桃

夾竹桃，本名枸那，自嶺南來。夏間開淡紅花，五瓣，長筒，微尖，一朵約數十萼，至秋深猶有之。因其花似桃，葉似竹，故得是名，非真桃也。性惡濕而畏寒，十月中即宜置向陽處，以避霜雪。最喜者肥，不可缺壅。冬逢和暖日，微以水潤之，但水多則恐冰凍而死。分法：在季春，以大竹管套〔一四〕於枝節間，用肥土填貯，朝夕不失水，久之根生，截下另植，遂可得種矣。今人於五、六月間，以此花配茉莉，婦女簪髻，嬌裊可挹。

李花

李樹，大者有一二丈，性較桃則耐久，可活三十餘年。老枝雖枯，子亦不細。花白小而繁，多開如雪。其實名不一，有木李、青宵、御黄、均亭、夫人，皮青，肉紅。皆李之上品也。紫粉、小青、白李、杏李、馬肝、牛心、扁縫、鼠精、朱李、糕李，肥黏似糕。乃李之下品也。又麥李，紅而甜，麥秀即可食。至結實，有離核、合核、無核之異。俗傳「種桃宜密，種李宜稀」。其分根種接之法，皆與桃同，故不贅。但培壅宜豬穢，不可用糞。如少實，於元旦五更，將火把四面照看，謂之「稼李」，當年便生。若以桃接，則生子紅而甘。

梨花

梨，一名「果宗」，一名「玉乳」，處處有之。其木堅實，高有二三丈，枝葉扶疎，似杏而微厚大。二月開花六出，似李花稍大，有紅、白二色，香、不香之别。上巳日無風，則結實必佳。其果名不一，有紫花梨、細葉梨、芳梨、實小。青梨、實大。朐山梨、大谷梨、張公梨、夏熟。禦兒梨、韓梨、蜜梨、甘棠梨、鵝梨、皮薄，漿多而香。秋白梨、紅消梨、出蕭縣。太師梨、乳梨、出宣城，皮厚而肉實。稻梢梨、罷羅梨、棒槌梨、因其形似。香水梨、出北地，爲上品。壓沙梨、榅桲梨、鳳棲梨、綿梨、水梨、最小。赤梨、鹿梨、葉如茶而實小，出山西信州。紫梨，花以秋日開，紅色。以上諸品，或形色，或香味，種種不同。每顆生十餘子，種之惟一二生梨，餘者生杜。植法：用最熟大梨，全埋經年，至來春生芽，次年分栽之，多著肥水，及冬葉落，附地刈殺之，以炭火燒頭，二年即開花。接法：在春、秋二分時，用桑木，或棠梨，或杜接過，其實必大。《史記》云：「淮北滎陽〔一五〕河濟之間，家植千樹梨，其人與千户侯等。」又夷陵山中，多紅梨花，且有千葉者，時司馬温公曾作詩贊之。昔梁緒於花開時，折花簪多，壓損帽簷，至頭不能舉，人爲美談。

木　瓜

木瓜，一名「楙」，一名「鐵脚梨」。獨蘭亭宣城者爲最。樹高丈餘，葉厚而光，狀如海棠及柰。春深未發葉，先有花，其色深紅，微帶白。實大如瓜，小者如拳，皮黄，似著粉，香最幽甜而津潤。有鼻者，木瓜；無鼻而澀者，木李；比木瓜小而酢澀者，木桃。惟木瓜香而可食，宣州人種滿山谷，每實將成，好事者鏤紙花粘瓜上，夜露日照，漸變紅花色矣。其文如生，本州用充土貢，名爲「花木瓜」。樹可以子種，亦可接壓。在秋社前後移栽者，較春栽更盛耳。畏日，喜肥，更宜犬糞。其直枝可作杖，謂老人策之利筋脈。實可浸酒，或蜜漬爲果，亦佳。蜜漬法：先切去皮，煮令極熟，多換水浸，使拔去酸澀之味，然後用生蜜熬成煎，將木瓜晾乾，投於蜜瓶中藏之，經久不壞，而香馥猶存。昔天台山石罅，有木瓜一株，花時一巨蛇盤其上，至實落供大士後乃去，號爲「護聖瓜」。

棠　梨

棠，一名「棠毬」，即棠梨也。樹如梨而小，葉似蒼朮，亦有圓者、三叉者，邊有鋸[一六]齒，色黲白。二月開小白花，實如小楝子，生青熟紅，亦有黄白者，土人呼爲「山查果」。味酸而澀，採之入藥，兼可製爲糖食。取花日乾，瀹之亦能克蔬。若以此接换梨，或林檎與西府海棠，氣質極其相宜。

郁　李

郁李，一名「棠棣」，又名「夫移」[一七]、「喜梅」，俗呼爲「壽李」。樹高不過五六尺，枝葉似李而小，實若櫻桃而赤，味酸甜可食。其花反而後合，有赤、白、粉紅三色。單葉者子多，千葉者花如紙剪簇成，色最嬌艷，而上承下覆，繁縟可觀，似有親愛之義，故以喻兄弟。周公昔賦棠棣，即此。性潔喜暵，春間宜栽高燥處，澆以清水，不用大肥，仁可入藥。

貼梗海棠

海棠有數種，貼梗其一也。叢生單葉，綴枝作花，磬口深紅，無香，不結子。新正即開，但取其花早而艷，不及西府之嬌媚動人。二月間於根傍開一小溝，攀花著地，以肥土壅之，自能生根，來冬截斷，春半便可移栽。其樹最難大，故人多植作盆玩。近法皆不用壓，直於根上分栽，而分必須正月中浣。性不喜肥，頗畏寒，宜避霜雪，亦有四季花者。

西府海棠

西府海棠，一名「海紅」。樹高一二丈，其木堅而多節，枝密而條暢，葉有類杜。二月開花，五出，初如胭脂點點然，及開，則漸成纈暈明霞，落則有若宿妝淡粉。蒂長寸餘，淡紫色，或三萼、五萼成叢，心中有紫鬚，其香甚清烈。至秋，實大如櫻桃而微酸。宜種壚壤膏沃之地。如花謝後結子，即當剪去，則來年花盛而葉遲可愛。若以棠梨接之即活。又一種黄海棠，葉微圓而色青，初放鵝黄色，盛開便淺紅矣。

垂絲海棠

海棠之有垂絲，非異類也。蓋由櫻桃樹接之而成者，故花梗細長似櫻桃。其瓣叢密而色嬌媚，重英向下，有若小蓮，微遜西府一籌耳。世謂「海棠無香」，而蜀之潼川、昌州，海棠獨香，不可一例論也。接法詳《十八法》内。

林檎

林檎，一名「來禽」，因其能來衆鳥於林。一名「冷金丹」，即柰之類也。二月開粉紅花，似西府，但花六出。實則圓而味甘，非若柰之實長而味稍苦，果之香甜可口。五月中熟者，蜜林檎爲第一，金林檎以花爲重。唐高宗時，李謹得五色林檎以貢，有金、紅、水、蜜、黑五色之異。帝悦，賜謹以文林郎，因名爲「文林郎果」。但此木非接不結，多以柰樹搏接之，其法與接梨同。臘月，可將嫩條移栽，若樹生毛蟲，埋蠶蛾於樹下，或澆魚腥水，可除。好事者以枝頭向陽好實，於未熟時剪紙爲花，貼於其上，待紅熟時，猶若花木瓜樣，入盤飣可愛。又，四月收林檎一百，内取二十枚搥碎，入水同煎，候冷，納甕中浸之，密封其口，久留愈佳。

柰

柰，一名「蘋〔一八〕婆」。係梵音，猶言端好也。江南雖有，而北地最多，與林檎同類。有白、赤、青三色。白爲素柰，涼州有大如兔頭者。赤爲丹柰，青爲緑柰，皆夏熟。涼州又有一種冬柰，十月方熟，子帶碧色。又上林苑有紫柰，大如升，核紫花青，其汁如漆，著衣便不可浣，名「脂衣柰」，此皆異種也。西方柰多，家家收切，曝乾爲脯，數十百斛以爲蓄積，謂之「頻婆糧」。

文官果

文官果，産於北地。樹高丈餘，皮粗多磥砢，木理甚細。葉似楡而尖長，周圍鋸齒紋深。春開小白花成穗，每瓣中微凹，有細紅筋貫之。蒂下有小青托，花落結實，大者如拳。一實中數隔，間以白膜。仁與馬檳榔無二，裹以白軟皮，大如指頂，去皮而食其仁，甚清美。如每日常澆，或雨水多，則實成者多。若遇旱年，則實粃小而無成矣。

山楂

山楂，一名「茅樝」。樹高數尺，葉似香薷。二月開白花，結實有赤、黄、白三色，肥者如小林檎，小者如指頂。九月乃熟，味似樝子而微酢。多生於山原茅林中，猴、鼠喜食，小兒以此爲戲果。

山躑躅

山躑躅，俗名「映山紅」。類杜鵑花而稍大，單瓣色淡。若生滿山頭，其年必豐稔，人競采之。亦有紅紫二色，紅者取汁可染物。以羊糞爲肥，若欲移植家園，須以本山土壅始活。

粉團花

粉團，一名「繡球」。樹皮體皺，葉青而微黑，有大小二種。麻葉小花，一蒂而衆花攢聚，圓白如流蘇，初青後白，儼然一毬，其花邊有紫暈者爲最。俗以大者爲粉團，小者爲繡毬。閩中有一種紅繡球，但與粉團之名不相侔耳。麻毬、海桐，俱可接繡毬。

八仙花

八仙花，即繡球之類也。因其一蒂八蕊，簇成一朵，故名「八仙」。其花白瓣薄而不香。蜀中紫繡球即八仙花。如欲過貼，將八仙移就粉團樹畔，經年性定，離根七八寸許，如法貼縛，水澆，至十月，候皮生，截斷，次年開花必盛。昔日瓊花至元時已朽，後人遂將八仙花補之，亦八仙之幸也。

紫荆花

紫荆花，一名「滿條紅」。花叢生，深紫色，一簇數朵，細碎而無瓣，發無常處，或生本身，或附根枝，二月盡即開。柔絲相繫，故枝動朵朵嬌囀若不勝。花謝後葉出，光緊微圓。根旁生枝，可以分種。性喜肥畏濕，若與棣棠并植，金紫相映而開，更覺可人。冬取其莢，種肥地，交春即生。昔臨潼田真兄弟分居復合，荆枯再榮，勿謂草木無情也。

金雀花

金雀花，枝柯似迎春，葉如槐而有小刺，仲春開黄花，其形尖，而旁開兩瓣，勢如飛雀可愛。乘花放時，取根上有鬚者，栽陰處即活。用鹽湯焯乾，可作茶供。

山礬花

山礬花，一名「芸香」，一名「鄭花」，多生江浙諸山。葉如冬青，生不對節，凌冬不凋。三月開〔一九〕白花，細小而繁，不甚可觀，而香馥最遠，故俗名「七里香」，北人呼爲「瑒花」。其子熟則可食。土人採其葉以染黄，不借礬力而自成色，故名山礬。二月中可以壓條，分栽。採置髮中，久而益香。放床席下，去蚤虱；置書帙間，辟蠹魚。

桑

桑之功用甚大，原非玩好之木，此獨不遺者，以存圃中之本務也。其種類稍異，白桑葉大如掌而厚，雞桑葉細而薄，子桑先椹後葉，山桑葉尖而長，女桑樹小而條長。壓桑材中弓弩、絲中琴瑟，桋桑似赤棘。以子種者，不若壓條之易大。若以構接，則葉大。根下埋龜甲，則茂盛不蛀。又桑生黃衣，謂之「金桑」，其木必槁〔二〇〕。葉專飼蠶，一歲三採，更盛。一云：蝗之所至，無葉不食，獨不食桑，亦造物之靈也。摲桑條宜燥，燥則根易生。

佛桑花

佛桑，一名「扶桑」。枝頭類桑與槿，花色殷紅，似芍藥差小，而輕柔過之。開當春末秋初，五色婀娜可愛，有深紅、粉紅、黃、白、青色數種，并單葉、重葉之異。今北地亦有之，皆自南方移栽者。但易凍死，逢冬須密藏之。

南天竹

南天竹，一作竺。一名「大椿」，吴楚山中甚多。樹高三五尺，歲久，亦有長至丈者，但不易得耳。糯者矮而多子，粳者高不結實。葉似苦楝而小，經冬不凋。實幹敷枝。三四月間，開細白花。結子成簇，至冬漸紅如丹砂，雪中甚是可愛，亦可製食。其性喜陰而惡濕，用山黃泥種背陰處自茂。不宜澆糞，但用肥土，或鞋底泥壅之。若澆，只宜冷茶，或臭酒糟水，退雞鵝毛水最妙。人多植庭除間，不特供玩好，尤能辟火災。若秋後髡其幹，留取孤根，俟春生後，遂長條肆而結子，則本低矮而實紅，可作盆中冬景。

合歡花

合歡，一名「蠲忿」。生益州，及近京、雍、洛間。樹似〔一一〕梧桐，枝甚柔弱。葉類槐，莢細而繁。每夜，枝必互相交結，來朝一遇風吹，即自解散，了不牽綴，故稱「夜合」，又名「合昏」。五月開紅白花，瓣上多有絲茸。實至秋作莢，子極薄細。人家第宅園池間，皆宜植之，能令人消忿。冬月可以分栽。取葉〔一二〕擣爛絞汁，浣衣最能去垢。

榛

榛，一作溙。生蜀、漢、江、浙等處。木高二三丈，皮白。葉似椿，花似槐，子若牛李。木心黄，可作杖。夏至後，以剛斧斫其皮，將竹管承取其汁，用漆器具甚妙。液若不取，多自斃。

柿

柿，朱果也。葉似山茶而厚大，四月開黄白小花。結實青緑，九月微黄即摘；少藏數日，即便紅熟，甜美可啖。但未熟時最澀，將木瓜三兩枚雜於生柿籃中數日，或以榠櫨置其中，亦能去澀。産青州者更佳。古云：「柿有七絶，一樹多壽，二葉多蔭，三無鳥巢，四少蟲蠹，五霜葉可玩，六嘉實可餐，但不可與蟹同食。七落葉肥厚，可以臨書。」如冬間核種，待長移栽，不若春後用椑柿接，或取好枝於軟棗根上接最妙。大凡柿接三次過，則核全無矣。蓋柿之種類不一，有紅柿、烏柿、黄柿、牛奶、蒸餅、八稜、方蒂、圓蓋、塔柿等名色。木有文而根最固，俗呼之「柿盤」。別有一種椑柿，葉上有毛，實皆青黑，最不堪食，止可收作柿漆。八月間，用椑柿擣碎，每柿一升，用水半升，釀四五時，搾取漆令乾，添水再取。傘扇全賴此漆糊成也。

柳

柳，一名「官柳」，一名「垂柳」。本性柔脆，北土最多。枝條長軟，葉青而狹長。初春生柔荑，粗如筯[二三]，長寸許，開黃花，鱗次荑上，甚細碎。以漸生葉，至暮春，葉長成。花中結細子，如粟米大，扁小而黑，上帶白絮如絨，俗名「柳絮」。隨風飛舞，凡著毛衣，即生蛀蟲，入池沼即化浮萍，此乃官柳也。若叢葉成陰，長條數尺，或至丈餘，嬝嬝下垂者，此爲垂柳。雖無香艷，而微風搖蕩，每爲黃鶯交語之鄉，吟蟬托息之所，人皆取以悦耳娛目，乃園林必需之木也。種法：在臘月斫大榦，燔[二四]其下，焦而扦之。如劈開其皮，夾甘草一片入土，則不生蟲。壅土宜實，種後若不動搖，雖縱橫顛倒，插之盡活，乃最易生之物也。昔人因其花似絮，故有「飛棉飛絮寒無用，如雪如霜暖不消」之詠。

楊

楊有二種。白陽，葉芽時便有白毛，及盡展，似梨葉長而厚，面淡青而背白，蒂長兩兩相對，遇風則簌簌有聲。人多植之墳墓間，高可十餘丈。又青楊，樹比〔二五〕白楊較小，葉似杏葉而稍長大，色青綠。本亦聳直，大概柳枝長軟〔二六〕，葉狹長；楊枝短硬，葉圓闊。柳性耐水，楊性宜旱，二木迥不相侔。何可因其并稱，而遂認爲一木耶！特表而出之。赤者近水生根鬚，可栵以護壖堤。

檉柳

檉柳，一名「觀音柳」，一名「西河柳」。幹不甚大，赤莖弱枝，葉細如絲縷，婀娜可愛。一年作三次花，花穗長二三寸，其色粉紅，形如蓼花，故又名「三春柳」。其花遇雨即開，宜植之水邊池畔，若天將雨，檉先起以應之，又名「雨師」。葉經秋盡紅，負霜不落，春時扦插易活。

橘附枳

橘，一名「木奴」，小曰橘，大曰柚〔二七〕。多生南方暖地，木高一二丈。刺出莖間，葉冬不凋。初夏開小白花，其香甚觸。六七月成實，交冬黄熟。福橘大而紅，爲諸橘之最；温、衢者亦佳，其類甚多。韓彦直有《橘譜》可考，今録其要。有朱橘、蜜橘、乳橘、芳塌橘、包橘、綿橘、沙橘、早黄、穿心、波斯、荔枝、脱花甜、凍橘、盧橘等，至如油橘，則最下之品也。春初取核撒地，待長三尺許移栽。宜於斥鹵之所〔二八〕，忌用猪糞，夏時澆以糞水，則葉茂而實繁。性畏霜雪，至冬以河泥犬糞壅其根，以爲來年之益。稻草裹其根幹，則不凍死，若在閩、粤，則不然也。其木有二病：蘚與蠹是也。幹生苔蘚，須速刮去之；見蛀屑飄出，必有蟲穴，以鈎索之，再用杉木釘窒其孔。經云「橘踰淮而爲枳」，則枳即橘之變種也。故其木與花、葉皆類橘，惟所結子不同。橘有瓤可食，枳則皮粗厚，内實而不堪食，只可入藥用。其樹多刺，最宜編籬。凡遇旱，以米泔水澆，則實不損落。根下埋死鼠，則結實加倍。藏橘於緑豆内，至春盡不壞，橙、柑亦然。若見糯米，即爛。

橙

橙，一名「蜜橙」，一名「金毬」。樹似橘而有刺，葉長有兩刻缺，如兩段者。實似橘而微大，經霜早黄。皮皺厚而甜，香氣馥郁，但瓤稍酸，人多以糖製或蜜浸，其用甚廣，誠佳果也。一種香橙，似蜜橙小，而皮薄味酸。花皆類橘，葉亦有尖。一種蟹橙，即臭橙，比蜜橙皮鬆味辣，無所取用。蜀有給客橙，似橘而實非，若柚而獨香，冬夏花實相繼，通歲得以食之，亦名「盧橘」。

金柑

金柑，一名「金橘」，一名「瑞金奴」，生江、浙、川、廣間。其樹不甚大，而葉細，婆娑如黄楊。夏開小白花，秋冬實熟，則金黄色。大如指頂，或如彈丸，更有小如豆者，皆皮薄而堅，肌理瑩細，其味酸甜，而芳香可口。一種牛奶柑，形長如牛乳，但香味稍劣。又一種名金豆者，樹只尺許，結實如櫻桃大，皮光而味甜。植於盆内，冬月可觀，多産於江南太倉，與浙之寧波。又一種蜜羅柑，其大似香櫞而皮皺，味更香美，生於浙之金、衢。皆以四月前接。

香櫞

香櫞，俗作「圓」。一名「枸櫞」。本似橘而葉略尖長，枝間有刺，花之色與香亦類橘。其實正黄色，有大小二種。皮光細而小者爲香櫞，皮粗而大者爲朱欒。香味不佳，惟香櫞清芬襲人，能爲案頭數月清供。瓤可作湯，皮可做糖片、糖丁，葉可治病。其樹必待小鳥作巢後，方得開花結實，亦物類之感召也。下子亦易出。

佛手柑

佛手柑，一名「飛穰」，産閩、廣間。樹似柑而葉尖長，枝間有刺，植之近水乃生。

結實形如人手，指長有五六寸者。其皮生緑熟黄，色若橙而光澤，内肉白而無子，雖味短而香馥最久，置之室内笥中，其香不散。南人以此雕鏤花鳥，作蜜煎果食甚佳。

檳榔

檳榔，一名「馬金南」，生南海，今嶺外皆有。木大如桄榔，高五七丈。初生若竹竿，積硬引莖直上，有節而無旁枝。柯條從心生，端頂有葉似芭蕉，條脈開破，風至則如羽扇。三月，葉中腫起一房，因自折裂出穗，凡數百實。其大如李，皆有皮殼。又生刺重纍於下，以護其實。五月成熟，剥去其皮，煮肉曝乾，交廣人邂逅，設此代茶，食必以扶留藤、牡礪灰同咀嚼之，吐出紅水一口，則柔滑甘美不澀。又大腹子，即猪檳榔，形扁而味澀，必須蔞葉與蛤粉，卷和而食。

虎刺

虎刺，一名「壽庭木」，生於蘇、杭、蕭山。葉微緑而光，上有一小刺。夏開小白花，花開時子猶未落，花落後復結子，紅如珊瑚。其子性堅，雖嚴冬厚雪不能敗。性畏日喜陰，本不易大，百年者止高二三尺。春初分栽，亦多不活。用山泥，忌糞水，并人口中熱〔二九〕氣相沖，宜澆梅水及冷茶。吴中每栽盆内，紅子纍纍，以補冬景之不足。

蜜蒙花

蜜蒙花，生益州及蜀之州郡。木高丈餘。葉似冬青而厚，背白色，有細毛。花微紫色。二三月採花曝乾，則味甘甜如蜜，其花一朵，有數十房，蒙蒙然細碎，故有是名。

平地木

平地木，高不盈尺，葉似桂，深緑色。夏初開粉紅細花。結實似南天竹子。至冬大紅，子下綴可觀。其托根多在甌蘭之傍，虎刺之下，及巖壑幽深處。二三月分栽，乃點綴盆景必需之物也。

梔子花

梔子花，一名「越桃」，一名「林蘭」，釋號「簷蔔」，小木也。有三種，單葉小花者結子多，千葉大花者不結子。色白而香烈。又有四季花者，亦不生。山梔，徽州産一種矮樹梔子，高不盈尺，盆玩清香動人，夏花潔白而六出，秋實丹黄有稜，可染黄色，亦可入藥。昔孟昶十月宴芳林園，賞紅梔子花，清香如梅，近日罕見此種。冬初取子曬乾，來春畦種，覆以灰土，如種茄法。次年三月移栽，至四年即開花結實矣。又，梅雨時，隨花剪扦肥地，亦活。若千葉者，宜土壓，旁生小枝，久則根生，分栽自活。性不〔三〇〕喜糞，惟以輕肥沃之，自茂。若太肥，又恐生鼠蝨。一法：芒種時，穴一腐板，泥塗，剪枝種其上，浮置水面，候其根生後，移而種之。

石榴

石榴，一名「丹若」，一名「金罌」，又一種味最甜者，名「天漿」。其種自安石國張騫帶歸，今隨在有之。樹高一二丈，梗紅葉緑而狹長。其花單葉者結實，千葉者不結實。性宜砂石，柯枝附幹，自地便生作叢。孫枝甚繁，種極易息，惟山種者實大而甘。千房同膜，千子如一。花有數色，千葉大紅，千葉白，或黄，或粉紅，又有并蒂花者。南中一種四季花者，春開夏實之後，深秋忽又大放。花與子并生枝頭，碩果罅裂，而其傍紅英燦爛，併花折插瓶中，豈非清供乎？又一種中心花瓣，如起樓臺，謂之重臺榴。花頭最大，而色更紅艷。海榴花跗萼皆大紅，心内鬚黄如粟密。又有紅花白緣、白花紅緣者，亦異品也。其實可禦饑渴，釀酒漿，解酲療病。栽以三月初，取嫩枝如拇指大者，斫令長一尺半，八九枝共爲一窠。燒下頭二寸許，不燒恐漏汁難活。掘圓深坑一尺七寸，口徑尺，竪於培壅，環布枝令匀正，置枯骨殭石於枝間，骨石乃樹性所宜也。下肥土築之。一重土間一重骨石，至平坎乃止。其土令没枝頭過一寸許，水澆常令潤澤，若已生芽，又將骨石布其根下，則柯圓枝茂可愛。其孤根獨立者，雖生亦不佳。十月終，以蒲藁裹其本而纏之，不致凍壞。至二月初解放。若以大石壓其根上，則實繁而不落。性喜暖，雖酷暑烈日中，亦可澆以水糞。

火石榴

火石榴，以其花赤如火而得名，究不外乎榴也。樹高不過一二尺，自能開花結實，以供盆玩。亦有粉紅、純白者，皆可入目。若嫌其葉多花少，嘗摘去嫩頭，偏於烈日中以肥水澆之，則花更茂，亦物性使然也。大抵盆種土少力薄，更不耐寒，逢冬必須收藏房簷之下，庶不凍壞。養盆榴法，無間寒暑，以肥爲上，盛夏置之架上或屋上，使不近地氣，則枝不大長。若蟻蚓作穴，用米泔水沉没花盆，浸約半時，取出日曬，如土乾又復浸之，則無矣。倘發蕊太密，須掐去其半，則花開始有精神，結實不至半大便落。又有一種細葉柔條者，更佳，多産揚州。

楝

楝樹有二種。青皮楝，堅韌〔三二〕可爲器具，其皮肉俱青色；火楝，性質輕脆，其皮肉皆紅。樹高一二丈，葉密如槐而尖，夏開紅花紫色，一蓓數朵，芳香滿庭。實如小鈴，生青熟黃，又名「金鈴子」，鳥雀專喜食之，故有「鳳凰非楝實不食」之語。江南自春至夏，有二十四番花信風，梅花爲首，楝花爲終。實熟鳥不食者，俗名「苦楝子」也。木有雌雄，雄者根赤無子。

棗

棗，一名「木蜜」。樹堅直而高大，身多刺而少横枝。葉細而有尖，四五月開小淡黃花，香味甚濃。北地最廣，而青、晉、絳〔三二〕州者更佳。今實之鮮者，通謂之「白蒲棗」。乾者率自河南、山東、北直諸處産，而青州樂氏棗爲最。浙之金、衢、紹，出南棗。獨浦江者，甘膩似蜜雲棗，而形長大。蜜雲雖小，而核細肉甜。羊棗實圓而紫黑色。江寧窑坊棗與膠棗，無皮核而人多重之。又，東海有棗，五年一實。棗類甚多，不能詳載。其實未熟，雖擊不落；已熟，不擊自落。凡種，擇鮮棗之味美者，交春便下，候葉一生，即便移栽。三步植一株，行欲相當，地不必耕也。每蠶入簇時，以杖擊其枝間，使振去狂花，則結實繁而且大。又於白露日，根下遍堆草焚之，以辟露氣，使不至於乾落。至正月初一早，以斧背斑駁椎之，名曰「嫁棗」，本年必花盛而實繁。俗云：移棗樹三年，不發不算死，亦有久而復生者。又，東海之中有水赤棗，華而不實。

椿附樗

椿，俗名「香椿」。樹高聳而枝葉疎，無花而不結莢者是也。其根上孫枝，春、秋二分日移植即活。其嫩葉初放時，土人摘以佐庖點茶，香美絶倫。一種似椿而葉臭，有花而結莢者，俗呼爲「臭椿」，是樗，非椿也。江東人呼爲「虎目」，葉脱處有痕相〔三三〕似也。

楓

楓，一名「欇」，香木也。其樹最高大，似白楊而堅，可作棟梁之材。葉小有三尖角，枝弱善摇。二月開白花，旋即著實，圓如龍眼，上有芒刺，不但不可食，且不中看，惟焚作香，其脂名「白膠香」。一經霜後，葉盡皆赤，故名「丹楓」，秋色之最佳者。漢時，殿前皆植楓，故人號帝居爲「楓宸」。一云：楓脂入地千年，即成琥珀。又有一種小楓樹，高止尺許，老幹可作盆玩。

楮

楮，一名「穀樹」，有二種。一雄，皮斑而葉無椏叉。三月開花，即成長穗，似柳花而無實。一雌，皮白，中有白汁如乳，葉有椏叉，似葡萄，開碎花，結實紅似楊梅，但無核而不堪食。皮可作紙，汁可充膠。十二月内，將子淘曬過種即生，亦可佐服食。

梧桐

梧桐，一名「青桐」，一名「櫬」。木無節而直生，理細而性緊。皮青如翠，葉缺如花，妍雅華净，新發時賞心悦目，人家軒齋多植之。四月開花嫩黄，小如棗花，墜下如醭。五六月結子，蒂長三寸許，五稜合成，老則開裂如箕，名曰「橐鄂」。子綴其上，多者五六，少者二三，大如黄豆。雲南者更大。皮乾則皺而黄，其仁肥嫩而香，可生噉，亦可炒食點茶。此木能知歲時，清明後桐始華。桐不華，歲必大寒。立秋是何時，至期一葉先墜，故有「梧桐一葉落，天下盡知秋」之句。每枝生十二葉，一邊六葉，從下數一葉爲一月，有閏則十三葉。視葉小處，即知潤何月也。二三月畦種，如種葵法。稍長，移種背陰處方盛。地喜實，不喜鬆。凡生巖石上，或寺旁，時聞鐘磬聲者，採東南大枝爲琴瑟，音極清麗。别有白桐、油桐、海桐、刺桐、赬桐、紫桐之異，惟梧桐世人皆尚之。又一種最小者，因取其婆娑暢茂，堪充盆玩。

楊梅

楊梅，一名「杭」，音「求」。爲吴越佳果。樹若荔枝而小，葉細陰厚，至冬不凋。隔年開花，結實如穀樹子，而有核與仁。生青熟紅，如鶴頂狀，亦有紫、白色者。肉在核上，無皮殼而有仁可食。以柿漆拌核，曝之，則自裂仁出。大略生太湖、杭、紹諸山者，實大肉鬆，核小而味甘美。餘雖有實，小而酢，止堪鹽淹、蜜漬、火薰而已。種法：六月間，將子於糞坑内浸過收盒，待來年二月，以青石屑拌黄土，鋤地種之。待長尺許，於次年三月移栽，澆以羊糞水自盛。四年後，取别樹生子好枝接之，復栽山黄泥地。移時，根下須多留宿土。臘月開溝，於根旁高處，離四五尺，以灰糞壅之，不可著根。每遇雨，肥水滲下，則結實必大而甜。若以桑樹接楊梅，則不酸。如樹生癩，以甘草削釘，釘之即愈。春分前，海桐可接。

橄欖

橄欖，一名「南威」，一名「味諫」，俗呼「青果」。生嶺南及閩、廣諸州郡。有五種：丁香欖、故欖、蠻欖、絲欖、新婦欖。樹似木槵，聳直而枝高，其大有數圍者。春開花似樗，其香甚甜美。實長寸許。其形似梭而兩頭鋭，核内無仁而三竅。深秋方熟，入口雖酢，後漸清芬，勝於雞舌者。凡實先生者向下，後生者漸高。有樹大不可梯者，將熟時，以木釘釘之，或於根旁刻一方寸坎，納鹽其中。一夕後，實皆自落，木亦無損。其尖而香者，名丁香橄欖，最爲珍品。圓而大者，俗名「柴橄欖」，初食之甚澀，殆咀嚼久之，隨飲以水，回味自甘。煮食可解酒毒，置湯中可以代茶。鹽淹、蜜漬皆宜。又廣西出方欖，有三角。邕州者，色類相似，但核作兩瓣之異耳。

荔枝

荔枝，一名「丹荔」，一名「離枝」，爲南方珍果。嶺南、蜀中俱産，惟閩中爲第一。樹有高至五六丈者，其形團圞如帷蓋。葉似冬青，花如橘枳，又若冠之蕤緌。朵如葡萄，結實多雙。核類枇杷而尖長，殼如紅縐，膜如紫綃，肉如白肪，甘如醴酪。花於春末，實於夏中。其木堅久，其根多浮，須常加糞壤以培之。但性不耐寒，最難培植，纔經繁霜，枝葉立萎，必待三春再發。初種五六年，交冬便須覆蓋，直至四五十年，始開花結實。有四百餘年老幹，猶能結實，亦異品也。每逢夏至將中，其實翕然俱赤，採食味甘，多汁而香。大樹下子可百斛，妙在人未採時，百蟲不敢食，一經染指，烏雀、蝙蝠之類，俱來傷殘。熟時必趁日中，併手採摘。此果若離本枝，一日色變，二日香減，三日味變，四五日外，色香味皆盡矣。非惟北地不可得，即江浙亦未之見也。然其名色，《荔枝譜》載之甚詳，兹略舉蔡君謨之大概而録之。總由愛其實，而摹擬其色香味，與地土、形狀、姓氏，而巧爲名之耳。多食病熱，以蜜解之。

附荔枝釋名共七十五種

諸色荔枝

狀元紅、實圓而小，核細如丁香，上品也。大將軍、五代時有此，因種自將軍府得名。一品紅、於荔枝爲極品，産福州堂前。玳瑁紅、色紅，有黑點，類玳瑁，出城東。陳紫、出著作郎陳琦家，乃爲果中第一。方紅、徑可二寸，色味俱美，出自興化方臻家。藍家紅、泉州第一品，出員外藍承家。法石白、出法石院，色白，其大次於藍紅。江緑、類陳紫，差大，而香味次，出泉州江姓。周家紅、初爲第一，今重陳紫、方紅，而此爲次。大丁香、殼厚色紫，味微澀，出天慶觀中。龍牙、長可三四寸，彎曲如爪牙，無核，然不易得。宋公荔枝、比陳紫而小，甘美如之。十八娘、色深紅而細長，閩王女年十八，好此。珍珠荔枝、圓白如珠，無核，荔之最小。火山荔枝、出南越，四月熟，味甘酸，肉薄。葡萄荔枝、每一穗，多至二三百顆。粉紅荔枝、荔枝本深紅，此獨色淺爲異。蜜荔枝、因其過於甘香，故以蜜爲名。圓丁香、他種殼下大上鋭，此獨圓而味更美。水荔枝、漿雖多而味不及，出興化軍。大小陳紫、一種大過陳紫，一種小過陳紫。緑葉香、皮色緑而雜以紅點，斑駁可愛。虎刺茘枝、色紅，上有青斑，類虎皮。牛心、此以狀名，長二寸餘，皮厚肉澀。釵頭顆、顆最小而紅艶，可施之頭髻。蚶殻、是以狀得名。秋元紅、實時最晚，因以命名。游家紫、出泉州游氏。何家紅、漳州何氏。緑核、茘枝皆紫，此核獨緑。蕙團、每朵數十，并蒂雙垂。朱柿、色似朱，形如柿。硫黄、以其色類硫黄，出福州。學士緋、實色最紅可愛。水晶國、肉似水晶。楓亭驛、出興化，肉厚味甘。焦核、因其核最細，爲茘中妙品。六月蜜、取六月熟。七夕紅、因其七月實熟也。中秋緑、因其熟太遲也。皺玉、肉微有皺纹。星毬紅、實圓，有似乎毬。緑羅袍、雖成熟，色猶帶緑。天茄子、色如茄花。麝香匣、其香微有似麝。松柏壘、其形有類於松實。金鐘、金粽、紫璚、蒺藜、延壽紅、以上諸名，皆取其色。駞蹄、饅頭、蛇皮、雙髻、僧耆頭、以上取形相似。脆玉、粟玉、玉英、郎官紅、水母、以上取肉色。沉香、壽香、透背、中半熟、此種取其時。百步蘭、以上取其香相似。進鳳子、争龍瓶、犀角子、不憶子、大蠟、小蠟雞、每引子、牂牱。亦取其色得名。

龍眼

龍眼，一名「益智」，一名「比目」，一名「海珠藂」。樹似荔枝而葉、幹差小，凌冬不凋。其枝蔓延，緣木而生。春末開細白花，結實圓如彈，而殼青黃。核如木梡[三四]子而不堅。肉白有漿，其甘如蜜。一朵四五十顆，作穗若葡萄。然其性畏寒，白露後方可摘。荔枝過[三五]後方熟，故俗呼爲「荔奴」。又因其色香味，皆不及荔枝，故稱爲奴。在食品則荔枝肉厚，漿多而香，因可人口，特珍異之。若論益人，則龍眼功用良多。荔枝性熱，而龍眼性最和平，宜與荔枝比肩，烏得而奴隸之耶！

黄楊木

黄楊木，樹小而肌極堅細，枝叢而葉繁，四季長青。每歲止長一寸，不溢分毫，至閏年反縮一寸。昔東坡有詩云：「園中草木春無數，惟有黄楊厄閏年。」因其難大，人多以之作盆玩。

椰

椰，出海南，今嶺南亦有之。葉如棕櫚，樹高六七餘丈，亦無枝條。葉在木末如束蒲。實生葉間，一穗數枝，大如寒瓜。皮中子殼，可爲飲器。鋸開子中白瓤，厚有半寸，味似胡桃，極肥美。有漿，飲之輒醉。初極清芬，久之則渾濁，不堪飲矣。人皆取其殼作瓢，能解水與毒。如酒有毒，則酒滚沸而起，今人反漆其裏，是失本旨矣。

椒

椒，一名「蓎藙」，一名「漢椒」。有秦、蜀二種，今處處有之，惟蜀産者香烈。木高四五尺，似茱萸而小，本有針刺。葉堅而滑，味亦辛香，蜀人取嫩芽作茶。其葉對生，尖而有刺。四五月結子枝葉間，如小豆而圓，生青熟紅，皮皺肉厚。内有小黑子突出，如人之瞳子，故有「椒目」之稱。喜陰惡糞，宜壅河泥。又一種胡椒，生於西戎，北人食物中多尚之。廣東一種小椒，係蔓生，其辣味與樹椒同。

茱　萸

茱萸，隨處皆生，木高丈餘，皮青緑色。葉似椿而闊厚，色青紫，莖間有刺。三月開紅紫細花。其實結於枝梢，纍纍成簇而無核。嫩時微黄，至熟則深紫，味辛辣如椒。井側河邊，宜種此樹，葉落其中，人飲是水，永無瘟疫。懸子於屋，能辟鬼魅。九月九日，折茱萸戴首，可辟惡氣，除鬼魅。

銀　杏

銀杏，一名「鴨脚子」，以其葉似鴨脚也。多生南浙。木最耐久，高十丈餘，大可數圍。其肌理甚細，可爲器具梁棟之用。又名「公孫樹」，言公種而孫始得食也。緣其子白，俗呼爲「白果」。其花夜開即落，人罕見之。實大如枇杷，每枝約有百十顆，初青後黄，八九月熟後，打下堆積空處，待其皮自腐爛，方取其核，洗净曝乾。核形兩頭尖扁而中圓，或炒或煮而食俱可。春初種肥地，週年後方可移栽。其核有雌雄，雌者兩稜，雄者三稜，須雌雄同種，方肯結實。或將雌樹臨水種之，照影亦結。或將雌樹鑿一孔，以雄木填入，泥封之，亦結。大約接過易生。實熟時，以竹篾箍樹本，但擊篾，則果自落。雖爲佳果，可以療病，究竟不可多食，食多動風。惟舉子廷試煮食，能截小水。如食多，誤中其毒，一時腹内痛脹，連飲冷白酒幾盃，一吐即愈。

胡桃

胡桃，一名「羌桃」，一名「萬歲子」。樹高數丈，葉翠似梧桐，兩兩相對而長，且厚而多陰。三月開花如栗花，穗蒼黄色，實似青桃。有二種：殼薄多肉易碎者，名「胡桃」，産荆襄；殼堅厚，須重搥乃破者，名「山核桃」，産燕齊。採用先剖去青皮，乃得核桃。核内有白肉，形如猪腦，外有黄膜，微澀，須湯泡去之，可食。然其性熱，只宜少食。下種必擇其佳者，殼光、紋淺、體重之核，平埋土中，即能發芽。若以尖縫向上，則土浸其仁壞，多不能活。春斫皮中出汁，婦女承取沐頭則黑髮。又將核入火中燒半紅，埋灰中作火種，經三四日不動，亦不燼。

六月雪

六月雪，一名「悉茗」，一名「素馨」。六月開细白花。樹最小而枝葉扶疎，大有逸致，可作盆玩。喜清陰，畏太陽，深山叢木之下多有之。春間分種，或黄梅雨時扦插，宜淺澆茶〔三六〕。

茶

茶，一名「荈」。音「喘」。早採爲茶，晚採爲茗。其葉以穀雨前採者爲貴。花色月白而心黄。清香隱然，瓶之高齋，誠爲雅供。且蕊在枝間者，逐一皆開，性畏水與日，不澆肥者，茶更香美。其所産之地殊多，但不宜於北，今就最著名者而衡之。松羅、伏龍、天池、陽羡等類，色翠而香遠。岕片産吴興，是茶而實非茶種，皆爲江浙第一。如虎丘、龍井，又爲吴下第一，惜不多産。至於荆溪、武夷，稍下。六安可入藥，而香味不及。天目、徑山，次之。此外所産，只可供本土之用耳。藏茶須用錫瓶，則茶之色香，雖經年如故。近日閩〔三七〕茶以松羅雜真珠蘭焙過，而香更烈者，終不若天然香味之足貴也。但茶性甚淫。梅花、茉莉、玫瑰、木樨，隨拌隨染其香矣。

枳椇

枳椇，一名「木蜜」，一名「雞距子」。樹高三四丈，葉圓大如桑柘，枝柯不甚直。子著枝端，夏月開花，實長寸許。紐曲開作二三歧，形如雞之足距。嫩時青色，經霜乃黄，味甘如蜜，嫩葉生噉亦甜。老枝細破，煎汁成蜜，倍甜。能止渴解煩，但敗酒味。若以此木爲柱，則屋中之酒必薄。每實開歧盡處，結一二小子，内有扁核，色赤如酸棗仁，飛鳥喜巢其上。

槐

槐，一名「櫰」，一名「盤槐」，一名「守宫槐」。樹高大而質鬆脆，葉細如豆瓣，季春之初，五日如兔目，十日如鼠耳。更旬始規，二旬葉成，扶疏可觀。花淡黄而形彎轉，在秋初時開，故有「槐花黄，舉子忙」之諺。人多庭前植之，一取其蔭，一取三槐吉兆，期許「子孫三公」之意。花可染色，結實至明年春暮方落，落即自生小槐。櫰槐，葉大而色黑，本如棠。盤槐，膚理葉色俱與槐同，獨枝從頂生，皆下垂，盤結蒙密如涼傘。性亦難長，歷百年者，高不盈丈。或植廳署前，或種高阜處，甚有古致。守宫槐，幹弱花紫，晝聶夜炕。又，俗名「猪屎槐」者，材不堪用。種法：收子曬乾，夏至前以水浸生芽，和麻子撒肥地，當年即與麻齊，刈麻留槐，别樹竹竿，以繩攔定，來年復種麻護之。三年後方可移栽，老槐經秋可取火。

紫薇

紫薇，一名「百日紅」。其花紅紫之外，有白者，曰「銀薇」，又有紫帶藍色者，曰「翠薇」。俗呼爲「怕癢樹」。其樹光滑無皮，人若搔之，則枝幹無風而自動，亦其性使然也。葉對生，一枝數穎，一穎數花。六月始花，其蕊開謝相接續，可至九月，約有百日之紅。其性喜陰，宜栽於叢林之間不蔽風露處，自茂。根旁小本，分種易活。

白菱

白菱，葉似梔子，花如千瓣菱花。一枝一花，葉托花朵，七八月間發花，其花垂條，色白如玉，綽約可人，亦接種也。

木槿

木槿，一名「蕣英」，一名「王蒸」，又名「日給」「愛老」「重臺」「花上花」諸名目。惟千葉白與紫、大紅、粉紅者佳。葉繁密如桑而小。花形差小如蜀葵，朝榮夕損，遠望可觀。若單葉柔條，五瓣成一花者，乃籬槿也，止堪編籬，花之最下者。南海有朱槿，但不易得耳。在春初扦插，以河泥壅之即活。若欲扦籬，須一連插去，不可住手。如斷續插，生後雖盛，亦必斷而不接也。其嫩葉可代茶飲。

桂

桂，一名「梫」，一名「木樨」，一名「巖桂」。葉對生，豐厚而硬，凌寒不凋。枝條繁密，木無直體。花甚香甜，小而四出，或有重臺，亦不易得。其種不一，白名「銀桂」，黄名「金桂」，能著子。紅名「丹桂」，不甚香。又有四季桂、月桂，閩中最多。葉如鋸齒而紋粗，花繁而香濃者，俗呼「毬子木樨」。花時凡三放，爲桂中第一。澆以猪穢則茂，壅以二蠶沙則肥；但不宜糞，而喜河泥。若移栽，須擇高阜，半日半陰處，以臘雪高壅其根，則來年不灌自茂。冬月以燖猪湯澆一次，尤妙。如木生蛀，取芝麻梗懸之樹間，能殺諸蟲。一云：木樨接於石榴樹上，其花即成丹桂。花謝後摘去其蒂，亦如鳳仙，可發二次。屈其條壓土中，良久自能生根。一年後截斷，八月含蕊時移種，若以冬青樹接，亦可。花以鹽滷浸之，經年色香自在，以糖搘〔三八〕作餅，點茶香美。

皂莢

皂莢，一名「皂角」，所在有之。樹最高大，葉如槐而尖細，枝多刺，夏開小黄花，結實有三種。小而尖者名猪芽，長而肥厚多脂者可用，長而瘦薄不粘者劣。初生時嫩芽可茹，莢老可入藥。二三月宜種，如樹大不結莢，當於南北二面，去地鑽孔，用木釘釘入，泥封其孔，來年即結。

棕櫚

棕櫚，一名「鬣葵」。木高數丈，直無旁枝。葉如車輪，叢生木杪。有棕〔三九〕皮包於木上，二旬一剥，轉復上生。三月間木端發數黄苞，苞中細子成列，即花，穗亦黄白色。結實大如豆而堅，生黄熟黑，每一墮地，即生小樹。宜植莊園之内。性喜鬆土，或鳥雀食子，遺糞於地，亦能生苗。秋分移栽，先掘地作坑，用狗糞鋪坑底，再以肥土蓋之。初種月餘，以河水間日一澆，後此隨便可也。至其棕之爲用，織衣帽褥椅之類甚廣，再製爲繩索，縛花枝，紮屏架，雖經雨雪，耐久不爛，園圃中極當多植數本者。

紅豆樹

紅豆樹，出嶺南，枝葉似槐，而材可作琵琶槽。秋間發花，一穗千蕊，壘壘下垂。其色妍如桃杏，結實似細皂角。來春三月，則莢枯子老，內生小豆，鮮紅堅實，永久不壞。市人取嵌骰子，或貯銀囊，俗皆用以爲吉利之物。又有一種，半截紅半截黑者，名「相槵子」，土人多採以爲婦人首飾。

無花果

無花果，一名「優曇鉢」，一名「映日果」，一名「蜜果」。樹似胡桃，三月發葉似楮，子生葉間。五月內不花而實，狀如木饅頭。生青熟紫，味如柿而無核。植之其利有七：一、味甘可口，老人小兒食之，有益無損〔四〇〕；二、曝乾與柿餅無異，可供籩〔四一〕實；三、立秋至霜降，取次成熟，可爲三月之需；四、種樹取效最速，桃李亦須三四年後結實，此果截取大枝扦插，本年即可結實，次年便能成樹；五、葉爲醫痔勝藥；六、霜降後，如〔四二〕有未成熟者，可收作糖蜜煎果；七、得土即活，隨地廣植，多貯其實，以備歉歲。種法：在春分前，取三尺長條插土中，澆以糞水，若生葉後，惟澆清水。結果後，更不可缺水，常置瓶，其側出以細霤，日夜不絕，實大如甌。

枇杷

枇杷，一名「盧橘」。樹高一二丈，葉似琵琶，又如驢耳，背有淡黃毛。枝葉婆娑，凌冬不凋。秋發細蕊成毬，冬開白花，來春結子，簇結作球，微有毛，如鵝黃小李。至夏成熟，滿樹皆金，其味甘美。收核種之即出，待長移栽。春月用本色肥枝接過，則實大而核小。若再接一次，則無核矣。性不喜糞，但以淋過淡灰壅之，自能榮茂。果木中獨備四時之氣者，惟枇杷。核能去黴垢。

栗

栗，産濮陽、范陽、兖州，而宣州、杭州者更佳。樹似櫟，而花色青黄，與他花特異。枝間綴花，長一二三寸許，有似胡桃。人俟其落時收之，點火風雨不滅。結實如毬，外有芒刺，内有栗房，一包三五枚，熟則罅拆子出。如欲乾收，或曝，或懸迎風處。若欲生收，藏之潤沙中，至春三四月，尚如新摘者。冬末春初，將子埋濕土中，種向陽地，待生長六丈餘，方可移栽。春分時，取櫟樹或本樹，生子肥大者，接之亦可。栗生數年，不可掌近。凡屬新栽樹皆然，而栗尤甚。十月天寒，以草包之，二月方解。或云：與橄欖同食，能作梅花香味，而橄欖無渣〔四三〕。

榛

榛，生關中、鄜坊、山東等處。樹似梓而高丈餘，葉色如牛李。冬發花，春結實，外殼堅，内肉香，狀如小栗。其核中悉如李，生則胡桃味，乾則甜美可食。産遼東、新羅者更肥美。栽種法與栗同。

榧

榧，一名「柀子」，一名「玉榧」，俗呼「赤果」。産自永昌、杭州者，不及信州、玉山之佳。葉似杉而異形，其材文彩而堅，本大連抱，高有數仞，古稱「文木」，堪爲器用。樹有牝牡，牡者開花，而牝者結實，理有相感，不可致詰也。冬日開黄圓花，其實有皮殼，如棗而尖短，去皮殼，可以生食。若火焙過，便能久藏，食更香美。大概以細長而心實者爲佳，一樹可得數十斛，二月下子種。

木蘭

木蘭，一名「木蓮」，一名「杜蘭」，生零陵山谷及泰山上。狀如楠樹，高數丈，枝葉扶疎。皮似桂而香，葉似長生，有三道縱紋。花似辛夷，内白外紫，亦有紅、黄、白數種。交冬則榮，亦有四季開者。實如小柿，甘美可食。

茶梅花

茶梅，非梅花也。因其開於冬月，正衆芳凋謝之候，若無此花點綴一二，則子月幾虚度矣。其葉似山茶而小，花如鵝眼錢而色粉紅，心深黄，亦有白花者，開最耐久，望之雅素可人。

天仙果

天仙果，出自四川。樹高八九尺，葉似荔枝而小。不開花而自實，纍纍枝間。子如櫻桃，六七月中熟，其味最甜美。

古度子

古度子，出自交廣諸州。本與葉似栗，不開花而實。枝間生子，大如安石榴及樝子，而色赤味酸，煮以爲粽食之。若遲數日不煮，則化作飛蟻，穿皮飛去矣。此蓋無情化有情之一驗也。

攀枝花

攀枝花，一名「木棉」，産於南越。樹類梧桐，高四五丈。葉類桃而稍大，花似山茶，開時殷紅如錦。結實大如酒盃，絮吐於口，即攀枝花。土人取其實中絮鋪褥，甚軟美，但不可作棉線。若樹上有取不盡者，猶如柳絮，即飛揚四散矣。

桕

桕，一名「烏桕」，一名「桓柳」，出浙東、江西。樹最高大，葉如杏而薄小，淡緑色，可以染皂。花黄白。子黑色，可以取蠟〔四四〕爲燭。其子中細核，可笮取油，止可燃燈油傘，不可食，食則令人吐瀉。木必接過方結子，不接者，雖結不多。秋晚，葉紅可觀，亦秋色之不可少者。

石楠

石楠，昔楊貴妃名爲「端正木」，南北皆有之。樹大而婆娑，其質甚堅。葉如枇杷，有小刺而背無毛，名曰「鬼目」。春盡開白花成簇，秋結細紅實，冬有二葉爲花苞。苞既開，中有五十〔四五〕餘花，大小如椿花，其細碎，每一包約彈子大而成毬。一花六葉，一朵有七八毬，淡白緑色，葉本微淡赤色。花既開，蕊滿花，但見葉，不見花。花纔罷，隔年緑葉始落，漸生新葉。緣葉密多蔭，人皆移植庭院間。清明時紅葉墮地，小兒拾爲冠帶嬉戲。蜀中一種最大者，可數十圍，中梁柱之用，小者爲梳最精。

鐵樹

鐵樹，葉類石楠，質理細厚，幹、葉皆紫黑色。花紫白如瑞香，四瓣，較少團。一開累月不凋，嗅之乃有草氣。因憶古人嘗見事或難成，便云：「除須鐵樹開花。」疑無是樹，及至駲象衛殷指揮園中，見有此樹。高可三四尺，詢其名，則曰「鐵樹」。每遇丁卯年便放花，其年果花。移置堂上，治酒歡飲，作詩稱賀。若非到此目睹，則安知真有是木耶！及聞海南人言，此樹黎州極多，有一二尺長者。葉密而花紅，樹儼類鐵，其枝椏穿結，甚有畫意，盆玩最佳。但人所罕見，故稱奇耳。五臺山有鐵樹，每年六月開花。

冬青

冬青，一名「萬年枝」。樹似枸骨，枝幹疎勁。葉緑而亮，隆冬不枯，可以染緋。莊園徑路，多排直而種，號曰「冬墻」。夏開小白花，而氣味不佳。花含蕊必雨，花落後必晴。結子圓而青，名曰「女貞」。實可以釀酒。子墜地即生苗，移植易活。欲其茂盛，須用猪糞壅，再以猪溺澆，雖至凋瘁復榮。一種細葉冬青，枝條細軟，乘小時種旁籬邊，用以密編，可蔽籬眼，堅久如壁。又一種水冬青，葉細而嫩，利於養蠟子，取白蠟。宋徽宗試畫院諸生，以「萬年枝上太平雀」爲題，無一知者；及扣之，冬青也。洪武時，杭城各街市，比屋植冬青，亦取吉祥之意。

榆

榆類種多，葉皆相似，但皮及木理有異。刺榆如柘，有刺，其葉如榆，嫩時瀹爲蔬羹，滑於白榆。初春先生莢，名曰「榆錢」，最可觀，亦可作羹。至冬實老，可釀酒，亦可作醬。荒歲，其皮磨爲粉可食，亦可和香末作糊。榆麵如膠，用粘瓦石，極有力。

校勘記

〔一〕「獨」，書業堂本、文會堂本、萬卷樓本均作「木」，據和刻本改。

〔二〕「一」，書業堂本、文會堂本、萬卷樓本均作「亦」，據和刻本改。

〔三〕「歧」，書業堂本、和刻本、萬卷樓本均作「岐」，文會堂本作「峸」，據文意改。

〔四〕「蛀」，書業堂本、文會堂本、萬卷樓本均作「蛙」，據和刻本改。

〔五〕「輒」，各本均作「轍」，據文意改。

〔六〕「莖」，書業堂本、文會堂本、萬卷樓本均作「頸」，據和刻本改。

〔七〕「抵」，各本均作「底」，據文意改。

〔八〕「楝」，書業堂本、文會堂本、萬卷樓本均作「練」，據和刻本改。
〔九〕「臘」，書業堂本、文會堂本、萬卷樓本均作「蠟」，據和刻本改。
〔一〇〕「遺」，書業堂本、文會堂本、萬卷樓本均作「移」，據和刻本改。
〔一一〕「著」，書業堂本、文會堂本、萬卷樓本均作「看」，據和刻本改。
〔一二〕「杪」，書業堂本、文會堂本、萬卷樓本均作「抄」，據和刻本改。
〔一三〕「斫」，書業堂本、文會堂本、萬卷樓本均作「砍」，據和刻本改。
〔一四〕「套」，各本均作「韜」，據文意改。
〔一五〕「滎陽」，書業堂本、文會堂本、萬卷樓本均作「柴南」，據和刻本改。
〔一六〕「鋸」，各本均作「鉅」，據文意改。
〔一七〕「栘」，各本均作「移」，據孟文改。
〔一八〕「蘋」，各本均作「頻」，據文意改。
〔一九〕「開」，書業堂本、萬卷樓本作「看」，和刻本作「著」，據文會堂本改。
〔二〇〕「槁」，各本均作「稿」，據文意改。
〔二一〕「似」，書業堂本、萬卷樓本均作「以」，據文會堂本、和刻本改。

〔二二〕「取葉」，書業堂本、文會堂本、萬卷樓本均作「分汁」，據和刻本改。

〔二三〕「筯」，書業堂本、文會堂本、萬卷樓本均作「筋」，據和刻本改。

〔二四〕「燔」，各本均作「蟠」，據孟文改。

〔二五〕「比」，書業堂本、萬卷樓本均作「彼」，文會堂本作「較」，據和刻本改。

〔二六〕「軟」，各本均作「脆」，據孟文改。

〔二七〕「小曰橘，大曰柚」，書業堂本、文會堂本、萬卷樓本均作「大曰橘，小曰柚」，據和刻本改。

〔二八〕「所」，書業堂本、萬卷樓本均作「聽」，文會堂本作「地」，據和刻本改。

〔二九〕「熱」，各本均作「熟」，據孟文改。

〔三〇〕「性不」，書業堂本、萬卷樓本均作「惟布」，文會堂本作「惟不」，據和刻本改。

〔三一〕「靭」，各本均作「紉」，據文意改。

〔三二〕「絳」，書業堂本、文會堂本、萬卷樓本均作「降」，據和刻本改。

〔三三〕「相」，書業堂本、文會堂本、萬卷樓本均作「柘」，據和刻本改。

〔三四〕「梡」，書業堂本、文會堂本、萬卷樓本均作「院」，據和刻本改。

〔三五〕「過」，各本均作「有」，據孟文改。

〔三六〕書業堂本、文會堂本、和刻本均作「宜澆淺茶」，據萬卷樓本改。
〔三七〕「閩」，各本均作「閔」，據文意改。
〔三八〕「椿」，書業堂本、文會堂本、萬卷樓本均作「椿」，據和刻本改。
〔三九〕「棕」，各本均作「粽」，據文意改。
〔四〇〕「損」，書業堂本、萬卷樓本均作「益」，據文會堂本、和刻本改。
〔四一〕「籩」，書業堂本、文會堂本、萬卷樓本均作「邊」，據和刻本改。
〔四二〕「如」，書業堂本、文會堂本、萬卷樓本均作「知」，據和刻本改。
〔四三〕「渣」，書業堂本作「嵖」，文會堂本、萬卷樓本均作「楂」，據和刻本改。
〔四四〕「蠟」，各本均作「臘」，據文意改。
〔四五〕「五十」，各本均作「十五」，據孟文改。

卷四

藤蔓類考

天壤間，似木非木、似草非草者，竹與芝是也。兹特冠竹、芝於藤蔓之首者，因其秀雅靈奇，而尊之也。至若遐方異品，亦間附於後，誌怪也。

竹

竹乃植物也，隨在有之。但質與草木異，其形色、大小不同。竹根曰「菊」，旁引曰「鞭」。鞭上挺生者名「筍」，筍外包者名「籜」。過旬〔一〕則籜解名「竿」，竿之節名「篘」。初發梢葉名「篁」，梢葉開盡名「篧」，竿上之膚名「筠」。古人取義獨詳。按竹之妙，虛心密節，性體堅剛，值霜雪而不凋，歷四時而常茂，頗無夭艷，雅俗共賞。故戴凱之有《竹紀》六十一品，今復詳載於後。其性喜向東南，移種須向西北角，方能滿林。語云：「種竹無時，遇雨便移，多留宿土，記取南枝。」又，五月十三日爲竹醉日，是日種者易活。移時必須連根鞭埋下，覆土後勿以脚踏，只用槌擊數下，壅以馬糞、礱糠，次年便可出筍。竹初出時，看根下第一節，生單枝者是雄竹，宜去，生雙枝者是雌竹，善生筍。最忌火日移栽。每至冬月，當以田泥或河泥壅根。若瘞以死貓，能引他人之竹過墻，如不欲其過墻，須掘一溝便止。長至四五年者，即宜伐去，庶不礙新筍。如筍生花，結實似稗，謂之「竹米」，不久滿林皆枯。治法：在初花時，擇一二大竿截去，止留下三尺，打通其節，以糞填實之，則花自止，竹亦不敗矣。種竹有四字訣「疎、密、淺、深」，則盡之矣。疎者，謂三四尺方種一顆，欲其土虛，易於行鞭也。密者，大其根盤，每顆須三四竿一堆，使其根密，自相維持也。淺者，入土不甚深也。深者，種時雖淺，每用河泥厚壅之，則深也。又，移須多帶宿土，勿踏以足，則易活。一云：八月初八，及每月二十，若遇雨，皆可移。又，竹滿六十年一易根，必結實枯死，其實落地復生，六年遂成畦矣。江南餘干有竹，實大若雞卵，葉包裹，味甘。

附竹釋名共三十九種　點校者案：實計四十種。

諸異竹

十二時竹、產蘄州，繞節凸生子丑寅卯等十二字。安福周俊叔家得此種，亦造物之奇也。䈡篣竹、出新州，一枝百葉，皮利可爲礪甲，用久微滑，以酸漿漬過宿，復快利如初，多作弩箭。人面竹、出郯山，竹徑幾寸，近本逮二尺，節促四面參差，竹皮有如魚鱗，面凸頗似人之面。椶竹、有三種：上曰「筯頭」，梗短葉垂，可以書几；次曰「短栖」，可列庭堦；再次「樸竹」，節稀葉梗，但可削作扇骨，細微之用。其幹似竹非竹，黑色有皮，心實，肉內有白鬆紋。桃絲竹、葉如棕，身如竹，密節而實心，厚理瘦骨，天然柱杖，出巴渝間。產豫者細紋，一節四尺。四季竹、四季生筍，幹節長而圓，取爲樂器，聲中管籥。若生山[二]石者，音更清亮可人。湘妃竹、產於古辣，其幹光潤，上有黃黑斑點紋。旋轉而細，如淚痕狀，竹之最貴重者。金鑲碧嵌竹、產自成都，近日浙杭亦有。與常竹無異，但幹上每節兩青兩黃相間。孝順竹、幹細而長，作大叢。夏則筍從中發，源讓母竹。冬則筍從外護，母竹內包，故稱慈孝。方竹、產於澄州、桃源、杭州，今江南俱有。體方有如削成，而勁挺，堪爲柱杖，亦異品也。鳳尾竹、紫幹，高不過二三尺，葉細小而猗那，類鳳毛。盆種可作清玩。貓竹、一作「毛竹」，浙閩最多。幹大而厚，葉細而小，異於他竹。人取編牌作舟，或造屋，皆可。蘄竹、出楚郡蘄州，土[三]人取其色之瑩潤者爲簟，節疎者爲蕭笛。雙竹、生浙之武林西山，其妙在篠篁嫩篠，對抽并胤，色最可愛。龍公竹、産自羅浮山，其徑大七尺許，節長丈二，葉若芭蕉。紫竹、出南海普陀山，其幹細而色深紫，段之可爲簫管，今浙中皆有。弓竹、産於東方，本長百尋，其曲如藤狀，必得大木，乃倚而上，質有文理。柯亭竹、産在雲夢之南，其幹俟期年之後，伐爲樂器，音最清亮。桂竹、出自南康府，幹高四五丈，圍約二尺許，狀似甘草，而皮[四]赤色。思摩竹、奇在筍自節生，竹成竿之後，其節中復又生筍，出海外。月竹、産於江南嘉定，每月抽筍，其形輕短而叢生，有如箭桿。梅緑竹、其幹似湘妃而細，皮無旋紋，色亦闇，而大不如，人多取爲扇骨。斑竹、産於吴越諸山，其斑紋雖不及古辣湘妃，然作器具，所用最廣。墨竹、其狀如古藤，長有一丈八九尺，而色理之黑如鐵。大夫竹、以其修長，幹直凌雲，圍有三尺，故得是名。出鄜延。龍鬚竹、生辰州及浙之山谷間，高不盈尺，而枝幹細僅如針，可作盆玩，但遇冬不可見霜雪。臨賀竹、其幹之大，至有十抱，較之龍公竹更奇。出臨賀。慈竹、其幹内實而節疎，性弱而形緊，其細韌[五]可代籐用。龜文竹、産於寶陀岩，昔年僅一本，以之製扇甚奇，今不可得矣。相思竹、出自廣東，似雙竹而差大，皆兩兩相對而生。疎節竹、其幹最高，每一節差一丈〔六〕許，出自黎母山陽。丹青竹、出自熊耳山，其葉有三色，黄、青、丹相間而生。通節竹、產於溱州，其幹直上無節，而中心空洞無隔，亦異種也。凝波竹、其枝葉皆似常竹，但有紅花，開似安石榴，亦奇種也。沛竹、昔傳是竹長百丈，出自南荒之域，附此以誌異耳。扁竹、其幹極扁，出匡廬山。船竹、出員丘，其大如澡盆。邛竹、漢武帝遣人開牂牁，致邛竹杖。徑尺〔七〕竹、產湖湘，可爲甑用。觀音竹。出占城國。

靈　芝

靈芝，一名「三秀」。王者德仁則生，非市食之菌，乃瑞草也。種類不同，惟黄、紫二色者，山中常有。其形如鹿角，或如繖蓋，皆堅實芳香，叩之有聲。服食家多採歸，以籮盛置飯甑上，蒸熟曬乾，藏久不壞，備作道糧。又，芝草一年三花，食之令人長生。然芝雖禀山川靈異而生，亦可種植。道家植芝法：每以糯米飯搗爛，加雄黄、鹿頭血，包曝乾冬笋，候冬至日，埋於土中自出。或灌藥入老樹腐爛處，來年雷雨後，即可得各色靈芝矣。雅人取置盆松之下，蘭蕙之中，甚有逸致，且能耐久不壞。

附靈芝釋名共計四十一品

五色芝五品

赤芝、一名「丹芝」，色如珊瑚，其艷麗異常，生於衡山，食之輕身延年。黃芝、一名「金芝」，色如紫金，光明洞徹，多産於嵩山之上，食之不老。黑芝、一名「玄芝」，色如澤漆，其光潤可愛，生於常山。青芝、一名「龍芝」，色若翡翠之羽，多産於泰山。白芝。一名「素芝」，色如截肪，生華山。唐時，延英殿御座上生玉芝一莖，有三花。

木芝十一品

千歲芝、生於枯木。下根如坐人，刻之有血，取血塗二足，可行水隱形，延年却疾者。木威喜芝、松脂淪地，化爲茯苓〔八〕，歲久上生小木，狀似蓮花，夜視有光，燒之不焦，服之得血。飛節芝、生千年老松上，皮中有脂，其狀如飛舞，服之可以長生。木渠芝、寄生大木上，狀似蓮花而一叢有九莖，味則甘而帶辛。黃蘗芝、生於千年黃蘗根下，另有細根如絲縷，服之可得地仙。參成芝、赤色有光，扣其枝葉，如金石之音。　建木芝、生都廣，皮如纓，實如鸞。　五德芝、其形如車馬，食之者壽可得千歲。　樊桃芝、木如籠，花如丹蘿，實如飛鳥。　九光芝、形如盤槎，生臨水之高山頂。　九莖芝。　一幹九莖，其色紅黃可愛。　漢元封中，生於甘泉殿[九]齋房。

草芝十三品

龍仙芝、形似昇龍相負，食之可以長生。　白雲芝、生名山白石之陰，有白雲時覆其上。　青雲芝、青蓋三重，其理則赤，食之主壽。　獨搖芝、根大如斗，莖粗如指，能無風自動。　牛角芝、生虎壽山，形似葱而特出，類角。　紫珠芝、莖黄葉赤，實如李而紫色，生藍田。　火芝、葉赤而莖青，昔爲赤松子之所服。　九曲芝、九曲，每曲三葉，實生葉間，其莖如針。　白符芝、似梅，大雪開花，至季夏[一〇]始實。　夜光芝、生華陽洞山，有五色光浮其上。　鳳腦芝、其苗如匏，而結實若桃。　雲母芝、生山陰，時有雲護，秋採食，令人身輕。　金芝。　漢元康中，金芝九莖連葉，生於函德殿銅池。　又，唐上元二年，含輝院産金芝。

石芝七品

玉暗芝、生於有玉之山，狀似鳥獸，色無常彩，多似山水蒼玉，亦有如鮮明之水晶者。　七明芝、生臨水石崖間，葉有七孔，實堅如石，夜見其光，若食至七枚，則七孔洞然矣。石蜜芝、生少室石户中，乃不易得者。桂芝、生石穴中，似桂樹，乃石也，色光明，味辛。石腦芝、出自石中而色黄。金蘭芝、冬生於山陰金石之間，食之多壽。月精芝。秋生山陽石上，莖青上赤，味辛。

肉芝五品

人掌芝、蘭陵蕭静之，掘地得一物，類人掌，烹食之，後遇一道人，見其神氣不凡，語曰：「子得食肉芝，自此壽可等乎龜鶴矣。」蝙蝠芝、明成化間，長洲産肉芝，其形類蝙蝠，人皆以爲異，而特誌之。千歲龜、千歲蟾蜍、燕胎芝。因其形似，皆肉芝也。

芝原仙品，其形色變幻，莫可端倪，故有「靈芝」之稱，惟有緣者得遇之耳。據《採芝圖》所載名目，有數百種，兹止録其十分之三，以備山林高隱之士，爲服食參考之一助也。

凌霄花

凌霄，一名「紫葳」，又名「陵苕」「鬼目」。蔓生，必附於木之南枝而上，高可數丈。蔓間有鬚如蝎虎足，著樹最堅牢，久則本大如盃。春初生枝，一枝數葉，尖長有齒，深青色。開花，每枝十餘朵，大若牽牛狀。花頭開五瓣。上有數點黃色。夏中乃盈，深秋更赤。八月結莢如豆角，長三寸許，子輕薄如榆仁，用以蟠繡石，自是可觀。但花香劣，聞太久則傷腦，婦人聞之能墮胎，不可不慎。昔洛陽富韓公家植一本，初無所依附而能特立，歲久遂成大樹，亭亭可愛，亦草木之出乎其類者也。

真珠蘭

真珠蘭，一名「魚子蘭」。枝葉有似茉莉，但軟弱，須用細竹幹扶之。花即長條細蕊，蕊大便是花開，其色淡紫，而蓓蕾如珠。性宜陰濕，又最畏寒。霜降後須同建蘭、茉莉，一樣入窨收藏。若在閩粵，則又當別論矣。三月初，方可出〔二〕窨，當以魚腥水五日一澆。雖喜肥，却忌澆糞。花與建蘭同時，其香相似，而濃郁尤過之。好清者每取其蕊，以焙茶葉，甚妙。但其性毒，止可取其香氣，故不入藥。

茉莉

茉莉，一名「抹利」。東坡名曰「暗麝」，釋名「鬘華」。原出波斯國，今多生於南方暖地。北土名「奈」。木本者出閩廣，幹粗莖勁，高僅三四尺，藤本者出江南，弱莖叢生，有長至丈者。葉似茶而微大，花有單瓣、重瓣之異。一種寶珠茉莉，花似小荷而品最貴，初蕊時如珠，每至暮始放，則香滿一室，清麗可人，摘去嫩枝，使之再發，則枝繁花密。以米泔水澆，則花開不絶。或浸皮屑，不經硝者可用。或黄豆汁并糞水皆可。性喜暖，雖烈日不懼，但五六月間，每日一澆，宜於午後。至冬，即當加土壅根。霜降後須藏暖處，清明後方可出。尤怕春之東南風，故藏宜以漸而密，出亦宜以漸而敞。如土藏太乾，日暖時略澆冷茶，直待芽發後，方可澆肥。梅雨時從節間摘斷，將折處劈開，嵌大麥一粒，以亂髮纏之，扦插肥陰地内即活。若根下生蟻，灌以烏頭冷湯即無。如换盆過，須易新土更妙。六月六日，宜用魚腥水一澆，或鹿糞或雞屎壅，最盛。又聞閩廣有一種紅黄二色茉莉，余實未之見，想亦不易得之物也。

萬年藤

萬年藤，一名「天棘」。生於金陵牛首山，及浙之東天目，係晉魏至今者。其本大如桶，葉如緑絲，古致不同，誠神物也。春間根旁嫩苗，可以分植。

紫藤

紫藤，喜附喬木而茂，凡藤皮著樹，從心重重有皮〔一二〕。其葉如緑絲，四月間發花，色深紫，重條綽約可愛。長安人家多種飾庭院，以助喬木之所不及。春間取根上小枝，分種自活。

葡萄

葡萄，俗名「孛桃」。張騫從大宛移來，近日隨地俱有，然味不如北地所産之大而甘。蔓梗柔條，葉盛枝繁，極其長大。延蔓可數十丈，必依架附木，若蟠之高樹，其實纍纍，懸挂可觀。三月開黄白小花成穗，實圓如櫻桃，有紫、白、黄三色。白名「水晶」，紫名「馬乳」。蜀中又有純緑者。夏中坐卧其下，葉密陰厚，納涼最宜。富室取其實，搾汁作酒，甚美。春分剪其枝，插肥地即活。結子後即宜剪去繁葉，使受雨露之滋，則實易肥大而甜。每日灌以冷茶，間兩日澆水，或用米泔水和黑豆皮，或以煮肉淡汁澆之，不宜用糞。若以此藤穿棗木而生者，味更甘美。入麝香於其皮内，則葡萄熟時，盡帶香味可口。十月終落葉後，去根一步許掘一大坑，收捲其枝條悉埋之。細枝莖嫩恐傷，雜襯以黍穰更佳。如無黍穰，竟以土蓋亦無礙。因其性不耐寒，不理恐凍死耳。待二月中，還出舒於架上。若歷歲久而幹老者，只須穰草覆之，南方則不必坑矣。凡扦插，在正月下旬，取肥枝長四五尺者，捲爲小圈令緊，先治地極肥鬆種之，止留二節在外。俟春氣發動，衆萌盡吐，而土中之節，不能條達，則英華盡萃於出土之二節，不二年而成棚矣。又，波斯國葡萄，有大如雞卵者；土魯國葡萄，有小如胡椒者，名「瑣瑣葡萄」，無核而味更甜美。物之不齊，地土使然也。

枸杞

枸杞，一名「枸檵」，一名「羊乳」。南北山中，及丘陵墻阪間皆有之。以其棘如枸之刺，葉如杞之條，故兼二木而名之。生於西地者高而肥，生於南方者矮而瘠。歲久本老，虬曲多致，結子紅點若綴，頗堪盆玩。春生苗，葉微苦，淖過可食。秋生小紅紫花，結實雖小而味甘。澆水必清晨，則子不落，壅以牛糞則肥。多取陝西、甘州者，因其子少而肉厚，入藥最良。其莖大而堅直者，可作杖，故俗呼「仙人杖」。

天蓼

天蓼，一名「木蓼」，非草也。産於天目、四明二山，本與梔子相類。其葉冬月不凋，花開黄白色，結實如棗，但未審「蓼」之名〔一三〕何來。子可爲燭。

棣棠花

棣棠花，藤本叢生，葉如荼蘼，多尖而小，邊如鋸齒。三月開花，金黄色，圓若小球，一葉一蕊，但繁而不香。其枝比薔薇更弱，必延蔓屏樹間，與薔薇同架，可助一色。春分剪嫩枝，扦於肥地即活。其本妙在不生蟲蛢。

薔薇

薔薇，一名「買笑」，又名「刺紅」「玉雞苗」。藤本，青莖多刺，宜結屏種。花有五色，達春接夏而開，葉尖小而繁，經冬不大落，一枝開五六朵。深紅薔薇，大花粗葉，最先開。荷花薔薇，千葉，淺紅似蓮。刺梅堆，千葉，大紅，花如刺繡所成，開最後，又有淡黄、鵝黄、金黄之異，爲薔薇中之上品，但易盛而難久。白者類玫瑰而無香。若寶相，亦有大紅、粉紅二色，其朵甚大，而千瓣塞心，可爲佳品。又有紫者、黑者，出白馬寺。正月初，剪肥嫩枝長尺餘者，插於陰肥之處即活。但不可多肥，太肥則腦生蛢蟲。如有蟲，以煎銀鋪中爐灰撒之，則蟲自死。夏間長嫩枝時，有黑翅黄腹小飛蟲，名「鐫花娘子」，以臀入枝椏生子，三五日後出細青蟲，而嘴黑者，食葉傷枝殆盡；大而又變前蟲，專在玫瑰、薔薇、月季、十姊妹等樹上生活，見則速宜捉去，以免食葉之患。又，薔薇露，産爪哇國，以一滴置盆湯内，滿盆皆香，沐面盥手，可以竟日受用。

玫瑰

玫瑰，一名「徘徊花」，處處有之，惟江南獨盛。其木多刺，花類薔薇而色紫，香膩馥郁，愈乾愈烈。每抽新條，則老本易枯，須速將根旁嫩條移植别所，則老本仍茂，故俗呼爲「離娘草」。嵩山深處，有碧色者。燕中有黄色者，花差小於紫玫瑰。每年正月盡。二月初，分根種易活。若十月後移，恐地脈冷，多不能生。凡種難於久遠者，皆緣人溺澆殺之也。惟喜穢污澆壅，但本太肥則易悴，不可不察。此花之用最廣，因其香美，或作扇墜香囊，或以糖霜同烏梅搗爛，名爲「玫瑰醬」，收於磁瓶内曝過，經年色香不變，任用可也。

月季

月季，一名「鬥雪紅」，一名「勝春」，俗名「月月紅」。藤本叢生，枝幹多刺而不甚長。四季開紅花，有深、淺、白之異，與薔薇相類，而香尤過之。須植不見日處，見日則白者，變而[一四]紅矣。分栽、扦插[一五]俱可，但多蟲莠，須以魚腥水澆，人多以盆植爲清玩。

木香花

木香，一名「錦棚兒」。藤蔓附木，葉比薔薇更細小而繁。四月初開花，每穎三蕊。極其香甜可愛者，是紫心小白花；若黃花，則不香；即青心大白花者，香味亦不及。至若高架萬條，望如香雪，亦不下於薔薇。剪條扦種亦可，但不易活。惟攀條入土，壅泥壓護，待其根長，自本生枝外，剪斷移栽即活。臘中糞之，二年大盛。

野薔薇

野薔薇，一名「雪客」。葉細而花小，其本多刺，蔓生籬落間。花有純白、粉紅二色，皆單瓣，不甚可觀，但最香甜〔一六〕，似玫瑰，多取蒸作露，採含蕊拌茶，亦佳。患瘧者烹飲即愈。若花謝〔一七〕時，摘去其蒂，猶如鳳仙花，開之無已。此種甚賤，編籬最宜。

十姊妹

十姊妹，又名「七姊妹」。花似薔薇而小，千葉磬口，一蓓十花或七花，故有此二名。色有紅、白、紫、淡紫四樣。正月移栽，或八九月扦插，未有不活者。

纅絲花

纅絲花，一名「刺蘼」。葉圓細而青，花儼如玫瑰，色淺紫而無香，枝萼皆有刺針。每逢煮繭繅絲時，花始開放，故有此名。二月中，根可分栽。

荼蘼花

荼蘼花，一名「佛見笑」，又名「獨步春」「百宜枝」「雪梅墩」數名。蔓生多刺，緑葉青條，須承之以架則繁。花有三種：大朵千瓣，色白而香，每一穎著三葉如「品」字。青跗[一八]紅萼，及大放，則純白。有蜜色者，不及黄薔薇，枝梗多刺而香。又有紅者，俗呼「番荼蘼」，亦不香。詩云「開到荼蘼花事了」，爲當春盡時開也。種則攀條入土，壅之以肥泥，候其枝長，剪斷移栽自活。

千歲虆

千歲虆，生太山深谷間。藤蔓如葡萄，實似桃而多緣木上。汁白而味甘，子赤可食，但酢而不甚美，在土人亦不棄也。

柳穿魚

柳穿魚，一名「二至花」。葩甚細而色微紺。謂之柳穿魚者，以其枝柔葉細似柳，而花似魚也。其花發於夏至，歛於冬至，故名「二至花」，又名「如意花」。性喜陰燥，而惡肥糞。宜用豆餅浸水澆，或熟豆壅根，亦可。吴門花市，多結成樓臺鳥獸形以售。

珍珠花

珍珠花，一名「玉屑」。葉如金雀，而枝幹長大。三四月開細白花，皆綴於枝上，繁密如孛婁狀，俗名「孛婁花非」。春初發萌時，可以分栽。

鳳尾蕉〔一九〕

鳳尾蕉，一名「番蕉」。産於鐵山，江西、福建皆有。葉長二三尺，每葉出細尖瓣，如鳳毛之狀，色深青，冬亦不凋。如少萎黄，即以鐵燒紅釘其木上，則依然生活。平常不澆壅，惟以生鐵屑，和泥壅之自茂，且能生子，分種易活。極能辟火患，人多盆種庭前，以爲奇玩。

玉蕊花

玉蕊花，向爲唐人所重，故唐昌觀有之，集賢院有之。今自招隱寺得一本，蔓若荼蘼，冬凋春榮，葉似柘，莖微紫。花苞初甚細，經月漸大，暮春方八出，鬚如冰絲，上綴金粟。花心復有碧筩，狀類膽瓶。其中别抽一英，出衆鬚上，散爲十餘蕊，猶刻玉然。世多未之見，亦猶瓊花之難得也。

錦帶花

錦帶花，一名「髩邊嬌」。三月間開，蓓蕾可愛，形如小鈴。色内白而外粉紅，長枝密花如曳錦帶，但艷而不香，無子；亦有深紅者。一樹常開二色，有類海棠。植於屏籬之間，頗堪點綴。種法：於秋分後，剪五寸長枝，插鬆土中，每日澆清糞水，良久自活。

鴛鴦藤

鴛鴦藤，一名「忍冬」，隨處有之。延蔓多附樹，莖微色紫，有薄皮膜之。其嫩莖色青，有毛。葉生對節，似薜荔。三四月間，開花不絕，長寸許，一蒂兩花二瓣，一大一小。長蕊初開，則蕊瓣俱白，經二三日則變黃。新舊相參，黃白相映，如飛鳥對翔，又名「金銀藤」。氣甚清芬，而莖、葉、花皆可入藥用。因其藤左纏，俗名「左纏藤」。

錦荔枝

錦荔枝，一名「紅姑娘」，一名「癩葡萄」。四月下子，抽苗延蔓，附木而生。葉似天蘿，有微刺。七八月開黃花，五瓣如椀形。結實如荔枝而大，初青色，後金紅。內瓤裹子如血塊，味甜可食，懸挂可觀。若種盆玩，須結縛成蓋，子似西瓜子而邊缺，可入藥用。

鐵線蓮

鐵線蓮，一名「番蓮」，或云「即威靈仙」，以其本〔二〇〕細似鐵線也。苗出後，即當用竹架扶持之，使盤旋其上。葉類木香，每枝三葉對節生，一朵千瓣，先有包葉六瓣，似蓮先開。内花以漸而舒，有似鵝毛菊。性喜燥，宜鵝鴨毛水澆。其瓣最緊而多，每開不能到心即謝，亦一悶事，春間壓土移栽。

史君子

史君子，一名「留求子」。藤生手指大，如葛苗繞樹而上。葉青似五加葉，三月開花五出，一簇一二十葩，初淡紅，久則深紅，色輕盈若海棠。作架植之，蔓延似錦。實長寸許，五瓣相合有稜，初時半黄，熟則紫黑。其中仁白，上有薄黑皮，如榧子仁而嫩。其味如栗，治五痔，殺蟲，小兒宜食。

萵苣

萵苣，一名「千金菜」，俗名「金盞花」，隨在有之。葉似白苣而尖，色稍青，折之有白汁粘手。而花色金黄，細瓣攢簇肖盞，四月始開，無甚風味，聊備員耳。冬澆濃肥水，則春發始茂，梗、葉皆可作蔬。

虎耳草

虎耳，一名「石荷葉」，俗名「金絲草」。其葉類荷錢，而有紅白絲繚繞其上，三四月間開小白花。春初栽於花砌石罅，背陰高處。常以河水澆之，則有紅絲延蔓遍地，絲末生苗，最易繁茂。但見日失水，便無生理矣。以糞坑邊瓦礫，敲碎堆壅其側，則易長。小兒耳病，取汁滴入，即愈。

翠雲草

翠雲草，無直梗，宜倒懸，及平鋪在地。因其葉青緑蒼翠，重重碎蹙，儼若翠鈿雲翹，故名。但有色而無花香，非芸也。其根遇土即生，見日則萎。性最喜陰濕，栽於背陰石罅，或虎刺、芭蕉、秋海棠下，極有雅趣。種法：用舊草鞋浸糞坑一日夜，取起曬乾，再浸再曬，凡數次，將石壓平，安放翠雲草之側。待其蔓自上生根，移栽別地，無有不活者。

淡竹葉

淡竹葉，一名「小青」，一名「鴨跖草」。多生南浙，隨在有之。三月生苗，高數寸，蔓延於地。紫莖竹葉，其花儼似蛾形，只二瓣，下有緑萼承之，色最青翠可愛。土人用棉收其青汁，貨作畫燈，夜色更青。畫家用以破緑等用。秋末抽莖，結小長穗，如麥冬而更堅硬，性喜陰。

射干

射干，一名「扁竹」，一名「秋蝴蝶」。生南陽，今所在有之。仲春引蔓布地，苗似瞿麥，葉似薑而狹長，葉中抽莖，似蔢〔二二〕莖而硬。六月開花，黄紅色，亦有紫碧者。瓣上有細紋，秋結實作房，一房四膈，一膈數子，咬之不破。根可入藥。分根、下子種，俱可。

牽牛花

牽牛，一名「草金鈴」，一名「天茄兒」，有黑、白二種。三月生苗，即成藤蔓。或遶籬墻，或附木上，長二三丈許，葉有三尖如楓葉。七月生花，不作瓣，白者紫花，黑者碧色花，結實外有白皮，裹作毬。毬内有子四五粒，狀若茄子差小，色青，長寸許，採嫩實鹽焯或蜜浸，可供茶食。近又有異種，一本上開二色者，俗因名之曰「黑白江南花」。

馬兜鈴

馬兜鈴，一名「青木香」。春生苗作蔓，附木而上。葉如山薺而厚大，背白。六月開黄紫花，似枸杞。結實如大棗，作四五瓣。葉脱後，其實尚垂，狀如馬項之鈴。

鼓子花

鼓子花，一名「旋葍」，又名「纏枝牡丹」。蔓延川澤間，葉似薯蕷，小而狹長。花開如拳不放，頂幔如缸鼓式，色粉紅。有千葉者，人多植以爲屏籬之玩。根無毛節，蒸煮味甘可啖。花不結子，取根寸截置土，灌溉即活生苗。昔有一絶對云：「風吹不響鈴兒草，雨打無聲鼓子花。」

五味花

五味花，産高麗者第一，今南北俱有。葉似杏而尖圓，花若小蓮而黄白，蔓赤而長，非架不能引上，或附木亦可。結實如梧桐子大，叢綴枝間，生青熟紅，不異櫻珠。分根種，當年即旺。若子種者，次年始盛。出江北者，入藥最良。

薜　荔

薜荔，一名「巴山虎」。無根，可以緣木而生藤蔓，葉厚實而圓勁如木，四時不凋。在石曰「石綾」，在地曰「地錦」，在木曰「長春」。藤好敷岩石與墻上。紫花發後結實，上鋭而下平，微似小蓮蓬，外青而内有瓤，滿腹皆細子。霜降後，瓤紅而甘，鳥雀喜啄，兒童亦常採食之，謂之「木饅頭」，但多食發瘴。夏月，毒蛇喜聚其叢中，如或乘涼其下，不可不慎。

芙　蓉

芙蓉，一名「木蓮」，又名「文官」「拒霜」。葉似梧桐，大而有尖。花有數種，單葉者多。千葉者有大紅、粉紅、白，惟大紅者花大，而四面有心。一種早開純白，向午桃紅，晚變深紅者，名「醉芙蓉」。另有一種黄芙蓉，亦異品，不可多得者。此花獨耐寒，但不結實，亦不必分根。惟在十一月中，將好種肥條剪下，俱段作一尺許長，於向陽地上，掘坑横埋之，仍以土掩，至二月初，將條於水邊籬側遍插之。插必先將木針釘一穴，填泥漿并糞令滿，然後插條，上露二寸許，再遮以爛草，無不全活；且當年即能發花。清姿雅質，獨殿群芳，乃秋色之最佳者。昔蜀後主城上盡種芙蓉，名曰「錦城」。俗傳〔二二〕葉能爛獺毛，故池塘有芙蓉，則獺不敢來。其皮可漚麻作線，織爲網衣，暑月衣之最涼，且無汗氣。

水木樨

水木樨，一名「指田」。枝軟葉細，五六月開細黄花，頗類木樨。中多鬚蘂，香亦微似。其本叢生，仲春分種。

壺蘆

壺蘆，一名「瓠瓜」。俗作「葫蘆」，非。正二月下種，生苗引蔓而上，葉似冬瓜而稍團，有柔毛。五六月開白花，結實初白，霜降後老而色黄。一種圓而大者曰「匏」，亦名「瓢」，因其可以浮水，如泡如漂也，亦可作藏酒之器。一種下大上小，腰細口細者，曰「壺蘆」，可盛丹藥。大可爲甕盎，小可以冠樽，小兒用以浮水，樂人用以作笙。膚瓤養豕，犀瓣澆燭。實初結時，剖藤跗插〔一三〕巴豆，一二日後柔弱可紐，隨去豆即活。以筆蘸芥辣界瓢上，其界處永不長。欲去内瓤，開瓠頂納巴豆水餾之，瓤出即空。

獼猴桃

獼猴桃，一名「陽桃」，生山谷中。藤著樹而生，枝條柔弱，高二三丈〔一四〕。葉圓有毛，花小而淡紅。實形似雞卵，十月爛熟，色緑而甘，獼猴喜食之。皮堪作紙，今陜西永興軍南山甚多。

蘡薁

蘡薁，音嬰郁。多生林野間，四散延蔓，其葉并花、實，皆與葡萄無異。但實小而圓，色不甚紫，而味亦佳。《毛詩》云：「六月食薁。」即此也。

紫茉莉

紫茉莉，一名「狀元紅」。本不甚高，但婆娑而蔓衍易生。葉似蔓菁，秋深開花，似茉莉而色紅紫。清晨放花，午後即斂，其艷不久，而香亦不及茉莉，故不爲世重。結實頗繁，春間下子即生。

白藊豆

藊豆，一名「蛾眉豆」，一名「籬豆」。其蔓最長，須搭高棚引上，夏月可以乘涼，不可使沿樹上，樹若繞蔓即枯。葉大如盃，一枝三葉，其花狀似小蛾，有翅尾之形。莢生花下，纍纍成枝。花有紫、白二色，實亦有紫、白二種。清明下種，以灰覆之，不宜土蓋，太肥生蟜。

龍膽草

龍膽草，一名「陵游」，產齊朐及南浙。葉如龍葵，味苦如膽。直上生，苗高尺餘，秋開花，如牽牛，青碧色。

落花生

落花生，一名「香芋」，引藤蔓而生。葉椏開小白花，花落於地，根即生實。連絲牽引土中，纍纍不斷。冬盡掘取，煮食香甜可口，南浙多產之。

大戟

大戟，俗名「下馬仙」。春生紅芽，長作叢，高一二尺，葉似初生楊柳小團，又似芍藥。夏開黃紫花，團圓似杏花，又類蕪荑。根似苦參，多戟人咽喉。

葛

葛，一名「鹿藿」，産南方。春初生苗，引藤蔓長一二丈。葉類楸青而小。七月開花，紅紫色，結莢纍纍，似豌豆形，但不結實。根形大如手臂，紫黑色。端午採根曝乾，以入土深者爲佳。其藤皮可作絺綌，惟廣中出者爲最。根可作粉，能解酒病。

紫花地丁

紫花地丁，一名「獨行虎」，隨在有之。葉青而肥，根直如釘，仲夏開紫色花，結細角。平地生者起莖，可以不扶；溝壑邊生者起蔓，必待竿扶。又一種白花者，不入藥用。

茜草

茜，一作「蒨」。又名「茅蒐」「茹藘」。多生喬山上，染絳之草。葉青背緑，頭尖下闊，似棗。其莖方，葉澀，四五葉對生節間，蔓延於木上。至秋開花，結實如小椒，中有細子，根亦紫赤色，今所在有之。《説文》云：人血所在，故俗名「地血」。齊人謂之「蒨草」，《貨殖傳》曰：「千畝巵茜，其人皆與千户侯等。」則誠嘉草也。

獨摇草

獨摇草，一名「獨活」。多生於嶺南，及蜀漢川谷中。春生苗葉，夏開小黄花。一莖直上，有風不動，無風自摇。其頭如彈子，尾若鳥尾，而兩片關合間，每見人輒〔二五〕自動摇。俗傳佩之者，能令夫婦相愛。雖非異卉，亦自有一種風致可取。根入藥用。

虎杖

虎杖，生下濕地，隨在有之。春盡發苗，莖如紅蓼，葉圓如杏。夏末開花，四出如菊，色紅如桃，次第開落，至九月中方已。陝西山麓水湄甚廣，人於暑月取根，和甘草同煎爲飲，色如琥珀，甘美可愛。瓶置井中，令冷如冰〔二六〕，呼爲「冷飲子」，可以代茗，極能解暑。其汁染米粉作糕，更佳。

落葵

落葵，一名「承露」。春初下種，仲夏始蔓延籬落間。其葉似杏而肥厚，至秋開細紫花，結實纍纍，大如五味子，熟則紫黑色。土人取揉其汁，紅如胭脂，婦女以之漬粉傅面最佳，或用點唇亦可，故又名「染絳子」。但暫用則色不變，若染布帛等物，不能常久。

款冬花

款冬花，一名「款凍」，出常山及關中。叢生水傍，葉似葵而大，開花黄，瓣青，紫蕚，出自根下，偏於十一二月，霜雪中發花獨茂。又有紅花者，葉如荷而斗直，俗呼爲「蜂斗葉」，亦花中之異品也。

仙人掌

仙人掌，出自閩粵。非草非木，亦非果蔬，無枝無葉，又并無花。土中突發一片，與手掌無異。其膚色青緑，光潤可觀。掌上生米色細點，每年只生一葉於頂。今歲長在左，來歲則長在右，層纍而上。植之家中，可鎮火災。如欲傳種，取其一片，切作三四塊，以肥土植之，自生全掌矣。近今南浙，亦間或有之，録此以見草木之異云爾。

玉簇

玉簇花，産於閩中，花發於秋冬之交。性最畏寒，遇冰則花葉俱萎。植之者必十月中，藏向陽室内。如土乾，將殘茶略潤。至二月中，方可取出。

鈎藤

鈎藤，産自梁州，今秦、楚、江南、江西皆有。葉細長而青。其莖間有刺，儼若釣鈎，對節而生。其色紫赤，卷曲而堅利，長一二丈，大如指，中空。用致酒甕封口，插入取酒，以氣吸之，涓涓不絶。

清風藤

清風藤，一名「青藤」，出浙東台州天台山。其苗多蔓延喬木之上，四時常青〔二七〕，風吹飄揚有致，亦不可多〔二八〕得者。

長生草

長生草，一名「豹足」，一名「萬年松」，究竟即卷伯也。産自常山之陰，今出近道。其宿根紫黑色而多鬚，春時生苗，似柏葉而細碎，拳攣如雞爪，色備青、黄、緑，高三四寸，無花實。多生石上，雖極枯槁，得水則蒼翠如故。或懸於梁，不用滋培，彌歲長青。或藏之巾笥中，復取砂水植之，不數日即活，可爲盆玩。

藤蘿

藤蘿，一名「女蘿」，在木上者；一名「兔絲」，在草上者。但其枝蔓軟弱，必須附物而長。其花黄赤如金，結實細而繁，冬則萎落。

零餘子

零餘子，一名「山藥」，生苗蔓延籬落之間。夏開細白花，結實在葉下，長圓不一，皮黄肉白。大者如雀子，小者如蠶〔二九〕豆，煮食勝於芋子。霜後收子，亦最易落。墜地即能生根，其根肥白而長，蔬中上品。宜壅牛糞。

土　參

土參，一名「神草」，一名「土精」，一名「血參」，産於南浙。四月開花，細小如粟，蕊如絲，白色。秋後結實，生青熟紅。性最喜燥，春間分種。

萎　蕤

萎蕤，處處山中皆有。其根横生，莖幹强直，似竹箭幹而有節。葉狹而長，表白裏青，亦類黄精而多鬚，大如指，長一二尺。三月中開青花，結圓實。亦可分根種，極易繁衍者。

揚摇子

揚摇子，産自閩粤。其子生樹皮内，身體有脊，而形甚異，味甘無核，長五寸而色青。

蔺子

蔺子，出自合浦及交趾。藤蔓緣樹木而生，正二月開花，四五月實熟如梨，赤如雞冠之色，核如魚鱗，其味甚甘美。

酒杯藤

酒杯藤，出自西域，昔張騫得其種而歸。藤大如臂，其花堅硬，可以酌酒。文章映澈，實大如指，味香如豆蔻，食之能消酒。

侯騷子

侯騷子，蔓延而生，子如雞卵，既甘且冷，王太僕曾獻之。能消酒除濕，輕身延年。

千歲子

千歲子，出粵西、交趾。蔓延而生，子在根下。有鬚，緑色，一苞多至二百餘顆，狀似李，而皮殼青黄。殼中有肉如栗，味亦如之。乾則殼肉相離，撼之而有聲，極能解酒消暑。

波羅蜜

波羅蜜，産自海南。樹如荔枝差大，皮厚葉圓，有横紋，小枝附樹本而生，一枝含數實。花落實出，其大如斗。皮亦似荔枝有刺，類佛首螺髻之狀。肉若蜂房，近子處可食，與熟瓜無異，而丰韻過之。子如肥皂核大，亦可爒音炒。食，味似豆。春生秋熟，粵人珍之，其甘如蜜。

菩提子

菩提子，一名「無患子」，産自南海，今武當山亦有之。花如冠蕤，葉似冬青，而稍尖長。實似枇杷稍長大，味甘，色青而香。核堅黑，可爇食，亦可作念珠，俗名「鬼見愁」，以其能辟邪惡也。前朝皇太后，曾種二株於内宫。

娑蘿花

娑蘿樹，産雅州瓦屋山，今江淮古寺内，及浙之昌化山中皆有之。其本高數丈，葉大似楠，夏月多蔭，而冬不凋。初夏開花，頗香。實大如核桃，栗殼色，可治心痛病。又聞瓦屋山者，五色燦然，若移他處，則闇而多槁，故不可多得。

人面子

人面子，出自粤中。樹似梅李，春花秋熟。子如桃實而少味，須蜜漬可食。其核兩邊如人面，耳目口鼻，無不具足，人皆取以爲玩。

都念子

都念，生嶺南。樹高丈餘，株柯長而細，葉如苦李。花紫赤如蜀葵，心金色，南中婦女多用染色。子如小軟柿，外紫内赤，無核。頭上四葉如柿蒂，食必捻其蒂，故又名「倒捻子」。味甚甘美。

薏苡

薏苡，一名「芭實」，隨在有之。若留有宿根，二三月自生。葉如初生芭蕉，五六月抽莖，開細黄花。結實青白色，上尖下圓，其殼薄仁粘者，即薏苡也。一種殼厚堅硬者，俗名「菩簍珠」。小兒多穿作念佛數珠爲戲。

木竹子

木竹子，出自廣西。皮色形狀，全似大枇杷，而肉味甘美過之，但實熟在秋冬。

韶　子

韶子，生嶺南。葉如栗，赤色。子亦如栗，苞有棘刺。破其苞，内有肉如猪肪，著核不離，味甘而酢，核如荔枝。又有山韶子，夏熟，色正紅，肉如荔枝。一種藤韶子，至秋方熟，其大如鳧卵。

馬檳榔

馬檳榔，産自滇南金齒、沅江。延蔓而生，結實大如葡萄，色紫而味甘，内有核，頗似大楓子，但殼稍薄，其形圓長、斜扁不等。核内有仁，亦甜。

萇　楚

萇楚，一名「業楚」，一名「羊桃」。葉如桃而光，尖長而狹，花紫赤色。其枝莖最弱，過一尺即引蔓於草上。多生平澤中，子細如棗核，亦似桃而味苦，不堪食。

蔓　椒

蔓椒，出上黨山野，處處亦有之。生林箐間，枝軟覆地延蔓，花作小朵，色紫白。子葉皆似椒，形小而味微辛。因舊莖而生，土人取以煮肉食，香美不減花椒，但不多耳。

文章草

文章草，一名「五加」。生漢中及宛句，今近道皆有。春生苗作叢，赤莖青葉，又似藤蔓，高四五尺，上有黑刺，一枝五葉。三四月開白花，香氣如橄欖，結實如豆。北方者長丈餘，類木。

蘿　藦

蘿藦，一名「斫合子」，人家多種之。三月生苗，蔓延籬垣間，極易繁衍。其根白軟，其葉長而後大前尖，根與莖、葉，摘之皆有白汁。六七月開小長花，如鈴狀，紫白色。結實長二三寸，大如馬兜鈴，一頭尖，其殼青軟，中有白絨及漿。霜後枯裂，則子飛。其子輕薄，亦如兜鈴子。土人取其絨作坐褥，以代棉，亦輕暖。

雪下紅

雪下紅，一名「珊瑚珠」。葉似山茶，小而色嫩。藤本蔓延，莖生白毛。夏末開小白花，結子秋青冬熟，若珊瑚珠，纍纍下垂。其色紅亮，照耀如日，至於積雪盈顆，似更有致。但防白頭鳥啣食，則不能久留。

胡椒

胡椒，一名「昧履支」，南番諸國及交南、海南皆有之。其苗蔓生，必附樹或作棚引之。葉如山藥，有細條與葉齊，條條結子，兩兩互相對。其葉晨開暮合，合則裹其子於葉中。正月開黃白花，結椒纍纍，生青熟紅，五月采收。曝乾乃皺，食品中用之，最能殺腥。

浣　草

浣草，一名「虋音門。冬」，一名「天門冬」，處處有之。春生藤蔓，大如釵股，高至丈餘。葉如茴香，極尖細而疎滑，有逆刺，亦有無刺者。夏開小白花，亦有黄紫色者。入伏後無花，秋〔三〇〕結黑子，在其根枝旁。根長一二寸，一科一二十枚，以大者爲勝藥。苗須沃地種栽，子種者但晚成耳。

栝　樓

栝樓，一名「瓜蔞」，一名「澤姑」，所在有之。三四月生苗，引藤而上。葉如甜瓜而窄，作叉，有細毛。秋開花似壺蘆，花淺黄色。結實在花下，大如拳，形有正圓，有尖長者，生青熟赤黄，纍纍垂於莖間，亦稍可觀。

五爪龍

五爪龍，一名「攱」，一名「五葉莓」，蔓生籬落間。其葉柔而有棱，一枝一鬚，凡五葉，長而光，有疎齒，面青背淡。七八月結苞成簇，青白色。花如粟，黄色四出。實大如龍葵，生青熟紫，内有細子。

西國草

西國草，一名「䓘」，音奎。一名「覆盆子」。隨處有之，秦地尤多。三月開白花，四五月實熟，狀如荔枝，大如櫻桃，軟紅可愛，味頗甘美。失時則就枝生蛆。土人在六七分熟，即采取矣。

榼藤

榼藤，一名「象豆」，生廣南山中。作藤著樹，有如通草藤。其實三年方熟，結角如弓袋，紫黑色而光，大一二寸，圓而扁，仁若雞卵。土人多剔去其肉作瓢，垂於腰間，若貯丹藥，經年不壞。

蓬　虆

蓬虆，一名「寒莓」。音茂。生來藤蔓繁衍，莖有倒刺，逐節生葉，葉大如掌，類小葵，青，背白厚，有毛，六七月開小白花。就蒂結實，數十成簇，生則青黄，熟則紫黯，微有黑毛，如椹而扁。冬葉不凋，俗〔三一〕名「割田藨」。

千里及

千里及，生宣湖與天台山中。春生苗，蔓延於籬落間。葉似菊，細長而厚，背有毛。枝幹圓而青，秋開黄花，不結實。

校勘記

〔一〕「旬」，各本均作「母」，據孟文改。
〔二〕「山」，各本均作「由」，據孟文改。
〔三〕「土」，書業堂本、萬卷樓本均作「王」，據文會堂本、和刻本改。
〔四〕「而皮」，各本均作「皮而」，據孟文改。
〔五〕「靭」，書業堂本、萬卷樓本均作「靳」，文會堂本作「僅」，據和刻本改。
〔六〕「丈」，書業堂本、文會堂本、萬卷樓本均作「寸」，據和刻本改。
〔七〕「尺」，書業堂本、文會堂本、萬卷樓本均作「寸」，據和刻本改。
〔八〕「苓」，書業堂本作「琴」，據文會堂本、和刻本、萬卷樓本改。
〔九〕書業堂本、文會堂本、萬卷樓本均脱「殿」字，據和刻本補。
〔一〇〕「夏」，和刻本作「冬」。
〔一一〕「出」，書業堂本、萬卷樓本均作「入」，據文會堂本、和刻本改。
〔一二〕「皮」，書業堂本、文會堂本、萬卷樓本均作「盧」，據和刻本改。
〔一三〕「名」，書業堂本、文會堂本、萬卷樓本均作「性」，據和刻本改。

〔一四〕「變而」，書業堂本、文會堂本、萬卷樓本均作「一二」，據和刻本改。
〔一五〕「扦插」，書業堂本、文會堂本、萬卷樓本均作「插扦」，據和刻本改。
〔一六〕「但最香甜」，各本均作「但香最甜」，據文意改。
〔一七〕「謝」，各本均作「卸」，據文意改。
〔一八〕「跗」，書業堂本、文會堂本均作「附」，據和刻本、萬卷樓本改。
〔一九〕「蕉」，各本均作「焦」，據文意改。
〔二〇〕「本」，各本均作「木」，據孟文改。
〔二一〕「蘐」，各本均作「護」，據孟文改。
〔二二〕「傳」，書業堂本、文會堂本、萬卷樓本均作「使」，據和刻本改。
〔二三〕「跗插」，書業堂本、文會堂本、萬卷樓本均作「駙押」，據和刻本改。
〔二四〕「丈」，書業堂本、文會堂本、萬卷樓本均作「尺」，據和刻本改。
〔二五〕「輒」，各本均作「轍」，據和刻本校記改。
〔二六〕「冰」，書業堂本、文會堂本、萬卷樓本均作「水」，據和刻本改。
〔二七〕「青」，書業堂本、文會堂本、萬卷樓本均作「清」，據和刻本改。

〔二八〕「多」，各本均脱，據孟文補。

〔二九〕「蠶」，書業堂本、文會堂本、萬卷樓本均作「吞」，據和刻本改。

〔三〇〕「秋」，各本均作「暗」，據孟文改。

〔三一〕「俗」，書業堂本、文會堂本、萬卷樓本均作「數」，據和刻本改。

卷五

花草類考

喬木非百年不能蒼古，草花不兩月便可敷榮。是編所載，非取香濃，即取色麗，各有所長，可佐園林之不逮，大概色香俱無者，不録。

芍藥

芍藥，古名「將離」，因人將離别，則贈之也。一名「餘容」，又名「婪尾春」。惟廣陵者爲天下最。近日四方競尚，俱有美種佳花矣。春生紅芽作叢，莖上三枝五葉，似牡丹而狹長。初夏開花，有紅、紫、黄、白數色，但巧立名目約百種，今特細釋其十分之八，以附於後。其本有二種：草芍藥、木芍藥。木者花大而色深，俗呼爲牡丹，非也。《安期生服鍊法》云：「金芍藥色白多脈，木芍藥多紫瘦多脈。」園林中苟植得宜，則花之盛，更過於牡丹。大抵花初發時，人多愛惜，勤於澆灌之外，多扶以竹篠，使不傾側，遮以葦箔，令其耐久。及花萎之後，遂多棄而不論，孰知其來年之盛衰，全在乎此時。須亟剪去其子，屈盤其枝條，使不離散，則生氣不上行，而皆歸於根，明春苗發必肥，花色更麗。至若分栽，在八九月間，開土悉出其根，滌以甘泉，細摘其老梗朽敗之處，揉調猪糞和泥，易其故土而另植之。從此灌溉不失其時，來年之花，未有不大茂者也。其本無論好醜，必三年一分，不分恐舊根侵蝕其新芽，苗遂不肥。獨芍藥不宜春分移者，蓋因諺云：「春分分芍藥，到老不開花。」如欲攜根窠致遠，須取本土貯之竹器內，雖數千里，可負而至矣。大略單瓣者，其根可入藥，在賞鑒家多不取焉。

附芍藥釋名共計八十一種　點校者案：實計八十八種。

黄色計十八品

御袍黄、色初深後淡，葉疎而端肥碧。袁黄冠子、宛如髻子，間以金線，出自袁姓。黄都勝、葉肥緑，花正黄，千瓣，有樓子。道妝成、大瓣中有深黄，小瓣上又展出大瓣。金帶圍、上下葉紅，中則間以數十黃瓣。縷金囊、大瓣中，於細瓣下抽金線，細細雜條。峽石黃、如金線冠子，其色深似鮑黃。妬鵝黃、大小瓣間雜，中出以金線高條，葉柔。鮑家黃、與大旋心同，而葉差不旋。黃樓子、盛者葉五七層，間以金線，其香尤甚。御愛黃、色淡黃，花似牡丹而大。二色黃、一蒂生二花，兩相背而開，但難得。怨春妝、淡黃色，千葉，平頭。青苗黃、千葉，樓子，淡黃色，内係青心。黃金鼎、色深黃，而瓣最緊。醮金香、千葉，樓子，老黃色而多香味。楊家黃、似楊花冠子，而色深黃。尹家黃。同上，因人之姓得名。

深紅色計二十五品

冠群芳、大旋心冠子，深紅堆[一]葉，頂分四五旋，其英密簇，廣及半尺，高可六寸，艷色絶倫。盡天工、大葉中小葉密直，心柳青色。賽群芳、小旋心冠子，漸漸添紅，而花緊密。醉嬌紅、小旋心中抽出大葉，下有金線。簇紅絲、大葉中有七簇紅絲，細細而出者。黽池紅、花似軟條，開皆并蕚或三頭。擬繡韉、兩邊垂下，如所乘鞍子狀，喜大肥。積嬌紅、千葉，如紫樓子，色初淡而後紅。楊花冠子、心白，色黃紅，至葉端則又深紅。紅纈子、淺紅纈中又有深紅點。試濃妝、緋葉五七重，平頭，條赤緑，葉硬背紫。赤城標、千葉，大紅，花有高樓子。湖纈子、紅色，深淺相間雜而開，喜肥。蓮花紅、平頭，瓣尖似蓮花。會三英、一萼中有三花并出，最喜肥。紅都勝、多葉冠子，最喜肥。點妝紅、色紅而小，與白纈子同，綠葉微瘦長。綴蕊紅、蕊初深紅，及開後漸淡。髻子紅、花頭圓滿而高起，有如髻子。緋子紅、花絳色，平頭而大。駢枝紅、一蒂上有兩花并出。宮錦紅、紅、黄、白色相間者。柳浦紅、千葉，冠子，因産之地得名。硃砂紅、色正紅，花不甚大。海棠紅。重葉黄心，出蜀中。

粉紅色計十七品

醉西施、大瓣旋心，枝條軟細，須以杖扶。淡妝勻、似紅纈子而粉紅無點，纈花之中品。怨春紅、色最淡，而葉堆起，似金線冠子。妬嬌紅、起樓，但中心細葉不堆，上無大瓣。合歡芳、雙頭并蒂，二花相背而齊開。素妝殘、初開粉紅，以漸退白，心青，淡雅有致。取次妝、平頭而多葉，其色最淡。效殷紅、矮小而多葉，若土肥，則易變。倚欄嬌、條軟而色媚。紅寶相、似寶相薔薇。瑞蓮紅、頭微垂下，似蓮花。霓裳紅、多葉，大花。龜地紅、平頭，多葉。芳山紅、以地得名者。沔池紅、花類軟條，須扶。紅旋心、花緊密而心紅。觀音面。似寶相而嬌艷。

紫色計十四品

寶妝成、色微紫，有十二大葉，中密生曲葉回裹圓抱，高八寸，廣半尺，小葉上有金線，獨香。凝香英、有樓，心中細葉上不堆大瓣。宿妝殷、平頭，而枝瓣絶高大，類緋，多葉而整。聚香絲、大葉中一叢紫絲細細而高出。蘸金香、大葉中生小葉，而小葉尖醮一金線。墨紫樓、其色深紫，而有似乎墨。疊英香、大葉中細葉廿重，上又聳大葉起臺。包金紫、蕊金色，而花紫。紫都勝、多葉，有樓子。紫鱠盤、平頭，而花大。金繫腰、即紫袍金帶。紫雲裁、葉疎而花大。小紫毬、短葉，圓花如毬。多葉鞍子。瓣兩垂，似馬鞍。

白色計十四品

曉妝新、花如小旋心，頂上四向，葉端有殷紅小點，每朵上或三五點，像衣中黲，結白花，上品。銀含稜、花銀緣，葉端有一稜，純白色。菊香瓊、青心，玉板冠子，白英團掬堅密，平頭。試梅妝、白纈中無點纈者，即白冠子。蓮香白、多葉闊瓣，香有似乎蓮花，喜肥。玉冠子、千葉而高起。玉版纈、纈中皆有點。玉逍遥、花疎而葉大，宜肥。覆玉瑕、葉緊而有點。玉盤盂、單葉而長瓣。壽州青苗、色帶微青。粉緣子、微有紅暈在心。鎮淮南、大葉，冠子。軟條冠子。多葉，而枝柔。

以上共八十八種名色，皆昔人譜中所載，多有雷同，已皆删去。然或有耳目所不及辨者，以待後之博雅自别之，可也。

甌　蘭

甌蘭，一名「報春先」，多生南浙陰地山谷間。葉細而長，四時常青。秋發蕊，冬盡春初開花，有紫莖、玉莖、青莖者。一莖一花，其紫花黄心、白花紫心者，酷似建蘭，而香尤甚。盆種之，清芬可供一月，故江南以蘭爲香祖。若欲移植，必須帶土厚墩，方能常盛。種宜黄砂土，用羊、鹿屎和水浇，若遇暑月，須每早澆以冷茶。常〔三〕移盆四面曬，則四面有花。冬月當藏暖處，经霜雪恐凍傷其蕊。然較建蘭入窖，則不必矣。又一種，葉較蘭稍闊而柔，花開紫白者，名「蓀」，凡花開久香盡，即當連莖剪去，勿令結子，恐耗氣奪力，則來年花不繁也。

蕙蘭

蕙蘭，一名「九節蘭」，葉同甌蘭，稍長而勁。一莖發八九花，其形似甌蘭而瘦，即香味亦不及焉。但後甌蘭而開，猶可繼武甌蘭；先建蘭而放，聊堪接續建蘭。則一歲芳香，半牕清供，可以綿綿不絕矣。其澆壅之法，亦同甌蘭。

建蘭

建蘭，産自福建，而花之名目甚多。或以形色，或以地里，或以姓氏得名，俱詳後譜内。其花五六月放，一幹九花，香馥幽異。葉似甌蘭，而闊大勁直。凡蘭皆有一滴露珠在花蕊間，謂之「蘭膏」，雖美不可多取，恐損本花。若年久苗盛盈盆，至秋分後可分種。泥須黄土，預用楛蕨草火，將泥煨過方用。分時勿惜小費，必擊碎其盆，將竹刀先剔去其旁土，緩緩解析〔三〕交結之根，毋使有拔斷之失。然後逐篦蘘，取出積〔四〕年腐蘆頭，方用新盆。先將瓦片填底，後以煉過土覆上，即將三篦蘘之，互相枕籍，作三方向而種之。上覆瘦沙泥少許，澆清水一勺，以定其根。蘭根香甜，蟻最喜食，多做窠其上，以至根傷葉瘁。須置一淺盆坐水，使蟻不能渡。若葉上生黃白斑點，謂之「蘭蝨」，用魚腥水灑之，或研大蒜和水，或蚌水，以白筆蘸之，拂洗葉上數次，則蝨自無矣。如梅雨連朝，則水太多，一遇烈日熱蒸，則根必爛，須移陰處。《養蘭訣》云：「春不出，無霜雪冷風之患。夏不日，最忌炎蒸烈日。秋不乾，多澆肥水，或豆汁。冬不濕。宜藏暖室，或土坑内。」其法盡之矣。

附蘭花釋名 共計三十五品

紫花 計十七品

金稜邊、花豐腴而嬌媚，每幹十二萼，色同吴蘭，妙在葉自尖上生一黃線，直下如金絲，喜肥。陳夢良、每幹十二萼，花頭極大，爲紫花之冠，不喜肥，惟用清水或冷茶澆，此一種最難養。吴蘭、深紫色，有多至十五萼者，葉亦高勁，若善養時，則歧生，竟有二十萼，花頭差大，不喜肥。潘花、十五萼，幹紫而整，疎密得宜，葉差小，而花中近心處色如吴紫，更精彩，種須赤砂泥妙。何蘭、十四萼，紫色中紅，花頭倒壓，不甚緑。仙霞、花似潘種，因産自仙霞嶺，故名。大張青、莖青，花大，肥宜半月一澆。趙師傅、十五萼，初萌甚紅，大放若晚霞燦目。蒲統領、花之中品也，喜肥，宜半月一澆。都梁、紫莖，緑花，産自都梁縣西小山，以地名。淳監糧、宜粗赤沙土種。許景初、花不過九萼。何首座、平常不過八九萼。林仲孔、皆蘭之常品也。莊觀成、名因其人稱之。蕭仲初、皆花之下品，宜沙土。又朱蘭。花、莖俱紅，葉短婀娜，一幹九萼〔五〕，乃粤種也。

白花計十八品　點校者案：實計十七品。

濟老、一幹十二萼，標致不凡，葉似大施而更高三五寸。善養，多歧生，又名「一線紅」，最喜肥澆。碧玉幹、花雖白，微帶黄，有十五萼，合并幹而生，竟有二十五萼。其葉細，最肥厚而深緑。惠知客、十五萼，花英淡紫，片尾凝黄，葉雖緑茂而柔弱。種用粗砂和泥夾糞則盛。馬大同、色碧而緑，有十二萼，花頭微大，間有向上者，中多紅暈，而葉高聳，一名「五暈絲」。緑衣郎、一名「黿山」，色如碧玉，十五萼，每生并蒂，花幹亦碧。葉緑而瘦，薄如苦蕒菜之葉。魚魫、十二萼，花片澄澈，宛如魚魫，採沉水中，無影可指，葉頗勁緑，須山下流沙和糞種。玉整花、葉修長而瘦，色甚瑩白可愛，白花之最能生者。用糞壤泥及河沙種之，蓋以紅土，良。黄八兄、似鄭花，十二萼，善於抽〔六〕幹，葉綠而直，惜幹弱不能支持耳，須常以肥澆，杖扶之。周染、有十二萼，狀同黄花，但其幹短弱，用溝中黑沙泥和糞種之，則茂，亦中品也。名弟、花只有五六萼，葉最柔軟，如新長葉後，則舊葉隨换，人多不取重者。李通判、花類鄭蘭，有十五萼，宜輕肥。大施、花起劍脊最長，用糞和泥，曬草鞋屑圍種。玉小娘、花只六萼，葉亦瘦弱，乃下品也。觀堂主、七萼，花聚如一簇，葉短，可供時妝。又夕陽紅、八萼，花色凝紅，如夕陽返照。青蒲、六萼，亦非佳品。四季蘭。葉長勁蒼翠，幹青微紫，花白質紫紋，自夏至秋，相繼而發，冬亦偶開，但不如夏蘭盛。

箬蘭附風蘭

箬蘭，亦名「朱蘭」，實非蘭也。因其花形似蘭，葉短闊似箬，色如渥丹，故有是名。毫無香氣，徒冒芳名，乃粤種也，今杭、紹亦有之。後甌蘭而發，盆玩中亦不可無此點綴。分種即在花開春雨時，性喜陰濕。又一種風蘭，産自浙之温、台，懸根而生，本小，而葉最短勁，有類瓦松，不用砂土種植，惟取小竹籃，以婦人頭髪及銅鐵絲襯之，貯其大窠，懸於有露無日處，每日灑水，或冷茶澆，或取下水中浸濕再挂。夏初開小白花，將萎時其色轉黄，而香頗類乎蘭，亦一小景中之奇者也。但怕烟燼所觸。

澤蘭

澤蘭，生大澤旁，以其葉似蘭，故名澤蘭。二月生苗，長二三尺，根紫黑色，莖幹青紫色，作四稜。葉生相對，如薄荷而微香。七月開花，帶紫白色，萼亦色紫，可入藥用。

水仙

水仙，一名「金盞銀臺」，因其性喜水，故名水仙。冬季於葉中抽出一莖，頂上有數蕊，兩兩層次而開，白瓣中有黄心如盞，葉如萱草而短。其根似蒜頭，外有赤皮裹之。有單葉、千葉二種。單葉者名「水仙」，其清香經月不散。千葉者名「玉玲瓏」，其花皺，下輕黄，而上淡白，不作盃狀，因其難得，人多重之。但種不得法，徒葉無花。昔人種訣云：「五月不在土，掘起以童尿浸一宿，後灑乾。六月不在房，懸近竈房暖處。栽向東籬下，八九月間復種，用猪糞拌土壅。花開久且芳。」凡種，須沃壤，日以肥水澆，則花自盛。其葉止生三四片者無花，至五片者方有花。如五六月不掘起、浸吊，宿根在肥土内亦旺。但葉長花短，不甚可觀。若於十一月間，用木盆密排其根，少著沙石實其罅，時以微水潤之，日曬夜藏，使不見土，則花頭高出於葉。如不起土，冬月必須遮護，使不見霜雪，遇日即開曬之。凡起種，順用竹扦，若犯鐵器，則永不開花。一概花木最畏醎水，惟梅花與水仙，插瓶宜醎水養。拂林國有紅水仙，花開六出，亦異品也。又，枸樓國有水仙樹，其樹腹中有甜水，謂之「仙漿」，其人飲之者，一醉可以七日，皆異聞也。

長春花

長春花，一名「金盞草」，江浙頗多。蔓生籬落間，葉似柳而厚，抱莖對生。莖上開花，金黄色，狀如盞子。有色無香，但喜其四時不絶。結實如雞豆子，其中細子，每粒如尺蠖蟠曲形。子落地隨出，不煩分栽。但肥多，易長花麗。若結實即摘去，則花不間斷。性不喜濕。近亦有白花種，若冬能保護，霜雪不侵，其葉不壞，則老幹來春仍開不絶。

荷包牡丹

荷包牡丹，一名「魚兒牡丹」。以其葉類牡丹，花似荷包，亦以二月開，因是得名。一幹十餘朵，纍纍相比，枝不能勝，壓而下垂，若俛首然。以次而開，色最嬌艷。根可分栽，若肥多則花更茂而鮮。黄梅雨時，亦可扦活。

紅豆蔻

紅豆蔻，嶺南多有之。其苗似蘆，葉類山薑。二三月發花作穗，房生於莖下，嫩葉卷之而生。初如芙蓉花微紅，穗頭色略深，其葉漸廣，則其花漸出漸淡。亦有黄、白色者，子若紅豆而圓。

笑靨花

笑靨，一名「御馬鞭」。叢生，一條千紅，其細如豆，茂者數十條，望若堆雪，不結實。將原根劈作數墩，二月中旬分種，易活。宜糞。

罌粟花

罌粟，一名「御米」，一名「賽牡丹」，一名「錦被花」。種具數色，有深紅、粉紅、白紫者，有白質而絳唇者，丹衣而素純者，殷如染茜者，紫如茄色者。多植數百本，則五彩〔七〕雜陳，錦繡奪目。葉似筒蒿，其邊屈曲多尖。二三月抽臺，結一青苞，花發則苞脱，罌在花中，鬚蕊裹之。結實如小蓮房，一囊千粒。下種須中秋午時，或重陽日。赤體持種，兩手交換撒子，則花生重臺。再以竹箒掃勻，花開多千葉。未種前，須糞地極肥鬆，後以釜底烟煤拌撒，用細泥蓋之，可免蟻食。待苗出後，始澆清糞，芟其繁密者食之，長則以竹篠扶之，若土瘠種遲，多變爲單葉矣。如春間移栽，必不能茂。

單葉者子必滿，千葉者罌多空。故蒔花者貴千葉，作蔬入藥者不論。收鴉片者，於青苞時，午後以針刺十數眼，次早，其苞上精液自眼中出，用竹刀收貯瓷器内，將紙封固，曝二七日，即成鴉片矣。入藥用以濇精。昔蘇子由廣植作蔬。詩云：「畦夫告予，罌粟可儲。罌小如罌，粟細如粟。苗堪春菜，實比秋穀。研作牛乳，烹爲佛粥。老人氣衰，食以當肉。」則其功用如此。

虞美人

虞美人，原名「麗春」，一名「百般嬌」，一名「蝴蝶滿園春」，皆美其名而贊之也。江浙最多。叢生，花葉類罌粟而小，一本有數十花。莖細而有毛，一葉在莖端，兩葉在莖之半，相對而生，發蕊頭垂下，花開始直，單瓣叢心，五色俱備，姿態葱秀。嘗因風飛舞，儼如蝶翅扇動，亦花中之妙品，人多有題詠。種法：在八月望前，下子於肥土内，上用灰蓋，冬月糞澆。若肥壅得法，則來年開出千葉，異色者更佳，少留子，則花發多。花時忌糞，花後再糞又開，但千葉不易多得。

蔓菁

蔓菁，一名「葑」，一名「九英松」，又名「諸葛菜」。莖粗葉大而厚闊，夏初起臺，開紫花，四出而繁。結莢如芥子，勻圓亦似芥子，紫赤。根長而白，形似蘿蔔。在北地則有之。四時皆可食，春食苗，夏食心，秋食莖，冬食根。秋間撒子於高壟沙土中，或故墟壞墻上，再覆以一指厚土，五六日一澆。性獨喜霜，交春即發，苗連地上生。春初種亦可，但欲移植，俟苗長五六寸，擇其大者而移之。子用鰻魚汁浸之，復曝乾種，可無蟲患。昔〔八〕諸葛孔明行軍所止處，令士卒隨地栽之，人馬皆得食焉。

青鸞花

青鸞，一名「紫鸞」。春分種，至秋開青紫色花，似牽牛。冬須藏向日之所，若土燥，則以冷茶稍潤其根，來春自茂。

指甲花

指甲花，杭州諸山中多有之。花如木樨，蜜色，而香甚。中多鬚葯，可染指甲，而紅過於鳳仙。用山土移栽盆内，亦活。亦有紅、紫、黄、白數色者，而花之千態萬狀，四時不絶。

蝴蝶花

蝴蝶花，類射干，一名「烏翣」。音設。葉如蒲而短闊，其花六出，儼若蝶狀。黄瓣上有赤色細點，白瓣上有黄赤細點，中抽一心，心外黄鬚三莖繞之。春末開花，多不結實。至秋分種，高處易活，壅以雞糞則肥。

紫羅蘭

紫羅蘭，俗名「墻頭草」，一名「高良薑」。葉似蝴蝶草而更闊嫩。四月中發花青蓮色，其瓣亦類蝴蝶花。大而起臺，紫翠奪目可愛。秋分後分栽，性喜高阜，墻頭種則易茂。

山　丹

山丹，一名「渥丹」，一名「重邁」。根葉似夜合而細小。花色朱紅，諸卉莫及。茂者一幹三四花，不但不香，而且更夕即謝，相繼只數日，性與百合同。又有黄、白二色，世稱奇種。須在春時分種，亦結小子。極喜澆肥，雞糞更妙。又有一種番山丹，根葉類百合，紅花黑斑，根味苦，易生，乃賤品也。

書帶草

書帶草，一名「秀墩草」。叢生一團，葉如韮而更細長，性柔韌〔九〕，色翠緑鮮潤。出山東淄川鄭康成讀書處，近今江浙皆有。植之庭砌，蓬蓬四垂，頗堪清玩。若以細泥常加其中，則層次生高，真如秀墩可愛。

剪春羅

剪春羅，一名「剪紅羅」，一名「碎剪羅」。二月生苗，高一二尺，葉如冬青而小，攢枝而上。入夏每一莖開一花，六出緋紅色，周迴茸茸，類剪刀痕。但有色無香，不若剪秋紗之鮮麗更可愛也。結實如豆大，内有細子可種，宿根亦可分栽。

洛陽花

洛陽花，一名「蘧麥」。葉似石竹，叢生有節，高一二尺。花出枝杪，本柔而繁，五色俱備，又有紅紫斑斕者。植令苗頭無長短，諸色間之，開成片錦，饒有雅趣。將開如卷旗，以漸舒展。嘗以正午，開至晚則卷，明日復舒。頻摘去子，則花開不絕。有小黑子可種，根亦可分。大約土肥根潤，則變色肯開。但枝蔓柔脆，須以細竹竿扶之。

石竹花

石竹，一名「石菊」，又名「繡竹」。枝葉如茗，纖細而青翠。夏開紅花，赤、深紫數色。千葉如剪茸，結子細黑。向陽喜肥，每年起根分種方茂。但枝條柔弱，易至散漫，須以小竹枝扶之。花開亦耐久，而惜不香。若能使霜雪不侵其幹，若漸老亦可作盆景。枝扦插皆活。

白鮮花

白鮮，一名「白羶」，一名「金雀兒椒」，生上谷及江南。苗高尺餘，莖青，葉稍白，似茱萸。夏月開花，淡紫色，類小蜀葵。根如蔓菁，皮黄白而心實，嫩苗可爲菜茹。

王母珠

王母珠，一名「酸漿」，一名「苦葴」，俗名「燈籠草」，所在有之。苗似水茄而小，根長二三尺，五月開小白花於葉椏。結子，外有青殼薄衣爲罩，熟則深紅，儼若燈籠。深秋殼内子紅老若珊瑚珠，去衣著子更佳。分根栽亦可。

醒頭香

醒頭香，亦名「辟汗草」，出自江浙。開細小黄花，有似魚子蘭，而香劣不及。夏月汗氣，婦女取置髮中，則次日香燥可梳，且能助枕上幽香。

蜀葵

蜀葵，陽草也，一名「戎葵」，一名「衛足葵」。言其傾葉向日，不令照其根也。來自西蜀，今皆有之。葉似桐，大而尖。花似木槿而大，從根至頂，次第開出。單瓣者多，若千葉、五心、重臺、剪絨、鋸口者，雖有而難得。若栽於向陽肥地，不時澆灌，則花生奇態，而色有大紅、粉紅、深紫、淺紫、純白、墨色之異。好事者多雜種於園林，開如繡錦奪目。八月下種，十月移栽，宿根亦發。嫩苗可食。當年下子者無花。其梗漚水中一二日，取皮作線，可以爲布。枯梗燒作灰，藏火耐久不滅。

錦　葵

錦葵，一名「錢葵」，一名「荍」。叢生，葉如葵，而莖長六七尺。花綴於枝，單瓣，小如錢，色粉紅，上有紫縷紋，開最繁而久。緑肥紅瘦之際，不可無此麗質點染也。下子分栽，俱與葵同。

向日葵附菟〔一〇〕葵

向日葵，一名「西番葵」。高一二丈，葉大於蜀葵，尖狹多刻缺。六月開花，每幹頂上只一花，黄瓣大心，其形如盤，隨太陽回轉。如日東昇，則花朝東，日中天，則花直朝上，日西沉，則花朝西。結子最繁，狀如蓖〔一一〕麻子而扁。只堪備員，無大意味，但取其隨日之異耳。又一種名「菟葵」，一名「天葵」，多生於下澤。苗如石龍芮，而葉緑如黄葵，花似拒霜白而雅。其形至小，如初開單葉蜀葵，有檀心，色如牡丹之姚黄可愛。人多採莖葉灼之，可食。

萱花

萱花，通作「蘐」，一名「宜男」，一名「忘憂」。種宜下濕地，長苞叢生。莖無附枝，繁萼攢連，葉弱四垂，花初發如黄鵠嘴，開則六出，色黄微帶紅暈，朝放暮蔫。有三種。一千葉，夏開，其枝柔，不結子。一單葉，後開，其枝勁，結子，子圓而黑，俗名「石蘭」。又一種，色如蜜者，花差小，而香清葉細，可作高齋清供，但不易開，須用肥土加意培植之。此草地廣者不可不多種。春苗可食，夏花亦可茹，惟千葉紅花者不可用，食之殺人。婦人懷娠，若佩此花，多生男兒。雨中分勾萌種之，初稀排，一年後自然稠密。或用根向上、葉向下種之，則出苗最盛。亦有秋開者，但不可多得。今東人採其花跗，乾而貨之，名爲「黄花菜」。

鹿葱

鹿葱，色頗類萱，但無香耳，因鹿喜食，故名。但萱葉尖長，鹿葱葉團而翠緑，萱葉與花同茂，鹿葱葉枯死而後花。萱一莖實心，而花五六朵從節開；鹿葱一莖虚心，而五六朵并開於頂。萱六瓣，而鹿葱七八瓣。多以肥澆，則其花逐苗皆盛。

玉簪花

玉簪花，一名「白萼」。二月生苗成叢，葉大如小團扇，七月初抽莖。莖有細葉十餘，每葉出花一朵。花未開時，其形如玉搔頭簪，潔白如玉。開時微綻，四出，中吐黄蕊；七鬚環列，一鬚獨長，香甜襲人，朝開暮卷。間或結黑子，根連如射干。春初須去其老根，移種肥地，則花多而茂。分時忌鐵器，性好水，盆石中尤宜。其花瓣入少糖霜煎食，香美可口。又法，取將開玉簪，裝鉛粉在内，以線縛其口令其乾，婦人用以傅面，經宿尚香。根不可入口，最能爛牙齒。

紫玉簪

紫玉簪，葉上黄緑間道而生，比白者差小。花亦小而無香，先白玉簪一月而開。性亦喜水宜肥。盆栽皆可，但不及玉簪之香甜可愛。根亦最毒。

桔梗

桔梗，生嵩山冤句。春生苗葉，高尺餘。邊有齒似棣棠，相對而生。夏開花，青紫色，有似牽牛。秋後結實，根可入藥用。

菖蒲

菖蒲，一名「菖歜」，一名「堯韭」。生於池澤者，泥菖也；生於溪澗者，水菖也；生水石之間者，石菖也。葉青長如蒲蘭，有高至二三尺者。葉中有脊，其狀如劍，又名「水劍」。其根盤曲多節，亦有一寸十二節至二十四節者。仙家所珍，惟石菖蒲入藥。品之佳者有六：金錢、牛頂、虎鬚、劍脊、香苗、臺蒲。凡盆種作清供者，多用金錢、虎鬚、香苗三種。性喜陰濕，總之用沙石植者葉細，泥土植者葉粗。其法：在夏初以竹剪修净，取細沙或瓦屑密種，深水蓄之，勿令見日。秋初再剪，不染塵垢，及犯油膩，并貓喫水，則葉青翠，細軟如絲。尤畏熱手撫摩，宜作一線捲小杖，時挹其葉。霜降後須藏於密室，或以缸蓋之，至春後始出，不見風雪。歲久不分，便細密可愛。若石上種者，尤宜洗净，當澆雨水，勿見風烟。夜移就露，日出即收。如患葉黄，壅以鼠糞，或蝙蝠屎，用水灑之。若欲苗直，以棉裹箸頭，每朝捋之。又一種，生下濕，而葉無脊，根粗大如指者，名「昌陽」。肥則開花結子，候子老收之。至梅雨時用米飯同子嚼碎，噴於火炭上，則子自然生。苗必細極不煩剪。昔人種訣云：「春遲出，春分方出。夏不惜，四月十四菖蒲生日，用竹剪去净，自生，不愛惜。秋水深，深水養之。冬藏密。須藏密室。」又忌訣云：「添水不換水，添者慮其乾，不換存元氣。見天不見日，見天沾雨露，見日恐焦枯。宜剪不宜分，頻剪則細，或逐葉摘剥更妙，分多則葉粗。浸根不浸葉。浸根則潤，浸葉則爛。」其法盡之矣。此皆爲盆玩而言，若入藥用，不必如此調護也。燈前置一盆，可收燈烟，使不薰眼。蒲花人食之，可以長年，然不易得。昔蘇子由盆中菖蒲，忽開九花，人以爲瑞。蒲之根白節疎者，可作葅，俗於端陽午時，和雄黄擣碎，下酒飲，謂之「蒲節酒」。

艾

艾，一名「冰臺」，一名「醫草」。隨在有之，以蘄州者爲佳。二月宿根生苗成叢，其莖直生，白色，高四五尺。其葉四布，狀如蒿，分五尖，椏上復有小尖。面青背白，有茸而柔厚。七八月葉〔一二〕間出穗，如車前穗，細花，結實盈枝，中有細子，霜後始枯。人多於五月五日連莖刈取，曝乾收葉。陳久灸疾，或揉作印色胎。

夜合花

夜合，一名「摩羅春」，一名「百合」。苗高二三尺，葉細而長，四面攢枝而上，至杪始著花。四五月開，蜜色紫心，花之香味最濃。日舒夜斂，花大頭重，常傾側連莖，如玉手爐狀。又名「天香」。根如山丹而肥大倍之。百瓣緊裹而合，儼似白菡萏，味甘可餐。一種名麝香花，類天香，短而葉繁，開於四月，天香開於六月之不同。又一種如萱花，紅質黑點似虎斑，而瓣俱反捲，一葉椏生一子，俗名「回頭見子」，茂者一幹兩三花，無香，賤品。其根與百合同，但味苦不堪食。百合一年一起，其大者剥取外瓣煮食，留内小心，仍用肥土排種，則春發如故。壅以雞糞則盛，亦須頻澆肥水。

鳳仙花

鳳仙花，一名「小桃紅」，一名「海納」，一名「早珍珠」，又名「菊婢」。葉似桃而有鋸齒，莖大如指，中空而脆。花形宛如飛鳳，頭、翅、尾、足俱全，故名「金鳳」。有重葉、單葉、大紅、粉紅、深紫、淺紫、白碧之異。又有白質紅點，色如凝血，俗名「灑金」。諸色相間而植，開時亦稍可觀。有一枝開五色者，但不可多得。每花開一落，即去其蒂，則開之不已，與月季同法。其子老，微動即裂，俗名「急性子」。庖人煮肉物，著一二三粒即爛。苗可爲毛[一三]，根可入藥，白花可浸酒，飲可調經。紅花同根著明礬少許搗爛，能糟骨角變絳色，染指甲鮮紅。取紅花搗爛煮犀盃，色如蠟，可克舊犀，但初煮出，忌見風，見風即裂。二月下種，五月開花，子落地復生，又能作花。即冬月嚴寒，種之火炕亦生，乃賤品也。

紅藍

紅藍，一名「黄藍」，以其葉似藍也。生於西域，張騫帶歸，今處處有之。春種時必候雨，或漫撒，或行壠。用灰與雞糞蓋之，後澆清糞水，四月花開，蕊出球上，花下作球彙多刺，侵晨須多人採摘。採已復摘，微搗去黄汁，用青蒿蓋一宿，捻成薄餅，曬乾收用。五月收子便種，晚花，至八月及臘月，又可種。但花園中或種一二，不過取其備員而已。

雨久花

雨久花，苗生水中，葉似芘菰。夏月開花，似牽牛而色深藍，亦水藻中之不可少者。

荷　花

荷花，總名「芙蕖」，一名「水芝」。其蕊曰「菡萏」，結實曰「蓮房」，子曰「蓮子」，葉曰「蕸」，其根曰「藕」。應月而生，遇閏則十三節，每節間一葉一花，花開至午復斂。有花即有實，花謝則房見，房成則實見。蓮子曰「菂」，菂中名「薏」。葉圓如蓋而色青，其花名甚多，另譜於後。尋常紅白者，凡有水澤處皆植之。每有奇種，人家多用缸植。其法：驚蟄後，先取地泥築實缸底，再將河泥平鋪其上，候日曬開拆，如雨，則蓋之。直至春分，將藕秧踈種，枝頭向南，以猪毛少許，安在節間，再用肥泥壅好勿露；仍如前，候曬開拆，方貯河水平缸，則花自盛。一云：取酒甕頭泥種，即開花，最畏桐油；夏不失水，冬不結凍，則來春秧肥花盛。種蓮子法：將老蓮實裝入卵殼中，令雞母同子抱，候子雞出，取天門冬搗末，和泥，安置盆内，將蓮實摩穿其頭，種之，花開如錢大，亦一弄巧之道也。或云：春分前種一日，花在葉上；春分後種一日，葉在花上〔一四〕；春分日種，則花葉兩平。昔昭帝時，穿琳池植分枝荷花，食之令人口氣常香。六月二十四，荷花生日。

附蓮花釋名

花名計二十二品

分香蓮、産釣仙池，一歲再結，爲蓮之最。四面蓮、色紅，一蒂千瓣如毬，四面皆吐黄心。低光蓮、生穿林池，一枝四葉，狀如蓋。并頭蓮、紅白俱有，一幹兩花，能傷別花，宜獨。重臺蓮、花放後，房中眼内復吐花，無子。四季蓮、儋州産，四季開花不絶，冬月尤盛。朝日蓮、紅花，亦如葵花之向太陽也。睡蓮、花布葉間，晝開夜縮入水中，次日復起，生南海。衣鉢蓮、花盤千葉，蕊分三色，産滇池。金蓮、花不甚大，而色深黄，産九疑山澗中。錦邊蓮、白花，每瓣邊上有一線紅暈，或黄暈。夜舒蓮、漢時有一莖四蓮，其葉夜舒晝卷。十丈蓮、清源所生，百餘尺，聳出峰頭。藕合蓮、千葉大花，紅色中微帶青暈。碧蓮花、千葉叢生，香濃而藕勝。黄蓮花、色淡黄而香甚，其種出永州半山。品字蓮、一蒂三花，開如品字，不能結實。百子蓮、出蘇州府學前，其花極大，房生百子。佛座蓮、花有千瓣，皆短而不甚高過房。千葉蓮、生華山頂池内，人服之羽化。碧臺蓮、白瓣上有翠點，房内復抽緑葉。紫荷花。花似辛夷而色紫，亦異種也。

地湧金蓮

地湧金蓮，葉如芋艿，生平地上。花開如蓮瓣，内有一小黄心。幽香可愛，色狀甚奇，但最難開。

鳧葵

鳧葵，一名「荇菜」，一名「金蓮花」，處處池澤有之。葉紫赤色，形似蕁而微尖長，徑寸餘，浮於水面。莖白色，根大如釵股，長短隨水淺深。夏月開黄花，亦有白色者。實如棠梨，中有細子，入藥用。

茈菰

茈菰，一名「剪刀草」。葉有兩歧如燕尾，又似剪。一窠花挺一枝，上開數十小白花，瓣四出而不香。生陂池中，苗之高大，比於荷蒲。一莖有十二實，歲閏則增一實，似芋而小。至冬煮食，清香，但味微帶苦，不及凫茨。性喜肥，或糞或荳餅，皆可，下肥則實大。

芡

芡，一名「雞頭」，一名「雁喙」，一名「蔿子」。葉似荷而大，上有蹙衄如沸，面青背紫，莖葉皆有芒刺，平鋪水上。五六月開紫花，花下結房，有刺如蝟，上有嘴如雞雁頭狀，實藏其中，去殼，肉圓白如珠。秋間收老子，以蒲包包浸水中，二三月撒淺水中，待葉浮而上，方可移栽深水〔一五〕。芡花小而向日開，同葵之性。種法：用麻豆餅屑，拌勻河泥植下，則易盛。其實惟蘇、杭出者，殼軟薄而肉糯且大，味極腴美。他處者止堪收作芡實，擣粉食、入藥用。

菱花

菱，一名「薢茩」，與芰本一類，但其實之角有不同。四角、三角曰「芰」，兩角曰「菱」，又兩角而小曰「沙角」。其葉似荇，扁而有尖，光面如鏡。一莖一葉，兩兩相差，如蝶翅狀，叢生成團。花有黄、白二色，背日而開，晝舒夜炕，隨月轉移，猶葵花之隨日也。實有紅、緑二種。又有早出而鮮嫩者，名「水紅菱」；遲熟而甘肥者，名「餛飩菱」。種法：重陽後收最老者烏菱，至二月盡發芽，撒入水中，著泥即生，若有萍荇相雜，須速撈去，則菱出始茂。一種最小而四角有刺者，曰「刺菱」。野生，非人所植。花紫色，人曝其實，以爲菱米，可以點茶。池塘内若欲澆糞，用粗大毛竹，打通其節，貯肥於内，注之水底。若以手種者，能令其實深入泥中，再灌以肥，未有不盛者也。昔漢昆明池有浮根菱，葉没水下，菱出上。又玄都有雞翔菱，碧色，狀如雞飛，仙人鳧伯子嘗食之。

金燈花

金燈，一名「山慈菰」。冬月生，葉似車前草，三月中枯，根即慈菰。深秋獨莖直上，末分數枝，一簇五朵，正紅色，光焰如金燈。又有黄金燈，粉紅、紫碧、五色者。銀燈色白，禿莖透出，即花，俗呼爲「忽地笑」。花後發葉，似水仙，皆蒲生，順分種。性喜陰肥，即栽於屋脚墻根無風露處，亦活。

山　薊

山薊，一名「白朮」，生鄭山、漢中、南歙、浙杭山谷。春抽苗，青色無椏，莖作蒿幹狀，青赤色，長二三尺。夏開紫碧花，或黄白色，似刺薊。根即白朮，春秋可採，曝乾入藥。

階前草

階前草，一名「忍冬」，即麥門冬。所在有之，産吴地者勝。葉似韭而短，又如莎草，四時長青。其根黄白色，似麥而有鬚。花如紅蓼，實碧圓如珠。四月初，取根栽肥地自茂。每於六七月及十一月，宜用糞澆芸鋤，俟夏至後，便可取根入藥。若以數莖植於階砌，亦青翠可觀。

烟　花

烟花，一名「淡把姑」。初出海外，後傳種漳、泉，今隨地有之。本似春不老，而葉大於菜，開紫白細花。葉老曝乾，細切如線，後美其名曰「金絲烟」，一名「返魂烟」，一名「擔不歸」。人喜其烟而喫〔一六〕之，雖至醉仆不怨，可以祛濕散寒，辟除瘴氣。但久服肺焦，非患膈，即吐紅，或吐黄水而殞。抑且有病，投藥不效，總宜少喫。

夜落金錢

夜落金錢，一名「子午花」。午間開花，子時自落。有二色，吴人呼紅者爲金錢，白者爲銀錢。葉類黄葵，花生葉間，高僅尺許。三月下子，苗長三寸，即當扶以小竹。七月開花結黑子。種自外國進來，今在處有之。昔魚弘以此賭賽，謂得花勝得錢，可爲好之極矣，白詩云：「能買三秋景，難供九府輸。」切當此花。

杜若

杜若，一名「杜蓮」，一名「山薑」。生武陵川澤，今處處有之。葉似薑而有文理，根似高良薑而細，味極辛香。又似旋葍花根者，真杜若也。花黄子赤，大如棘子，中似豆蔻。今人以「杜蘅」亂之，非，以「藍菊」名之，更非。

決明

決明，一名「馬蹄決明」，俗名「望江南」，隨處有之。二月取子畦種，夏初生苗。葉似苜蓿，大而粗疎。根帶紫色。七月開淡黄花，間有紅白花。晝開夜合者，結角如細豇荳。子青緑而微鋭，一莢數十粒，參差相連，狀如馬蹄，可做酒藥，并眼目藥。或云：取子一匙，挼令净，空心吞之，百日後夜可見光。一種茳芒決明，苗莖似馬蹄。但葉本小末尖，似槐葉，夜不合。開深黄花，子如黄葵而扁，味甘滑。其嫩苗及花角子，皆可瀹茹，但忌入茶。若園圃中，四旁多種決明，則蛇不敢入。

一瓣蓮

一瓣蓮，一名「旱金蓮」，又名「觀音芋」。葉大如芋。秋間開白花，只一大瓣，狀如蓮花。其大瓣中花小，遠視之，頗類佛像，故有「觀音」之稱。

滴滴金

滴滴金，一名「旋覆花」，一名「金沸草」。莖青而香，葉尖長而無椏，高僅二三尺。花色金黄，千瓣最細。凡二三層明黄色，心乃深黄，中有一點微緑者。花小如錢，亦有大如折二錢者。是所産之地，肥瘠不同也。自六月開至八月。因花稍頭露，滴入土即生新根，故有滴滴金之名，乃賤品也。

胡麻

胡麻，一名「巨勝」。昔張騫自大宛得來，故有胡之稱。又云：結實作角八稜者名「巨勝」，六稜、四稜者爲「胡麻」。一云：胡麻即芝麻，有遲早二種，黑、白、赤三色。秋開白花，亦有帶紫艷者。節節結角，長有寸許，房大者子多。若使夫婦同種，即生而茂盛。《本事詩》云：「胡麻好種無人種，正是歸時君不歸。」又，種時忌西南風，不忌則悉變爲草矣。

藍

藍乃染青之草，南方俱有。三月生苗，高二三尺許。葉似水蓼，花紅白色。實亦如蓼子而黑大。其種有三。大藍葉如萵苣，出嶺南，可入藥。菘藍葉如槐，可以爲澱。蓼藍但可染碧，而不堪作澱。下種後，每早灑水，至苗長二寸許，肥地打溝，成行分栽。每日必澆水五六次，夏至前後，看葉上有破紋，方可收割，凡五十斤，用石灰一石，缸内浸至次日，已變黄色，去梗用木爬打轉，粉青色變至紫花色，然後去水成靛矣。

秋海棠

秋海棠，一名「八月春」，爲秋色中第一。本矮而葉大，背多紅絲，如胭脂，作界紋。花四出，以漸而開，至末朵結鈴，子生枝椏。花之嬌冶柔媚，真同美人倦妝。性喜陰濕，多見日色即瘁。九月收子，撒於盆内或墻下，明春自發。但老根過冬，則花更盛，不必澆肥。其異種有黄、白二色。俗傳昔有女子，懷人不至，涕淚灑地，遂生此花，故色嬌如女面，名爲「斷腸花」。若花謝結子後即剪去，來年花發葉稀而盛。冬亦畏冷，地上須堆以草蓋之。獨昌州、定州海棠有香，誠異品也。

素馨花

素馨花，一名「那悉茗花」，俗名「玉芙蓉」。本高二三尺，葉大於桑而微臭，蟻喜聚其上。花似郁李，而香艷過之，秋花之最美者。性畏寒，喜肥并殘茶，不結實。自霜降後即當護其根，來年便可分栽。黄霉時扦亦可。廣州城西，彌望皆種素馨。僞劉時美人葬此，至今花香，甚於他處。

金線草

金線草，俗名「重陽柳」。長不盈尺，莖紅葉圓，重陽時特發枝條。又有細紅花，纍纍附於枝上，别自一種風致。一云即「蟹殼草」。葉圓如蟹殼，節間有紅線條，長尺許，生岩石上，或井池邊，性寒涼，能治湯火瘡。

秋牡丹

秋牡丹，一名「秋芍藥」，以其葉似二花，故美其名也。其花單葉似菊，紫色黄心，先菊而開。嗅之，其氣不佳，故不爲人所重。春分後可移，栽肥土即活。

剪秋紗

剪秋紗，一名「漢宫秋」。葉似春羅而微深有尖，八九月開花，有大紅、淺紅、白三色。花似春羅而瓣分數歧，尖峭可愛。其色更艷，秋盡尤開。喜陰，不用太肥。春分後分栽，用肥土種，清水澆，不可曝於烈日中。若下子種，在二月中，篩細泥鋪平，摻子於上。將稻草灰密蓋一層，河水細灑，以濕透爲度。嫩秧防驟雨濺泥，極能損壞苗葉。又一種剪金羅，金黄色，花甚美艷。

小茴香

小茴香，一名「蒔蘿」，又曰「慈謀勒」。葉細而雅，夏月開花，白而小，八九月收子，陰乾，可作香料。十月斫〔一七〕去枯梢，隨以糞土壅根，則來春自發，便可分種。若以子種，三月初帶商麻子幾粒，和以糞土，於向陽地種之，用以遮夏日，則茴香易茂。

薺苨花

薺苨花，一名「利如」，即桔梗也。花有紫、白二色，春間下子，或分種皆可。壅以雞糞，則茂。

青葙

青葙，生田野間。本高三四尺，苗、葉、花、實，與雞冠花無異，但雞冠形狀有團扁、尖長之異，此則稍間出花。穗長四五寸，形如兔尾。水紅色，亦有黄、白色者。

秋葵花

秋葵，一名「黄蜀葵」，俗呼「側金盞」。花似葵而非葵，葉歧出有五尖，缺如龍爪。秋月開花，色淡黄如蜜，心深紫，六瓣側開，淡雅堪觀。朝開暮落，結角如大（一八）拇指而尖長。内有六稜，子極繁。冬收春種，以手高撒，則梗亦長大。

雞冠花

雞冠花，一名「波羅奢」，隨在皆有。三月生苗，高者五六尺，其矮種只三寸長。而花可大如盤。有紅、紫、黄、白、豆緑五色，又有鴛鴦二色者，又有紫、白、粉紅三色者，皆宛如雞冠之狀。扇面者惟梢間一花最大，層層卷出可愛，若掃箒雞冠，宜高而多頭。又若纓絡，花尖小而雜亂如箒。又有壽星雞冠，以矮爲貴者。雞冠似花非花，開最耐久，經霜始蔫。俱收子種，撒下即用糞澆，可免蟲食。

十樣錦

十樣錦，一名「錦西風」。葉似莧而大，枝頭亂葉叢生，有紅、紫、黄、緑相兼。因其雜色出，故名「十樣錦」。春分撒子於肥土中，蓋以毛灰，庶無蟻食之患。苗生後，以雞糞壅之，長竹桿扶之，可過於墻，夏末即有紅葉矣。大凡秋色，其根入土最淺。俟苗長一二尺，即宜土壅。雨過再壅，則無風傾之虞矣。

老少年

老少年，一名「雁來紅」。初出似莧，其莖、葉、穗、子，與雞冠無異。至深秋，本高六七尺，則脚葉深紫色，而頂葉大紅，鮮麗可愛，愈久愈妍如花，秋色之最佳者。又有一種少年老，則頂黄紅，而脚葉緑之别。收子時，須記明色樣，則下子時，間雜而種，秋來五色眩目可觀。

雁來黄

雁來黄，即老少年之類。每於雁來之時，根下葉仍緑，而頂上葉純黄。其黄更光彩可愛，非若老葉黄落者比。收子、下種法，一如老少年。以上數種秋色，全在乎葉，亦須加意培植扶持。若使蜉蚰傷敗其葉，便減風味矣。

曼陀羅

曼陀羅，産於北地。春生夏長，緑莖碧葉，高二三尺。八月開白花，六瓣，狀似牽牛而大，朝開夜合。結實圓而有丁拐，中有小子。又，葉形似茄，一名「風茄兒」，子紫色，亦類乎茄。《法華經》言：「佛説法時，天雨曼陀羅花。」蓋梵〔一九〕語也。

菊　花

菊，本作蘜。一名「節華」，又名「女華」「傅延年」「陰成」「更生」「朱赢」「女莖」

「金蕊」，皆菊之總名也。春夏秋冬俱有菊，究竟開於秋冬者爲正，以黄爲貴。自淵明而後，人多踵其事而愛之。如劉蒙泉《菊譜》，遂有一百六十三品。范至能、史正志、馬伯州、王藎臣皆有譜，其名目至三百餘種。要知地土不同，命名隨意。儘有一種而得五名者，如藤菊、一丈黄、枝亭菊、棚菊、朝天菊是也。一種而得四名者，九華菊、一笑菊、枇杷菊、栗葉菊是也。有一種而得三名者，水仙菊、金盞銀臺、金盃玉盤是也。一種而得雙名者，如金鈴菊，亦名塔子菊。若此類者甚多，難以盡録。今存其舊譜之名，一百五十三品於後，已足該菊之形色矣。其中或有重複，賞鑒家請再裁之。至於栽培之難，惟菊爲甚，今特詳考其法，以公同志，良具苦心。凡菊苗，俱在清明後、穀雨前，將宿本分種，以肥土壅之，則日後枝梗壯茂。初栽不可見日，先乾三日，後隔二日一澆，再後六七日澆。其性喜陰燥而多風露之所，若水多則有蟲傷濕爛之患。小滿時，每日須看捉剪頭蟲。紅頭黑身，在辰、巳二時，耑剪菊頭。若被菊虎咬過，其頭見日即垂。視其咬傷處去寸許，即掐去無害。遲則生蟲，爲後之患，又有細蟻侵蛀菊本，須用魚腥水灑其葉，或澆土則除。若蚯蚓、地蠶傷根，權以石灰水灌之自死，速將河水連澆，以解灰毒。若黑蚰瘠其枝，以麻裹筋頭，捋之則出。若象幹蟲似蚕，青蟲，與葉一色。食葉，須早起，以針尋其穴刺殺之。蚱蜢亦喜食葉，皆當捉去。苗長至尺許，每本用堅直小籬竹近插之。以軟草寬寬縛定，使其幹正直，且無風折之患。葉不可沾泥，有泥即瘁。如雨濺泥汙，即將清水洗净，用碎瓦片蓋其根上，則葉自根至上長青。葉勁而脆，不可亂動。四月中摘去母頭，令其分長子頭。每本留三四頭，肥大者留五六，以防損折。接菊亦在此月，夏至時用濃糞澆之。夏至後止用雞鵝毛湯，并繅絲水，或鮮肉汁，或菜餅屑水澆之。三伏天止用河水，若澆糞必籠頭。初發蕊時，每枝止留一二，恐蕊多力分，則花不大。結蕊後，須五日一澆肥糞，已開又不可澆肥。開時或有力不足者，磨硫黄水澆根，經夜即發，至於美種難得，可用扦接法。自五月間扦接後，不可一日失水，并不可見日，便易活有花。一種單葉紫莖，開黄白小花，氣味香甘者，名「茶菊」，雖不足觀，泡茶入藥所必需。花殘後即當拔去竹桿，折去花幹，止留老本寸許，善護其苗。每本插一小牌，上寫花之名色，來春分種，庶不差失。冬月用亂穰草蓋之，不遭霜雪，交春芽肥力全。此養菊之要訣也。菊有五美：

圓花高懸，準天極也；純黃不雜，后土色也；早植晚發，君子德也；冒霜吐穎，象貞質也；盃中體輕，神仙食也。昔陶淵明種菊於東流縣治，後因而縣亦名菊。

附菊釋名共一百五十三種

黃色計五十四品

御袍黃、淡黃，葉有五層。報君知、霜降前開，黃赤。金鎖口、背深紅，面黃，瓣展，內紅外黃。金孔雀、千葉，深黃，赤心。赤金盤、老黃，赤心，多葉。龍腦、外淡內深，香烈似龍腦。繡芙蓉、重蜜色，淡紅心。黃都勝、千葉，圓厚，雙紋。大金錢、一葉一花，自根開起。剪金黃、深黃，千葉，如剪。黃牡丹、千葉，豐滿，紅黃。金鈕絲、瓣上起金黃絲，喜肥。黃臘瓣、千葉，淡黃，畏肥。黃金傘、深黃，葉垂，喜肥。荔枝黃、千葉，紅黃，狀似楊梅。金鈴菊、千葉，細花，長丈。蜜繡毬、葉圓如毬。枝亭菊、即藤菊、一丈黃、棚菊。蜜西施、多葉，嫩黃色。蜜蓮、葉長大，有似蓮瓣。蠟瓣西施、似西施，而色老。瓊英黃、千葉，鵝黃色。棣棠菊、多葉，而色深黃。冬菊、多葉，深黃色，其開最晚。太真黃、千葉，嫩黃，畏肥。黃鶴領、千葉，參差多尖。木香黃、多葉，細花，淡黄，微卷。鶯乳黄、花頭小而色淡。勝金黄、焦黄，多葉，青心。黄佛頭、無心，中有細瓣高起。黄粉團、千葉，中心微赤。鄧州黄、重黄，單葉雙紋。笑靨、即御愛黄，葉上有雙紋。金芙蓉、千葉，騈頭，喜肥。小金錢、類大金錢，而心青。蜂鈴、多瓣，深黄，圓小，中有鈴葉。纖蓋黄、金黄柄，長而細。鴛鴦金、花朵雖小，皆并蒂。波斯菊、瓣皆倒垂，如髮之鬈。喜容、蜜色，千葉，皆高起。添色喜容、中心深紅。鵝兒黄、花細如毛，葉起雙紋。金纓絡、千葉，小花，喜肥。黄疊羅、似佛頂，差小。甘菊、單葉小花，其香烈而味甘。檀香毬、色老黄，形圓轉。大金毬、深黄色，瓣反成毬。五九菊、有白、鵝黄二色，夏秋二度開。金絡索、千瓣，卷如玲瓏。垂絲菊、蕊深黄色，枝柔細如垂絲海棠，大放則淡黄色。二色瑪瑙、金紅、淡黄二色，千瓣。滿天星。雖係下品，如春苗發，摘去其頭，必歧出；再摘，又[二〇]歧；又摘，至秋一幹數千百朵。

白色計三十二品

九華菊、此淵明所賞鑒者，越人呼爲「大笑菊」。花大，心黄，白瓣，有闊及二寸半者，其清香異常。玉毬。即粉圓，與諸菊異，初色淺黄，微帶青，全開純白色，形甚圓，香尤烈，經霜則變紫色[二一]，近年有。水晶毬、初微青，後瑩白，其嫩瓣細而茸，中微有黄萼，先褊薄後暄泛，葉稀而中青，其幹最長。徘徊菊、黄心，色帶微緑，瓣有四層，而初開止放三四片，及開至旬日，方能全舒，故名徘徊。白佛頂、單葉，大黄心，喜肥。白鶴領、葉小下垂，喜肥。玉玲瓏、初青黄，後白，花先仰後覆。青心白、千葉，有青心。蘸金白、每瓣邊有黄色。金盞銀臺、外單葉，中筒瓣。白牡丹、千葉，中帶青碧。萬卷書、千葉，皆卷轉。瓊盆、闊瓣，黄心，有似白佛頂。白木香、千葉，細花，黄心。瑶井欄、如銀臺，微大。白繡毬、花抱蒂，而圓大有紋。疊雪羅、千葉，蓓蕾難開。銀鈴菊、千葉，中皆細鈴。銀盆菊、鈴葉下有闊瓣承之。靈根菊、多葉，白而疎。酴醿白、出湘州，有刺。瓊芍藥、千葉，花高起，難植。試梅妝、小白花，似梅。玉蝴蝶、小白花，味甘。碧蕊玲瓏、千瓣，葉深緑。一弇雪、瓣長，茸白，無心。新羅、花葉尖薄，長短相間〔一二〕。換新妝、千葉圓瓣，經霜便紫。樓子菊、層層狀如樓子。白剪絨、純白如剪鵝毛〔一三〕。劈破玉、每瓣有黄紋，如線界爲兩。八仙菊。花初青白，後粉色，一花多八蕊，葉尖長而青。

紅色計四十一品

鶴頂紅、粉紅，葉大，紅心。菡萏紅、千葉，粉紅，黄心。火煉金、殷紅色，多葉，金黄心。紅繡毬、葉圓似毬，喜肥。紅粉團、淡紅，瓣短，多紋。錦鱗鮮、紅花，黄邊，最晚開。茘枝紅、千葉，紅黃色。賓州紅、以地名，重紅色。醉瓊環、似楊妃粉，有垂英。胭脂紅、其紅勝胭脂。狀元紅、千葉，深紅，喜肥。粉西施、千葉，色最嬌，畏糞。大紅袍、千葉，大紅，無心。瓊環、千葉，粉紅色。垂絲粉、淡紅色，葉細如茸。勝緋紅、多葉，淡紅色。銀紅絡索、千葉，尖瓣。縷金妝、深紅，瓣中有黃線紋。金絲菊、紅瓣上有黃絲。錦荔枝、多葉，金紅色。賽芙蓉、粉紅色，花最大，喜肥。勝荷花、花瓣尖，闊似荷。海棠春、重紅，瓣短多紋。晚香紅、千葉，粉紅，開最大。嬌容變、千葉，先淡後深。太真紅、千葉，嬌紅，無心。醉楊妃、淡紅色，垂英似醉。一捻紅、花淡，有深紅點。錦雲標、紅黃相錯，如錦。二喬、一幹上開二色者，喜肥。川金錢、花小而深紅。猩猩紅、色鮮紅，耐久。襄陽紅、并蒂雙頭，出九江。紅羅繖、深紅，千瓣。海雲紅、初殷紅，漸金紅，後大紅而淡，瓣初尖後歧，萼黃。紅萬卷、深紅，千瓣。佛見笑、粉紅，千瓣。粉鶴翎、開則四面支撐，後漸白紐絲，葉青色而稀潤。錦心繡口、外深紅，大瓣一二層，中筒瓣突起，初青後黃，筒之中嬌紅而外粉，筒口〔二四〕金黃如錦。桃花菊、多葉，至四五重，其色濃淡，在桃、杏、紅梅間，未霜即開，最絢麗，中秋後便可賞也。十樣錦。一本開花，形色各異，或多葉，或單葉，或大，或小，或如鈴，往往有六七色，紅、黃、白雜樣者。

紫色計二十七品

腰金紫、千葉，中有黄紋。紫霞觴、葉厚，而大如盃。紫芙蓉、開極大，但葉尖而小。紫絨毬、花片細而圓厚。紫蘇桃、茄色，中濃外淡。紫袍金帶、黄蕊繞於花腰。剪霞綃、葉邊如碎剪。瑞香紫、淡紫，重葉，小花。紫羅傘、瓣有羅紋細葉，宜肥。瑪瑙盤、淡紫，大花，赤心。紫萬卷、千葉，微卷，宜肥。雞冠紫、千葉，高大而起樓。墨菊、千葉，紫黑色，黄心。早蓮、闊瓣，鋭頭，似蓮葉。夏紫、五月即開，紫花，心黄而大。碧蟬菊、色微青，宜輕肥。銷金北紫、葉小，心黄。葡萄紫、色深，千葉，不宜糞。紫牡丹、花初開，紅黄間雜，後粉紫，瓣比次而整齊，開遲。紫雀舌、初淡紫，後粉白色。刺蝟菊、花如兔毛，朵瓣如蝟之刺，大如雞卵，葉長而尖。金絲菊、紫花黄心，以蕊得名。碧江霞、紫花青蒂，蒂角突出花外，小花，花之異者。荔枝紫、花色如荔枝，形正而圓。雙飛燕、每花有二心瓣，斜轉如飛燕之翅。紫芍藥、先紅後紫，復淡紅，變蒼白，花鬅鬆。順聖紫。一花不過六七葉，每葉盤疊三四小葉，其花最大可觀。

有菊之名，而實非菊者，另列於後，以便參考。

藍菊

藍菊，產自南浙。本不甚高，交秋即開花。色翠藍黄心，似單葉菊，但葉尖長，邊如鋸齒，不與菊同。然菊放時得一二本，亦助一色。

萬壽菊

萬壽菊，不從根發，春間下子。花開黄金色，繁而且久，性極喜肥。

僧鞋菊

僧鞋菊，一名「鸚哥菊」，即西番蓮之類。春初發苗如蒿艾，長二三尺。九月開碧花，其色如鸚哥，狀若僧鞋，因此得名。分栽必須用肥土，以其性喜肥。

西番菊

西番菊，葉如菊，細而尖。花色茶褐，雅淡似菊之月下西施。自春至秋，相繼不絶，亦佳品也。春間將藤壓地自生根，隔年絶斷，分栽即活。

扶桑菊

扶桑菊，花似薔薇，而色粉紅，葉似菊而枝繁。

雙鸞菊

雙鸞菊，一名「烏喙」〔一二五〕。花發最多，每朵頭若尼姑帽。折出此帽，内露雙鸞并首，形似無二，外分二翼一尾，天巧之妙，肖生至此。春分根種，根可入藥。

孩兒菊

孩兒菊，一名「澤蘭」。花小而紫，不甚美觀。惟嫩葉柔軟而香，置之髮中，或繫諸衣帶間，其香可以辟炎蒸汗氣，婦女多佩之，乃夏月之香草也。其種亦有二，紫梗者更香。

蕑

蕑，一名「水香」，一名「都梁香」。葉與澤蘭相似，紫梗赤節，高四五尺。其葉光潤尖長，開白花。喜生水旁，故人多種於庭池。可殺蟲毒，除不祥。著衣書中，能辟白魚蛀。

白芷

白芷，一名「茝」，一名「莞」，一名「澤芬」，香草也。處處有之，吴地尤多。枝幹不盈尺，根長尺餘，粗細不等。春生下濕處，其葉相對婆娑，紫色，闊三指許。花白而微黄，入伏後結子。立秋後苗枯，採根入藥，名「香白芷」。葉可合香，煎湯沐浴，謂之「蘭湯」。

零陵香

零陵香，一名「薰草」。産於全州，江淮亦有，不及湖嶺者佳。多生下濕地，麻葉而方莖，赤花而黑實〔二六〕，其臭如蘼蕪。七月中旬，開花香盛。因花倒懸枝間如小鈴，俗名「鈴鈴香」。其莖葉曝乾作香，其實黑。《左傳》云：「一薰一蕕，十年尚猶有臭。」即此草也。土人以編席薦，性暖且香，最宜於人。

蘼蕪

蘼蕪，一名「江蘺」，即芎藭苗，乃香草也。葉如蛇床而香，七八月開白花。其根堅瘦，黄黑結塊如雀腦者，名「芎藭」。以川中産者入藥爲良，江浙亦有之。

芭蕉

芭蕉，一名「芭苴」，一名「緑天」，系草本。高有二三丈許，大有一圍，葉長及丈，闊一二尺，舒一葉，即焦一葉而不落。花著莖末，大如酒盃。形色紅如蓮花者，名「紅蕉」，白如蠟色者，名「水蕉」。其花大類象牙，故名「牙蕉」。自中夏開，至中秋方盡，子各爲房，實隨花長。每花一闔，各有六子，先後相次。惟産閩粤者花多實，名「甘露」。味極甜美，子不俱生，花不俱落。子有三種，生時苦澀，熟則皆甜。味如葡萄，可療饑渴。羊角蕉，子大如拇指，長六七寸，鋭頭黄皮，味亦甘美。牛乳蕉，子類牛乳，味微減。一種，子如蓮子，形正方者，味最薄，只可蜜浸，爲點茶之用。種法：將至霜降，葉萎黄後，即用稻草裹幹，來春芽發時，分取根邊小株，用油簪脚横刺二眼，令洩其氣，終不長大，可作盆玩。性最喜暖，不必肥。其莖皮解散如絲，績以爲布，即今蕉葛。

美人蕉

美人蕉，一名「紅蕉」。種自閩粤中來。葉瘦似蘆箬，花若蘭狀，而色正紅如榴。日拆一兩葉，其端有一點鮮緑可愛，夏開至秋盡猶芳，堪作盆玩。亦生甘露子，可以止渴。福州者，四時皆花，色深紅，經月不謝。廣西者，本不高，花瓣尖大，紅色如蓮，甚美。二月下子，冬初放向陽處，或掘坑埋之。如土乾燥，則潤以冷茶，來春取出，則根自發。若子種，不如分根，當年便可有花。又一種膽瓶蕉，根出土時，肥飽狀如膽瓶也。

千日紅

千日紅，本高二三尺，莖淡紫色，枝葉婆娑，夏開深紫花色，千瓣細碎，圓整如毬，生於枝杪。至冬葉雖萎，而花不蔫。婦女採簪於鬢，最能耐久。略用淡礬水浸過，曬乾藏於盒內，來年猶然鮮麗。子生瓣內，最細而黑。春間下種即生，喜肥。

香　葇

香葇，即香薷，一名「蜜蜂草」。方莖尖葉，有刻缺，似黄荆葉而小。九月開紫花成穗，有細子。汴洛人三月多作圃種之，以爲暑月蔬菜。生食亦可，又暑月要藥。

紫草

紫草，一名「紫丹」，又名「茈莀」。生碭山、南陽、新野，及楚地。其苗似蘭香，莖赤節青。二月開花紫白色，結實亦白，惟根色紫，可以染紫。三月内種，宜軟沙高地。性不喜水，耡種悉如治稻法，其利倍於藍。收時忌人溺，及驢馬糞并烟氣，能令色黯。

蓼花

蓼，辛草也。有朱蓼、青蓼、紫蓼、香蓼、水蓼、木蓼、馬蓼七種。惟朱、紫者，葉狹小而厚，花開蓓蘽而細長，約二寸許，枝枝下垂，色態俱妍，可爲池沼、水濱之點綴。若青蓼、香蓼，可取爲蔬，以備五辛盤之用。至於馬蓼、水蓼，止可爲造酒麴中所需，并入藥用。木蓼考見前。

蘆花

蘆，一名「葭」。生於水澤，葉似竹箬而長。幹似竹，長丈許。有節無枝，葉抱莖而生。花似茅，細白作穗。根亦似竹笋而節疎。深秋花發時，一望如雪。春取其勾萌，種淺水河濡地即生。

馥香

馥香，即玄參，葉似芝麻，又如槐柳。青紫細莖，七月開花，青碧色，隨結黑子，亦有白花。莖方大，紫赤色，而有細毛。其節若竹，高五六尺，葉如掌大而尖長，邊如鋸齒。其根亦尖長，生青白，乾即紫黑，微香，可入藥。

番椒

番椒，一名「海瘋藤」，俗名「辣茄」。本高一二尺，叢生白花，秋深結子，儼如禿筆頭倒垂。初緑後朱紅，懸挂可觀。其味最辣，人多採用。研極細，冬月取以代胡椒。收子待來春再種。

棉　花

棉花，一名「吉貝」。葉如槿，秋開黄花，似秋葵而小。植之者，幹不貴高而多繁。結實三稜，青皮尖頂，纍纍如小桃，熟則實裂，中有白棉，棉中有黑子，亦偶有紫棉者。性喜高坑，地以白沙土爲上。未種時先耕三遍，至穀雨時下種。先將子用水浸，片時漉起，以灰拌勻，每穴種五六粒。肥須用糞、麻餅，待苗出時，將太密者芟去，止留肥者二三。苗長成後，不時摘頭，使不上長，則花多棉廣。至於鋤草，須勤。白露後收棉，以天晴爲幸。子可打油，葉堪飼牛。

禁宮花

禁宮花，一名「王不留行」，又名「剪金花」。生泰山、江浙，及河近處。苗高七八寸，根黃色如薺，葉尖如小匙，頭亦有似槐葉。夏開花黃紫色，狀如鐸鈴，隨莖而生。結實如燈籠草，子殼有五稜，内包一子如松子，圓似小珠可愛。河北生者，葉圓花紅，與此稍别。

蓍草

蓍，神草也，爲百草之長。生少室山谷，今蔡州上蔡縣白龜祠旁有之。其形似蒿，作叢高五六尺。一本有二十餘莖，至多者四五十莖。生梗條最直，獨異於蒿。秋後有花，出於枝端，色紅紫如菊，結實如艾子。一云：蓍至百年，則百莖共生一根。其所生之處，獸無虎狼，草無毒螫，上有青雲覆之，下有神龜守之。易取五十莖，爲卜筮之用。揲則其應如響，産於文王、孔子墓上者更靈，取用以末大於本者爲佳。天子蓍長九尺，諸侯七尺，大夫五尺，士三尺。如無蓍草，亦可以荆蒿代之。

細辛花

細辛花，出華山者良。一葉五瓣三開，花紅，狀似牽牛，根可入藥。

通草花

通草，一名「活克」，産於江南。本高丈許，葉如蓖麻。作藤蔓大如指，其莖大者徑三寸，每節有二三枝，枝頭出五葉。六七月間開紫花或白花。莖中有瓤，輕白可愛，女工取以染色、飾物，最佳。結實如小木瓜，核白瓤黑，食之甘美。或以蜜煎作菓。其花上有粉，能治諸蟲瘻惡毒。

蓖　麻

蓖麻，在處有之。夏生苗葉，似葎草而厚大。莖赤有節，如甘蔗，高丈餘而中空。夏秋間，椏裹抽出花穗，纍纍黄色，隨梗結實。殼上有刺，狀類巴豆，黄青斑褐點。再去斑殼，中有仁，嬌白如績隨子。仁有油，可作印色及油紙用。

吉祥草

吉祥草，叢生，畏日，葉似蘭而柔短，四時青緑不凋。夏開小花，内白外紫，成穗結小紅子。但花不易發，開則主喜。凡候雨過，分根種易活，不拘水土中或石上，俱可栽。性最喜濕，得水即生。取伴孤石靈芝，清供第一。

白薇

白薇，一名「春草」，生陝西及滁、舒、潤、遼等處。莖與葉俱青，頗似柳葉。七月開紅花，八月結實。根似牛膝而短，可以入藥。

商草花

商草，即貝母也。出川中者第一，浙次之。莖葉俱似百合，花類鐸〔二七〕鈴，淡緑色。花心紫白色，與蘭心無異。根曰貝母，入藥治痰疾。

萬年青

萬年青，一名「蒀」。闊葉叢生，深緑色，冬夏不萎。吴中人家多種之，以其盛衰占休咎。造屋、移居、行聘、治壙、小兒初生，一切喜事，無不用之，以爲祥瑞口號。至於結姻幣聘，雖不取生者，亦必剪造綾絹，肖其形以代之。又與吉祥草、葱、松四品，并列盆中，亦俗套也。種法：於春、秋二分時，分栽盆内，置之背陰處。俗云四月十四是神仙生日，當删剪舊葉，擲之通衢，令人踐踏，則新葉發生必盛。喜壅肥土，澆用冷茶。

千兩金

千兩金，一名「續隨子」，一名「菩薩豆」。生蜀郡，處處亦有之。苗如大戟，初生一莖，端生葉，葉中復出葉，相續而生。花亦類大戟而黄，自葉中抽幹而開。實青有殼，人家園亭多種之。

校勘記

〔一〕「堆」，書業堂本、文會堂本、萬卷樓本均作「墻」，據和刻本改。

〔二〕「常」，各本均作「嘗」，據孟文改。

〔三〕「析」，各本均作「折」，據孟文改。

〔四〕「積」，書業堂本、文會堂本、萬卷樓本均作「種」，據和刻本改。

〔五〕「蕚」，書業堂本、文會堂本均作「蕊」，萬卷樓本作「之」，據和刻本改。

〔六〕「抽」，書業堂本、文會堂本均作「描」，據和刻本改。

〔七〕「彩」，書業堂本、文會堂本、萬卷樓本均作「采」，據和刻本改。

〔八〕「昔」，書業堂本、萬卷樓本均作「皆」，據文會堂本、和刻本改。

〔九〕「韌」，各本均作「紉」，據文意改。

〔一〇〕「菟」，書業堂本、文會堂本、萬卷樓本均作「兔」，據和刻本改。

〔一一〕「萞」，各本均作「草」，據文意改。

〔一二〕書業堂本、文會堂本、萬卷樓本均脱「葉」字，據和刻本補。

〔一三〕「芼」，各本均作「笔」，據孟文改。

〔一四〕「上」，各本均作「下」，據文意改。
〔一五〕「水」，書業堂本、文會堂本、萬卷樓本均作「中」，據和刻本改。
〔一六〕「喫」，各本均作「呼」，據文意改。
〔一七〕「斫」，書業堂本、文會堂本、萬卷樓本均作「砟」，據和刻本改。
〔一八〕「大」，書業堂本、文會堂本、萬卷樓本均作「如」，據和刻本改。
〔一九〕「梵」，書業堂本、萬卷樓本均作「禿」，據文會堂本、和刻本改。
〔二〇〕「又」，書業堂本、文會堂本、萬卷樓本均作「子」，據和刻本改。
〔二一〕「色」，書業堂本、文會堂本、萬卷樓本均作「花」，據和刻本改。
〔二二〕「長短相間」，書業堂本、萬卷樓本均脱「間」字，和刻本作「次」，據文會堂本補。
〔二三〕「毛」，書業堂本、文會堂本、萬卷樓本均作「色」，據和刻本改。
〔二四〕「口」，書業堂本、文會堂本、萬卷樓本均作「山」，據和刻本改。
〔二五〕「喙」，各本均作「啄」，據孟文改。
〔二六〕「實」，書業堂本、文會堂本、萬卷樓本均作「質」，據和刻本改。
〔二七〕「鐸」，各本均作「鋼」，據孟文及「禁宫花」條改。

卷六

附録

養禽鳥法

集群芳而載及鳥獸昆蟲，何也？ 枝頭好鳥，林下文禽，皆足以鼓吹名園，針砭俗耳。故所録之禽，非取其羽毛豐美，即取其音聲嬌好；非取其鷙悍善鬥，即取其游泳緑波。所以祥如彩鳳，惡似鴟梟，皆所不載。

鶴

鶴，一名「仙禽」，羽族之長也。有白，有黄，有玄，亦有灰蒼色者。但世所尚皆白鶴。其形似鸛而大，足高三尺，軒於前，故後趾短。喙〔一〕長四寸，尖如鉗，故能水食。丹頂〔二〕赤目，赤頰青爪，修頸凋尾，粗膝纖指，白羽黑翎。行必依洲渚，止必集林木。雌雄相隨，如道士步斗，履其跡則孕。又雄鳴上風，雌鳴下風，以聲交而孕。嘗以夜半鳴，声唳九霄，音聞数里。有時雌雄對舞，翱翔上下，宛轉跳躍可觀。若欲使其飛舞，固俟其餧寘食，於寫遠處拊掌誘之，則奮翼而舞。調練久之，則一聞拊掌，必然起舞。性喜啖魚蝦、蛇虺，養者雖日飼以稻穀，亦須間取魚蝦鮮物喂之，方能使毛羽潤而頂紅。其糞能化石，生卵多在四月，雌若伏卵，雄則往來爲衛。見雌起必啄之，見人數窺其卵，即啄破而棄之。或云：「鸛生三子，必有一鶴。」所畜之地，須近竹木池沼間，方能存久。《相鶴經》云：「鶴之尚相，但取標格奇古。隆鼻短口則少眠，高脚疎節則多力，露眼赤睛則視遠，回翎亞膺則體輕，鳳翼雀尾則善飛，龜背鼈腹則善產，輕前重後則善舞，洪髀纖指則善步。」一云：「鶴生三年則頂赤，七年羽翮具，十年二時鳴，三十年鳴中律，舞應節。又七年大毛落，氄毛生。或白如雪，黑如漆，一百六十年則變止，千六百年則形定，飲而不食，乃胎化也。」仙家召鶴，每焚降真香即至。又鶴腿骨爲笛，聲甚清越，音律更準。昔賢林和靖，養鶴於西湖孤山，名曰「鳴皋」，每呼之即至。有時和靖出游，有客來訪，則家童放鶴凌空。和靖見鶴盤旋天表，知有客至，即歸，以此爲常，遂爲千古韻事。其詩云：「皋禽名秖有前聞，孤影圓吭夜正分。一唳便驚寥泬破，亦無閒意到青雲。」

鸞

鸞乃神鳥也。形似鶴而瘦小，首有長幘。其羽毛純青者，則人家常有之。惟五彩者不易得。鳴中五音，即鳳之屬。其畜養之法，亦與鶴同。但恐其飛去，必剪去幾翎，方可久畜。又雄鳴於前，雌鳴於後，故有虞氏之車曰「鸞車」，亦曰「鸞輅」，取其和而有序也。

孔雀

孔雀，一名「越鳥」，文禽也。出交、廣、雷、羅諸山，形亦似鶴，但尾大色美之不同。丹口玄目，細頸隆背，頭戴三毛，長有寸許，數十群飛，游棲於岡陵之上。晨則鳴聲相和，其音曰「都護」。雌者尾短無翡翠，雄者五年尾便可長三尺，自背至尾末，有圓紋五色金翠，相繞如錢。每自愛其尾，山棲必先擇置尾之地。夏則脱毛，至春復生。雨久則尾重，不能飛高，南人因而往捕之。或暗伺其過，於叢篁間，急斷其尾，以爲方物，若使回顧，則金翠頓減。土人養其雛爲媒，或探得其卵，令雞伏出之，飼以猪腸生菜即大，富貴家多畜之。聞人拍手歌舞，及絲竹管絃聲，是鳥亦鳴舞，畜之者每俟其屏開取樂。其性最妬，見人著彩服，必啄之。其孕亦不匹，以音影相接。或雌鳴下風，雄鳴上風，或與蛇交，亦孕。但其血最毒，見血封喉，立能殺人，慎之可也。如病，飼以鐵水。

鷺鷥

鷺鷥，一名「春鋤」，一名「屬玉」，又名「昆明」，乃水鳥也。林棲而水食，以魚爲糧。群飛成序，故有「鷺序」之説。其形亦似鶴而小，羽白如雪，又有「雪客」之稱。頸細而長，脚青善翹，高可尺餘。解指短尾，喙長類鶴。頂有長毛十數莖，毿毿然如絲，欲取魚食則弭之。好立水中，飛亦能戾天。生而喜露，視而有胎，人多養於池沼間，若家禽之馴擾不去。每至白露日，如鶴之騫騰而起，其性使然也。昔齊威王時，有朱鷺合沓，而舞於庭下，人皆稱異焉。

鸚鵡

鸚鵡，慧鳥也，一名「鸚䳇」，雛名「鸚哥」。出自隴西，而滇南交廣近海處尤多。羽有數種，緑乃常色，紅、白爲貴，五色者出海外，蓋不易得。狀如烏鵲，數百群飛。俱丹咮鈎吻，長尾紺足，金睛深目，上下目瞼，皆能眨動，舌似嬰兒，其趾前後各二，異於衆鳥。其性畏寒，冷即發顫〔三〕。如瘴而殂，飼以餘甘子〔四〕可解。凡屬雄雛黑喙，經年即變紅。雌者喙黑不變，故人皆畜其雄者。用二尺高、尺五闊銅架，將細銅索鎖其一足於架上，左右置一銅罐，以貯水穀，任其飲食。若欲教以人言，須雛時每於天微明時，將雛挂於水盆之上，使其照見己影。不道人言，惟知鴝教其語。人立其旁，隨意教之，不久自肖。但忌手摩，若手摩其背則瘖。昔宋徽宗，隴州貢紅、白二鸚鵡，先置之安妃閣中，后放還本土，郭浩按隴，聞樹間有二鳥，問上皇安否，亦知感恩不忘。近年關西，曾獻黄鸚鵡於清朝，亦難得之物也。

秦吉了

秦吉了，一名「了哥」。《唐書》作「結遼鳥」者，番音也。出嶺南容管、廉邕諸州峒中。大於鸜鵒，身紺黑色，夾腦有黄肉冠如人耳。丹咮黄距，人舌人目，目下連頸有深黄紋，頂尾有分縫，能效人言笑，音頗雄重。亦有白色者，人多誤稱爲白鸜哥。每日須用熟雞子黄和飲飼之。其性最怕烟，切勿置之薰烟處，則耐久。亦可與鸜鵒并畜，以供閒玩。

烏鳳

烏鳳，非鳳凰，以其形略似鳳，土人美其名而稱之也。産於桂海左右，兩江峒中，大約喜鵲。其羽紺碧色，項毛似雄雞，頭上有冠，尾垂二弱骨，長一尺四五寸，至杪始有毛。其音聲之妙，清越如笙簫，能度小曲，合宫商。又能爲百鳥之音，凡鳥飛鳴，即隨其音鳴之。人取以爲玩好，誠足快心，但彼處亦自難得耳。

鴝鵒

鴝鵒，一名「唎唎鳥」，俗名「八哥」。身首俱黑，兩翼下各有白點，飛則見。其眼與舌亦如人，但舌微尖。若欲教以人語，必須五月五日，或白露日，取雛閉之甕中竟夕，屆天中，用小剪修去舌尖，使圓，如是者三次。每日天將曉時，如教鸚鵡法教之，良久自能作人語矣。此鳥不善營巢，多處於鵲窠或樹穴，及人家屋脊中。初生口黄，老則口白。頭上有幘者易養，無幘者多不能久活。取雛愛養，切勿養貓。無貓，雖無籠罩，任其飛走，亦不遠去。又可使取火。北方無此鳥，江浙人喜畜之。每日飼以生荳腐，及半熟飯。惟忌八月十三大煞日，須密藏不露，方免其死。昔有禪僧，堂下畜一八哥，每夜隨僧念阿彌陀佛。老死後，僧憐而埋之，蓮花出自鳥口，因作贊曰：「有一飛禽唎唎哥，夜隨僧口念彌陀。死埋平地蓮花發，我輩爲人不及他。」

鷹

鷹，一名「隼」，一名「題肩」，一名「角鷹」，因其頂有毛角微起。又有「虎鷹」「雉鷹」「兔鷹」之稱。北[五]齊人呼爲「凌霄君」，高麗人呼爲「決雲兒」。大概出遼東者爲上，内地者次之。其性剛厲，不與衆鳥同群。北人多取雛養之，每日調練有法。先將雛餓一二日，使之饑腸欲絶。然後兩人離丈許對立，一以韝臂擎鷹，一持肉引之，口作聲呼之，引其飛來食肉。久則馴熟，聞呼即至，使攫鳥獸甚捷。日以牛豕肉少許飼之，如欲出獵，則不與之食。南人八九月以媒取之，其鳥以季夏月習擊，孟秋月祭鳥，雄者身小，雌者體大。二年曰鶬鷹，三年曰蒼鷹。相鷹之法：在乎頂平頭圓，頸長臆闊，羽勁翅厚，肉緩髀寬，身重若金，指重十字，尾貴合盧，嘴利似鈎，爪剛如鐵，脚等枯荆，右視如傾，左視如側。生於窟者好眠，巢於木者常立，雙骹長者起遲，六翮短者飛急。至若虎鷹，翼廣丈許，能搏猛虎，然其鷙悍若此，而反畏燕子，又有所不解也。

鶻

鶻，一名「鷙」。似鷹而大，亦能食羊〔六〕。尾長翅短，嘴曲目深。羽毛土黄色，可作箭翎。出北地者色皂，故名「皂鶻」。鷙悍多力，六翮乘風輕捷。眼最明亮，盤旋空中，無微不覩。又有青鶻，産於遼東，最俊者謂之「海東青」。産於西南夷者，謂之「羗鷲」，黄頭赤目，其羽五色俱備。凡鶻若養馴，遇禽能搏鴻鵠雞鶩，遇獸能擊獐鹿犬豕，遇水能扇魚，令出沸波，攫而食之。又名「沸河」，田獵者每多畜之。又云：鷹産三卵，一鷹、一鶻、一狗。遼有鷹背狗，短毛灰色，與犬無異，但尾脊有羽毛數莖耳。隨母影而走，所逐無不獲者。以禽乳獸，亦異聞也。

鵃

鵃，一名「鳶」，一名「隼」。狀似鷹而差小，羽青黑色，其尾如舵，飛則轉折最捷。人之造船用舵，實仿鵃尾而爲之也。性極喜高翔，專捉雞雀而食，義不擊胎。《莊子》云：「鶡爲鸇，鸇爲布穀，布穀復爲鶡，皆指此屬之變也。」是鳥隆冬爪冷，每取一鴿，或盈握小鳥，等暖其足，至曉即縱之而去。唐太宗得佳鶡，自臂之，望見魏徵來，匿於懷，徵奏事故久，鶡竟死於懷中，誠賢君也。

雉雞

雉，一名「錦雞」，一名「鷮雉」，介鳥也。産於南越諸山中，湖南、湖北亦有之。狀似山雞而差小，色備五彩可觀，皆有黄赤文。緑項紅腹，紅嘴利距，首上有兩毛特起成角，先鳴而後鼓翼。性最勇健善鬥，人以家雞引其鬥，即從而獲之，畜於樊中。其尾花，長一二尺，不入叢林，恐傷其羽也。每自愛其羽毛，照水即舞，良久目眩，竟有死於水者。雌者文闇而尾長，雪深絶食，亦常餓死，或被人獲。漢武帝太初二年，月氏國貢雙頭雞，四足二翼，鳴則俱鳴，誠異物也。《山海經》云：「小華山多赤鷩，養之可禦火災。」又一種遠飛雞，夕則還依人，曉則捷飛四海，嘗啣桂實歸於南土，亦仙禽也。每畜飼以米麥，如或被鷹打傷，以地黄葉點之即愈。若將卵時，雌必避其雄，潛伏他〔七〕所，否則雄啄其卵也。

雞

雞，一名「德禽」，一名「燭夜」。五方皆産，種類甚多。蜀名「鶤雞」，楚名「傖雞」，并高三四尺。遼陽産角雞，廣東産矮雞，至老脚纔寸許，不過鴿大。南越長鳴雞，晝夜長啼。南海石雞，潮至即鳴。雄能角勝，且能辟邪，其鳴也知時刻，其棲也知陰晴。又俱五德：首頂冠，文也；足博距，武也；見敵即鬥，勇也；遇食呼群，仁也；守夜有時，信也。另有一種鬥雞，似家雞而高大，勇悍異常，諸雞見之而逃。其相以冠平爪利者爲第一。每鬥，雖至死不休，好事者畜之，於深秋開場賭博。先將兩雞形狀，審得大小相當，方放入圍場，聽其角鬥，每以負而叫走者爲敗。養法：鬥後須用長鵝翎一根，插入雞口，絞出喉内惡血，安養五七日，再鬥，則無損傷之患。雖全勝者，亦不可使之連朝狠鬥。草雞雖雄，多望風而靡。巢邊切勿挨磨，忌柳柴烟薰，最能損目。雞若有病，當灌以清油。若傳瘟，速磨鐵漿水染米與食，即愈。如水眼，以白礬傅之。母雞多以麻子飼之，則生子後永不耐抱而子多。漢武帝時，有遠飛雞，朝去暮還，嘗啣桂子而歸。又唐明皇好鬥雞，索長安雄雞，金翅鐵距、高冠昂尾者千數，養於雞坊。選六軍小兒五百名教飼之，以賈〔八〕昌爲五百小兒之長。明皇時臨觀鬥，甚愛幸焉，金帛之賜，日至其家，可爲好之過也。宋處宗畜一雞，嘗籠著牕間，養之甚馴。一日忽作人言，與處宗談論，極有玄致。由是處宗學業日進，亦一異也。又雞母負雛而行，主天將雨，焚其羽可以致風。

竹雞

竹雞，蜀名「雞頭鶻」，一名「山菌子」，俗呼「泥滑滑」。南浙、川、廣，處處有之，喜居竹叢中。形比鷓鴣小而無尾，毛羽褐色多斑，無文彩，而性好啼，其聲最響。頭扁似蛇，喙尖眼突者，啼可百聲。見其儔類必鬥，捕者每以媒誘其鬥，因而以網獲之，能去壁虱白蟻之害。古諺云：「家有竹雞啼，白蟻化爲泥。」人故多畜之，非無益也。性不喜水，籠底多貯以砂，彼則衮臥其中以當浴。飼以小米，或少雜野蘇子於内，可經久無病。如出血管二毛，便不活矣。養熟，雖不閉籠，彼至晚能歸籠宿也。好食蟻。

吐綬鳥

吐綬鳥，一名「鷊」。出巴峽及閩廣山中，人多畜之以爲玩好。其形大如家雞，小若鴝鵒。頭頰似雉，羽色多黑，雜有黄白圓點，如真珠斑。項有嗉囊，俗謂之「錦囊」。内藏肉綬，常時不見，鳴則囊見。每遇春夏間，天氣晴明，則此鳥向日擺之。頂上先出兩翠角，約二寸許，乃徐舒其頷下之綬，長闊近尺。紅碧相間，彩色煥然，踰時悉斂而不見矣。昔有好事者，剖而視之，究竟一無所覩。蓋其德處，生則能反哺，行則避草木，亦異鳥也。養之可禳火災。

鴛鴦

鴛鴦，一名「匹鳥」，一名「文禽」。雄曰鴛，雌曰鴦，多産於南方溪澗之中。其狀如鶖，羽毛杏黄色，甚有文彩，紅頭翠鬣，黑翅黑尾，白頭紅掌，首有白長毛，垂之至尾。日則相偶，浮游水上，雄左雌右，并翅而飛，夜則同棲，交頸而卧。雄翼右掩左，雌翼左掩右。其交不再，失偶不配。故人多比之爲夫婦。若養雛於土穴中，能使狐貍〔九〕衛之。昔霍光園中，有大蓮池，畜鴛鴦三十六對，於其中望之，燦燦有若披錦。

鸂鶒附鵁鶄

鸂鶒、鵁鶄，皆水鳥也，出南方池澤間，形俱類鴨。鸂鶒喜食短狐，故有短狐處尤多。其所處多在於荷。水有此鳥，則無復毒氣。毛羽黄赤而有五彩，首有纓，尾有毛，如船柁形。若鵁鶄似鶖，而緑羽長喙，頂有紅毛如冠，翠鬣碧斑，丹嘴青脛，高脚似雞，長目好喙。多居茭菰中，亦能巢於高樹。每以晴交，故號鵁鶄。生子穴中，初出不能飛，啣其母翼而下，以就飲食。土人養之略熟，則馴擾不去，亦可厭火災。

鴿

鴿，一名「鵓鴿」。隨在有畜之者，鳩之屬也。亦有野鴿，其毛色、名號不同，大概毛羽不過青、白、皂、緑、灰斑而已。試鴿之好醜，在持於十餘里之外放之，能認舊巢而回者，方稱珍異。至於相鴿之法，全在看眼色，其眼有大、小、黄、緑、硃砂數種，睛特而砂粗者爲最。鴿者，合也，因其喜合，故鳩亦與之爲匹。凡鳥皆雄乘雌，鴿獨雌乘雄。性最淫，每月必生二子，年中略無間斷。哺子，朝從上而下，暮從下而上。任其飛走，不必牢籠。但置一廚，逐倉逐一格開，每格畜二鴿，聽其飲啄，惟防貓咬。每日飼以浮麥，獨夏月須串以緑豆。欲其眼有砂，從雛時以人之舌常舔其眼，亦能生砂。宋末宫中好養鴿，一書生題詩曰：「萬鴿盤旋遶帝都，暮收朝放費工夫。何如養取南來雁，沙漠能傳二聖書。」又，張九齡以鴿傳書，名曰「飛奴」。

鶴〔一〇〕鶉

鵪鶉，一名「羅鶉」，一名「早秋」，田澤小鳥也。頭小尾秃，羽多蒼黑色。無斑者爲鵪，有斑者爲鶉。雄足高，雌足卑。又有丹鶉、白鶉、錦鶉之異。每處於畎畝之間，或蘆葦之内，夜則群飛，晝則草伏。有常匹而無常居，隨地而安，故俗又名「鴳鶉」。山東最多，人可以聲呼而取之。凡鳥性畏人，惟鶉性喜近人。諸禽鬥則尾竦，獨鶉竦其足而舒其翼，人多畜之使鬥，有雞之雄，頗足戲玩。養法：每日飼以小米，欲其角勝，常持於手，時拉其兩足使直。置一小布袋，口如荷包而底平，有線可以收放者，納於其中。出入吊於身旁，絶無跳躍悶壞之病。養熟雖任其行走，亦不飛去。但怕冷，嚴寒如不善料理，則易凍死。《交州記》云：「南海有黄魚，九月變爲鶉。」一云：「蝦蟇得爪化爲鶉。」此理未可全信，究竟以卵生爲是。

百舌

百舌，一名「鷃」，一名「題鴂」，又名「反舌」。隨在有之，居樹孔及窟穴中。狀如鴝鵒而小，身稍長，羽色灰黑，微有幾斑點，喙亦黑而尖。行則頭俯，好食蚯蚓。立春後，則鳴之不已，其聲多十二囀，且能作諸鳥之音，最悦人耳。此際衆芳生。夏至後，則寂然無聲而衆芳歇。至十月後，亦如龜蛇，皆藏蟄不見人。或取而畜之，過冬多死，必須善養者以護持之。

燕

燕，一名「玄鳥」，又名「游波」「鷾鴯」「鳦」。有二種。越燕身輕小，胸紫而多聲。胡燕斑黑，臆白而聲大，狀似雀而稍長。籋音聶。口豐頷，布翅歧尾，飛鳴一上一下。營〔一二〕巢避戊巳日，春社來，秋社去。來多尋舊巢補闕，如無舊巢，方啣泥再壘。紫燕喜巢於門楣上，胡燕喜巢於兩榱間。所啣之泥，必四堆横一草，其門向上。去必往北，交冬伏氣，蟄於窟穴之中，或枯井内。亦有啣小銀魚作窠而蟄，故有「燕窠菜」。若有窠户北向，其尾屈白色者，是數百歲燕也，仙家名爲「肉芝」，食之可以延年。人見白燕，主生貴女。若胡燕作窠長大，過於尋常，主人家富足。喜燕〔一二〕來窠者，以桐木刻雌雄二燕形，投井壓之即至。如惡其來，當軒中懸一艾人，或硃書「鳳凰在此」〔一三〕五幡，一挂中棟，餘挂前後四架樑，則燕自去。諸鳥皆煩飼食，獨燕不費一粒。而呢喃之聲，時語梁間。飛旋之態，每來庭院，亦韻事也。但狐貉之服，不可近燕集處，其毛見燕即脱。昔有姚氏女，欲驗燕來尋舊巢之説，固將綵縷擊於燕足，明歲復來，因視其足縷猶如故。

畫眉

畫眉，南方最多，狀類山雀而大，毛色蒼黄，兩頰有白毛如眉。雄者善鳴喜鬥，其聲悠揚婉轉，甚可人聽。雌則不鳴不鬥，無所取也。人多畜雄者於廊簷之下，貯以高籠，籠内繫二水食罐，中用南天竹幹一條作梁，冬月使之棲止，則足不冷。日以雞子黄拌米，再和些少細沙，與之食，便不時肯叫。如天氣漸炎，嘗將籠浸於水盆内，令其自浴，則毛羽更鮮，不死。至深秋，各户之鳥聚集，開場相鬥，以決勝負，亦一壯觀。相畫眉，古亦有訣云：「身似葫蘆尾似琴，頸如削竹嘴如釘。再添一對牛筋脚，一籠打盡九籠贏。」

黄　頭

黄頭，小鳥之鷙〔一四〕者，似麻雀而羽色更黄潤。嘴小而尖利，爪剛而力强，人多以籠畜之。大概取毛緊眼突者爲良。鬥則兩翼相搧，嘴啄脚扯。自有許多相角之態，頗足動人賞鑒。每日以雞子黄拌米粉飼之，則力猛。切忌糯米作粉。交夏須覔竹包内小白蟲，與之食，更易長。但此鳥較之畫眉，雖易得而難養，片時失與飲食，即便餓死。

巧婦鳥

巧婦鳥，一名「鷦鷯」，一名「桃蟲」，或謂之「巧匠」，隨在有之。小於黄雀，在林藪間爲窠，其巢如小袋，取茅葦毛毳爲之，再繫以麻，或人亂髮，至爲精密。或一房二房，其形色青灰有斑，長尾利喙，聲如吹噓。好食葦蠹，兒童每畜而使之性馴，教以作戲以取樂。陸機謂鷦鷯微小於黄雀，其雛能化爲鵰，不知何據。

護花鳥

護花鳥，出太華山中。每遇奇花歲發，人若攀折，則此鳥飛來，盤旋其上，哀鳴曰：「莫損花，莫損花。」亦花之知己也。特附記之於末，以見花鳥之靈。其形似燕而小。

養獸畜法

獸之種類甚多，但野性狠心，皆非可馴之物，無足供園林玩好。虎、豹、犀、象，惟有驅而遠之。茲所取者，皆人豢養之獸。録其二三，以點綴焉，非詳於禽，而略於獸也。至若牛馬，自有全經，亦非草茵芳徑之所宜，故不贅。

鹿

鹿，一名「斑龍」，陽獸也，隨在山林有之。狀如小駒，尾似山羊，頭側而長，脚高而行速。牡〔一五〕者身大，有角無齒。夏至感陰氣則角解，其質白斑，《爾雅》名「麚」。牝者身小，無角無斑。黃白雜毛而有齒，俗稱「麀鹿」。孕六月而生子，其性最淫，一牡常交數牝，連母鹿皆群，故謂之「聚麀」。能別良草，又喜食龜并紙。食則相呼，行則同旅，居則環角向外以防害，臥則口朝尾閭以通督脈。五百歲變白，千歲爲玄，自能樂性，誠仙品也。官署名園多畜之，夏月常飼以菖蒲，即肥。最大者曰「麈」，群鹿每隨之。視其尾爲凖則，凡在二至時，角當解，其茸甚痛。若逢獵人，則伏而不動。遂以繩繫其茸，截之甚易。其尾能辟塵，拂氈則不蠹，置茜帛中，歲久紅色不黯。昔林和靖孤山所養之鹿，名曰「呦呦」。每呼呦呦，即至其前。有詩云：「深林柀柀分行響，淺葑茸茸疊浪痕。春雪滿山人起晚，數聲低叫喚籬門。」又，玄都觀道士，養鹿候門，客至頗能鳴而迎之。病用鹽拌料豆喂之。

兔

兔，一名「明視」。謂目不瞬，而能瞭然。隨在山林有之。其狀如貍而毛褐，首形如鼠而尾短，耳大而鋭，上唇缺而無脾，鬚長而前足短。尻有九孔，趺居而顧首不顧尾。趫捷善走，舐雄毫而孕，五月而吐子。營穴必背立相通，若以馬蘢有潤汗者塞口，則須臾自出，可以伺而取之。其性最陰狡，善營三窟。然又易馴，故人多畜以爲玩好。又云：牝牡合十八日而即育，極易繁衍。又，昆吾山出狡兔，雄色黄，雌色白，能食丹石銅鐵。昔有吴王武庫，兵器皆盡，因穴得二兔，一黄一白，腹中腎膽皆鐵，取以鑄劍，切玉如泥。或云：兔壽可千歲，至五百歲，則色自白。近日常州出一種白兔，乃銀鼠也，非數百年之物。又聞亳州吉祥寺，有僧誦《華嚴經》，忽一紫兔自來，馴伏不去。每日隨僧坐起，如聽經狀，惟餐菊花，日飲清泉而已。其僧每呼以菊道人，則兔應聲而至，亦異類之有覺者也。

猴

猴，一名「猢猻」，一名「馬留」。好拭面如沐，又謂之「沐猴」。面無毛似人，眼如愁胡，頰陷有嗛，可以藏食，腹無脾，以行消食，尻無毛而尾亦短。手足與兩耳，亦皆類乎人。可以豎行，聲咯咯若欬。孕五月而生子。喜浴於澗中，其性噪動害物。畜之者，使索縛其脛，坐於杙上，鞭掊旬月自馴。養馬者，多畜之厩中，任其跳躍，可避馬病。丐者畜之，教以戲舞，舉動儼如優人。好事者多般訓練，使之應門。或對客送茶，以此駭觀取樂。然雖養熟，不可縱其去來，恐攫持人物取氣。又一種小而毛紫黑者，出交趾，畜以捕鼠，勝於貓狸，頗有靈性，能知人意。飼以生米果物，則不大；若位，此猴望見朱温，忽跳躍奮擊，以致見殺，亦義獸也。如病，喂以蘿蔔。

飼之熟物，易大可厭。昔唐昭宗有一弄猴，能隨班起居，昭宗賜以緋衣。後朱温篡

犬

犬，一名「狗」，齊人名「地羊」。其類有三。若守犬，短喙善吠，畜以司昏。食犬，體肥不吠，養以供饌。惟田犬，長喙細身，毛短脚高，尾卷無毛，使之登高履險，甚捷。胎三月而生，其性比他犬尤烈。豺見之而跪，兔見之而藏。每牽之出獵，以鷹爲眼目，鷹之所向，犬即趨而攫之，故好獵者多畜焉。又一種高四尺者，名「獒」。毛多者，名「尨」，狀若獅子，脚矮身短，尾大毛長，色絨細如金絲，亦善吠兼能捕鼠。至老不過貓大者，俗名「金絲狗」。最宜於書室、曲房之外，金鈴慢響爾。占驗云：狗喫青草，主天時大晴。犬病，磨烏藥與之飲，則愈。昔晉陸機仕洛，有犬名黄耳，能爲機寄書。七日而馳至其家，家人見之大驚。犬又索機家回書還洛，機甚愛焉。犬死葬之，呼爲「黄耳塚」。

貓

貓，一名「蒙貴」，又名「家狸」，捕鼠小獸也。以純黄、純黑、純白者爲上。人多美其名，曰「青葱」，曰「叱撥」，曰「紫英」，曰「白鳳」，曰「錦帶」，曰「雲圖」。如肚白背黑者，名〔一六〕「烏雲蓋雪」。身白尾黄，或尾黑者，名「雪裹拖鎗」。四足皆花，及尾有花，或狸色，或虎斑色者，謂之「纏得過」。相貓之法：必須身似狸，面似虎，柔毛利齒，口旁有剛鬚數莖，尾長腰短，目若金鈴，上齶多稜者爲良。俗云：貓口中有三坎者，捉鼠一季；五坎者，捉鼠二季；七坎者，捉鼠三季；九坎者，捉鼠四季。其睛可以定時，子午卯酉如一線，寅申巳亥如滿月，辰戌丑未如棗核。鼻端常冷，惟夏至一日則暖。性獨畏寒而不畏暑，若耳薄者，亦不畏寒。能以爪畫地卜食，隨月旬上下，嚙鼠首尾。其性皆與虎同，此陰類之相符也。其孕則兩月而生，一乳三四子。恒有生出即自食之者，是因屬虎人視之故也。俗傳牝貓無牡交，但以竹箒掃背數次，則孕。或用斗覆貓於竈前，以刷箒頭擊斗，祝竈神而求之，亦有胎。《相貓訣》云：露爪能翻瓦,腰長會走家。面長雞種絶,尾大懶如蛇。養之法:在初生時,日以硫黄少許,納於猪腸内,或拌飯與之食,則遇冬不畏冷,偷臥竈内。如貓有病,以烏藥磨水,灌之即愈。若人偶踏傷,以蘇木煎湯療之。貓食薄荷則醉。以死貓埋近竹地,則竹自引之而來,亦氣類之相感也。昔有貓與犬同時而産,好事者暗使之易乳而飲,以此眩奇。凡貓喫青草,主天必大雨。

松　鼠

松鼠,一名「鼪鼠」,隨地有之。居土穴或樹孔中,形似鼠而有青黄長毛。頭嘴似兔,而尾毛更長。善鳴,能如人立,交前兩足而舞。好食粟豆,善登木,亦能食鼠,人多取以爲玩弄之物。初時性劣,宜以銅索繫之,豢養既久,可不用索,亦不去矣。喜投人懷袖中,恐其爪尖傷人肌膚,常於砂石上拖其爪,令不尖鋭,則無傷也。

養鱗介法

江海汪洋，鱗介之屬無窮，總非芳塘碧沼之美觀。姑取一二有色嘉魚，任其穿萍戲藻；善鳴蛙鼓，聽其朝吟暮噪，是水鄉中一段活潑之趣，園林所不可少者也。

金魚

魚之名色極廣，園池惟以金魚爲尚，青魚、白魚次之。獨鯉魚、鯽魚，善能變化顔色，而金鯽更耐久可觀。前古無缸畜養，至宋，始有以缸畜之者。今多爲人養玩，而魚亦自成一種，直號曰「金魚」矣。大抵池沼中所畜有色之魚，多鯉、鯽、青魚之類。有名金魚，人皆貴重之，不褻置於池中，惟石城以賣魚爲業者，多畜之池內，以廣其生息。但魚近土，則色不紅鮮，必須缸畜。缸宜底尖口大者爲良。凡新缸未蓄水時，擦以生芋，則注水後便生苔而水活。夏秋暑熱時，須隔日一換水，則魚不蒸死而易大。俟季春跌子時，取大雄蝦數隻，蓋之，則所生之魚，皆三五尾。但蝦指須去其半，則魚不傷。視雄魚沿缸趕咬，即雌魚生子之候也。跌子草上，取草映日看，有子如粟米大，色亮如水晶者，即將此草另放於淺瓦盆内，止容三五指水，置微有樹陰處曬之。不見日不生，若遇烈日亦不生，二三日後便出，不可與大魚同處，恐爲所食。子出後，即用熟雞鴨子黄捻細飼之，旬日後，隨取河渠穢水内所生小紅蟲飼之。但紅蟲必須清水漾過，不可著多。至百餘日後，黑者漸變花白，次漸純白。若初變淡黄，次漸純紅矣。其中花色，任其所變。魚以三尾、五尾，脊無鱗而有金管、銀管者爲貴。名色有金盔、金鞍、錦被，及印紅頭、裹頭紅、連鰓紅、首尾紅、鶴頂紅、六鱗紅、玉帶圍、點絳脣，若八卦、若骰子點者，又難得。其眼有黑眼、雪眼、珠眼、紫眼、瑪瑙眼、琥珀眼之異。身背有四紅至十二紅、十二白，及堆金砌玉、落花流水、隔斷紅塵、蓮臺八瓣，種種之不一，總隨人意命名者也。養熟見人不避，拍指可呼，儘堪寓目。至若養法，如魚翻白，及水泛沫，亟換新水，恐傷魚，將芭蕉葉根搗爛投水中，可治魚汎。如魚瘦而生白點，名爲「魚虱」，急投以楓樹皮或白楊皮，即愈。或以新磚入糞桶内浸一宿，取出令乾，投缸中，亦可治虱。如水中漚麻，或食鴿糞，魚必汎死，則以糞圊解之。誤食楊花，則魚病，亦以糞解之。吳越市販，多金鯉、金鯽，大有一二尺者，畜之池中，任其游泳清波，儘堪賞玩。又五色文魚，生江西信豐縣城内，奉真觀右鳳凰井中。浙江西湖之玉泉、吳山之北大井中，及昌化山之龍澤，有身長三四尺、五彩斑文、金鱗耀目者，土人遇旱，禱雨多應。

鬥　魚

鬥魚，一名「文魚」。出自閩中三山溪内。其大如指，長二三寸許。花身紅尾，又名「丁斑魚」。性極善鬥，好事者以缸畜之，每取爲角勝之戲，此博雅者所未之見也。昔費無學有《鬥魚賦》，敘云：「仲夏日長，育之盆沼，作九州朱公製，亭午風清，開關會戰，頗覺快心。」又，先朝有人攜鬥魚數十頭，以貽中貴，中貴大悦，爲之延譽於朝，遂得顯擢者，皆鬥魚之力也。

緑毛龜

龜乃介中靈物也。故十朋大龜，聖人所取；金錢小龜，博覽所尚。是編原屬耳目玩好之書，非適口充腸之集。故介類雖多，而惟取於龜。龜之中，又獨詳夫緑毛者，總因其可供盆玩也。

龜，蛇頭龍頸，外骨内肉，腸屬於首。卵生，無雄，相顧而神交，或與蛇交而孕。龜蛇伏氣，背皆向東，雖有鼻而息以耳。秋冬穴蟄，故多壽，愈老則愈小，至八百年反大如錢，千年生毛，是不可得之物也。惟緑毛龜出自南陽内鄉及唐縣，今以蘄州者用克方物，土人取自溪澗中，售之四方。多畜水盆，以爲清玩。每以蝦與蜒蚰飼之。交冬除水，即藏之匣中，自能伏氣不死，來春清明後，仍放水盆中。其背上緑毛，依然如舊。若真緑毛龜，背毛竟有長至一二寸者。中有金線脊骨三稜，底甲如象牙之色，小似五銖錢者爲貴。平常龜久養盆中，亦能生毛，但易大而無金線，底板黄黑之不同爾。緑毛者，且能避蛇虺之毒，非無益於園林者也。

蟾蜍附蛙

蟾蜍，一名「詹諸」，一名「蚵蚾」，即蝦蟆之屬也。生江湖池澤間，今處處有之。又喜居人家下濕之地。其形大頭鋭，促眉濁聲，背有痱磊，行極遲緩，不解長鳴者，爲蟾蜍。《抱朴子》云：「蟾蜍千歲，則頭上有角，頷下有丹書八字。」三足者難得。形小口濶，皮多黑斑，能跳接百蟲，舉動極急者爲蝦蟆。又一種名「蛙」，生水中似蝦蟆，而皆青緑尖嘴細腹。亦有背作黄路者，謂之「金線鼃」，性好坐而以脰鳴，生子最多。一鼃鳴，百鼃皆鳴，其聲甚壯，名「鼃鼓」，至秋則無聲矣。三月上巳，農夫聽蛙聲。上晝叫，上鄉熟。下晝叫，下鄉熟。終日叫，上下齊熟。故章孝標詩云：「田家無五行，水旱卜蛙聲。」

養昆蟲法

昆蟲至微之物，何煩筆墨？然而花間〔一七〕葉底，若非蝶舞蜂忙，終鮮生趣。至於反舌無聲，秋風蕭瑟之際，若無蟬噪夕陽，蛩吟曉夜，園林寂寞，秋興何來？ 姑存數種於卷末，良有以也。

蜜　蜂

蜂有三種：蜜蜂、土蜂、木蜂。 土蜂作房地穴中，形大而黑。 木蜂作房樹上，身長腰細而黄。 皆係野蜂，無所取用。 惟蜜蜂身短而脚長，尾有蜂螫，衆蜂内有一蜂王，形獨大，且不螫人。 每日群蜂兩朝，名曰「蜂衙」，頗有君臣之義。 無王則衆蜂皆死。 若有二王，其一必分，分出時，老蜂王反遜位而出，衆蜂均挈其半，略無多寡。 從王出者，不復回舊房。 出則群擁護其王，不令人見。 當採花時，一半守房，一半挨次出採，如掠花少者受罰，但採各花鬚，俱用雙足挾二花珠。 惟採蘭花，則必背負一珠，以此頂獻於王。 又有蜂將，不善往外採花，但能釀蜜。 至七八月間，蜂將盡死。 若不死則蜜皆被蜂將食去，衆蜂必饑。 故俗諺云「將蜂活過冬，蜂族必皆空」，亦一異也。 養蜂之家，一年割蜜二次。 冬三月，天氣閉藏，百花已盡，量留蜜少許以爲蜂之糧。

春三月，百卉齊芳，則不必多留矣。若養久蜂繁，必有王分出。每見群蜂飛擁而去，速隨以行，非歇於高屋簷牙，便停於喬木茂林。收取之法：或用木桶與木匣，兩頭板蓋泥封，下留二三小坎，使通出入，另置一小門，以便開視。如蜂初分無房，即以一開口木桶，緊照蜂旁。如蜂不進桶，用碎砂土撒上自收。或用阡張紙焚烟，薰之即入桶收歸，再接桶在下，同放養蜂處。其房宜在廊下，并忌火日。小滿前後割蜜，則蜂盛。割法：先將照藏蜂樣桶二箇，輕擡起蜂桶，將空桶接上，安置端正，仍令蜂做蜜牌子於空桶內，少停數日，乘夜蜂不動時，用刀割取上桶，或用細繩擲斷，仍封蓋其上桶，然後將蜜牌子用新布一塊，濾絞浄。其蜜有白有黄，白者鮮而貴，以磁器貯之。再將蜜渣入鍋内，慢火熬煎，候其融化，復絞出渣。用錫鏇或瓦盆，先貯冷水，次傾蠟在内，渣以蠟盡爲度。人家多有畜至一二十房者。北方地燥，且無善養者，蜂多結房於土穴中，故皆土蜜。人近其房，則群必起而螫之。又不善取，故蜜少。然其功用甚大，老人服此，得以長年。調和藥石，非此不可。浸製果蔬，其用亦廣。又，西方有黑蜂，其大如壺器，亦一異也。

蛺蝶

蛺蝶，一名「蝴蝶」，多從蠹蠋所化，形類蛾而翅大身長，四翅輕薄而有粉，鬚長而美，夾翅而飛。其色有白、黑、黄，又有翠紺者，赤黄、黑黄者，五色相間者，最喜臭花之香，以鬚代鼻。其交亦以鼻，交後則粉褪，不足觀矣。然其出没於園林，翩躚於庭畔，暖烟則沉蕙徑，微雨則宿花房，兩兩三三，不招而自至，蘧蘧栩栩，不撲而自親，誠微物之得趣〔一八〕者也。昔唐穆宗禁中，牡丹盛開，有黄白蛺蝶萬數，飛集花間。網之，蓋得數百，乃金也。又，南海有蛺蝶，大如蒲帆，稱肉得八十斤，啖之，極肥美。

蟋蟀

蟋蟀，一名「莎雞」，俗名「趣織」，一作「促」。又名「蛬」，即蛩。感秋氣而生。形似蝗而小，正黑有光澤如漆。有角翅，二長鬚。其性猛，其音商，善鳴健鬥。色有青、黑、黄、紫數種，總以青、黑者爲上。其相以頭項肥、脚腿長、身背闊者善角勝。凡生於草上者身軟，生於磚石者體剛，生於淺草瘠土者性和，生於亂石深坑、向陽之地者性劣。每於七八月間，閭巷小兒，及游手好閒之輩，多荒廢本業，提竹筒、過籠、銅絲罩、鐵匙等器具，詣蓁草處，或頹垣破壁間，或磚瓦土石堆，或古塚溷廁之所。側耳徐行，一聞其聲，輕身疾趨，聲之所至，穴斯得矣。或用以鐵搲，或操以尖草。不出，再以筒水灌之，則自躍出矣。視其躍處，而以罩罩之。如身小、頭尖、色白、脚細者，棄去。若紅麻頭、白麻頭、青項、金翅、金絲頭、銀絲頭，是皆最妙者。次則黄麻頭，再次則紫、金、黑色者，盡皆收歸。每一蟲不論瓦盆泥鉢，即時養起，候有貴公子、富家郎，并開場賭鬥者，不論蟲之高低，每十每百，輸錢買去，遂細定其名號曰：油利撻、蟹殼青、金琵琶、紅沙、青沙、紺色、棗核形、土蜂形者爲一等。長翼飛鈴、梅花翅、土狗形、螳螂形者爲一等。牙青、紅鈴、紫金翅、拖肚黄、狗蠅黄、錦簑衣、金束帶、紅頭紫爲一等。烏頭、金翅、油紙燈、三段錦、月額頭、香獅子、蝴蝶形者爲一等。每日比鬥，其中有百戰百勝者，是爲「大將軍」，務養其鋭，以待〔一九〕稠人廣衆之中，登場角勝。每至白露，開場者大書報條於市，某處秋興可觀，此際不論貴賤，老幼咸集。初至鬥所，凡有持促織而往者，各納之於比籠，相其身等、色等，方合而納乎官鬥處，兩家親認定已之促織，然後納銀作采，多寡隨便。更有旁賭者，於臺下亦各出采。若促織勝，主勝；若促織負，主負。勝者鼓翅長鳴，以報其主，即將小紅旗一面，插於比籠上，負者輸銀。其鬥也，亦有數般巧處。或鬥口，或鬥間。鬥口者，勇也，鬥間者，智也。鬥間者俄而鬥口，敵弱也。鬥口者俄而鬥間，敵强也。昔人促織有忌四：一曰仰頭，二曰捲鬚，三曰練牙，四曰踢腿，皆不可用。若過寒露後，則無所用之矣。養法：在先置瓦盆百餘，近日有燒成促織盆。每盆各致其一，內填泥少許於底，用極小蚌殼一枚盛水。日以鰻魚、鱖魚、茭肉、蘆根蟲、斷節蟲、扁擔蟲飼之。如無蟲，以熟栗子、黄米飯爲常食。如促病積食，以水拌紅蟲飼之。冷病嚼牙，以帶血蚊蟲飼之。熱病，以緑豆芽尖葉，或棒槌蟲飼之。鬥後糞結，以青粉、小青蝦飼之。鬥傷，以自然銅浸水點之。牙傷，以茶薑點之。咬傷者，以童便調蚯蚓糞點之。氣弱者，飼以竹蝶。身瘦者，飼以蜜蜂。如此調養，促織之能事畢矣。

鳴蟬

鳴蟬，一名「寒螿」〔二〇〕，夏曰「螗蛄」，秋曰「蜩」。又，楚謂之「蜩」，宋、衛謂之「螗」，陳、鄭謂之「蜋蜩」，又名「腹育」。雌者謂之「疋」，不善鳴。乃朽木及蠐螬腹蛸所化，多折裂母背而生。無口而以脇鳴，聲甚清亮而聞遠，鳴則天寒。頭方有緌，兩翼六足，能含氣不食，應候守常，多息於高柳、桑枝之上，死惟存一殼，名曰「蟬蜕」。生有五德：饑吸〔二一〕晨風，廉也；渴飲朝露，潔也；應時長鳴，信也；不爲雀啄，智也；首垂玄緌，禮也。取者，以膠竿首承焉，則驚飛可得。小兒多稱馬蛁，取爲戲，以小籠盛之，挂於風簷或樹杪，使之朗吟高噪，庶不寂寞園林也。

金鐘兒

金鐘兒，似促織，身黑而長，鋭前豐後，其尾皆歧，以躍爲飛，以翼鼓鳴。其聲則磴稜稜，如小鐘。然更間以紡績蟲之聲，秋夜聞之，猶如鼓吹。此蟲暗則鳴，曉即止。

瓶以琉璃，飼以青蒿，亦點綴秋園之一助也。不因其微而棄之。

紡績娘

紡績娘，北人呼爲「聒聒兒」。似蚱蜢而身肥，音似促織而悠長，其清越過之，有好事者捕養焉。以小稭籠盛之，挂於簷下。風清露冷之際，凄聲徹夜，酸楚異常。夢回枕上，俗耳爲之一清。覺蛙鼓鶯題，皆不及也。故韻士獨取秋聲，良有以也。每日以絲瓜花或瓜穰飼之可久，若縱之林木之上，任其去來，遠聆其音，更爲雅事。

螢

螢，一名「景天」，一名「熠耀」，又曰「夜光」，多腐草所化。初生如蛹，似蚊而脚短。翼厚，腹下有亮光，日暗夜明，群飛天半，猶若小星。生池塘邊者曰「水螢」，喜食蚊蟲。好事者每捉一二十，置之小紗囊內，夜可代火，照耀讀書，名曰「宵燭」。小兒多以此爲戲。園中若有腐草，自能生之不絶，不煩主人之力也。昔車武子家貧，夜讀書無燈，以練囊盛螢炤讀。一種水螢，多居水中，故唐李卿有《水螢賦》。又，隋煬帝夜游，放螢火數斛，光明似月，亦好嬉之過也。

校勘記

〔一〕「喙」，書業堂本、文會堂本、萬卷樓本均作「緣」，據和刻本改。
〔二〕「頂」，各本均作「鼎」，據文意改。
〔三〕「顫」，書業堂本、文會堂本、萬卷樓本均作「鸇」，據和刻本改。
〔四〕「餘甘子」，各本均作「餘甘蔗」，據孟文改。
〔五〕「北」，書業堂本、文會堂本、萬卷樓本均作「比」，據和刻本改。
〔六〕「羊」，各本均作「草」，據孟文改。
〔七〕「他」，書業堂本、萬卷樓本均作「地」，據文會堂本、和刻本改。
〔八〕「賈」，書業堂本、文會堂本、萬卷樓本均作「晉」，據和刻本改。
〔九〕「貍」，書業堂本、文會堂本、萬卷樓本均作「鯉」，據和刻本改。
〔一〇〕「鶴」，各本均作「鶨」，據文意改。

〔一一〕「營」，書業堂本、文會堂本、萬卷樓本均作「管」，據和刻本改。
〔一二〕「喜燕」，書業堂本、文會堂本、萬卷樓本均作「燕喜」，據和刻本改。
〔一三〕「此」，書業堂本、文會堂本、萬卷樓本均作「化」，據和刻本改。
〔一四〕「鶩」，書業堂本、文會堂本、萬卷樓本均作「蟄」，據和刻本改。
〔一五〕「牡」，書業堂本、萬卷樓本均作「壯」，文會堂本作「牝」，據和刻本改。
〔一六〕「名」，書業堂本、文會堂本、萬卷樓本均作「如」，據和刻本改。
〔一七〕「間」，書業堂本、文會堂本、萬卷樓本均作「開」，據和刻本改。
〔一八〕「趣」，書業堂本、萬卷樓本均作「趨」，據文會堂本、和刻本改。
〔一九〕「待」，書業堂本、萬卷樓本均作「養」，文會堂本作「等」，據和刻本改。
〔二〇〕「螿」，書業堂本、文會堂本、萬卷樓本均作「漿」，據和刻本改。
〔二一〕「吸」，書業堂本、萬卷樓本均作「及」，據文會堂本、和刻本改。

附録

一、序跋

丁澎序

嘗閱檇李仲遵氏《花史》所稱花師、花醫、花妾、花姑、花翁之類甚夥，皆善種藝術得名；而又雜列之名物辯證，積有卷帙。因思士大夫邸第之外，營别墅、植卉木，爲休沐宴閒之地者，此書故不可少，市廛肉食之家，更不可無。若王芳慶《園亭花木記》、劉杳《離騷草木疏》，猶憾其未詳盡，且未及禽魚爲欠事。《群芳譜》詩文極富，而略種植之方。今陳子所纂《花鏡》一書，先花、木，而次及飛、走，一切藝植、馴飼之法，具載是編，其亦昔人禽經、花譜之遺意歟！吾知其事雖細，必可傳也。李贊皇《平泉記》有云：「鬻吾平泉業者，非吾子孫也；以一石一樹與人者，非佳子弟也。」贊皇有慨於園囿之興廢，雖一木石，猶珍重愛護之若此。舊傳其奇花異卉、老松怪石，靡不畢致，其經營於園林之課，必已久矣。而自昔池館之盛，匪直平泉也。當貞觀、開元之間，公卿貴戚開名園於洛陽，號千有餘邸，他如富人之亭榭，隱者之幽居，未易更僕可知。竊意其位置、木石、禽魚必有方，而其經營亦甚勞也。今得是書，而神明其法，身其境者，林麓儵然，魚鳥親人，會心政復不遠。一時瘠者腴，病者安，實者蚤且多。其碩茂，其蕃息，必十倍於昔時矣。不事意匠經營，而坐享其成，是書真苑囿之明鑒哉。抑聞之，柳柳州嘗爲郭橐駞作傳矣，謂問養樹得養人術，傳之以爲戒。夫橐駞數語耳，而柳子謂可移之官理。脱或見是書，其旁通觸悟，更不知何如。若其種種馴飼之方，雖謂與陶朱公《養魚》、浮丘《相鶴》諸經并傳可也！纂斯集者，爲吾友陳扶摇自稱「花隱老人」者也。

時康熙戊辰立春後三日藥園丁澎題於扶荔堂東軒。

張國泰序

昔淵明嗜菊，逸氣如雲；茂叔品蓮，清芬若漪。梅花繞砌，和靖高暝；竹翠盈堦，子猷獨逞。景兹芳韻，適足賞心；緬彼高風，不無遐契。自蛛封燕圬，一室潛虚；迨鶴去猿驚，伊人斯遠。或浮沉金馬，林園之夢未生；或驅策山川，丘壑之情罔熱。任藥欄爛熳，曾教東皇笑人；歎花幡寂寥，一聽封〔一〕姨嗣令。幸覯名花，未解品題之雅；縱當奇樹，安知位置之宜。遂至俗不堪醫，索然減興；不僅情難入勝，黯矣消神也。乃有歸來高士，退老東籬；知止名流，養安北牖。總其著作，大而經濟，微而理學，久已懸之國門；溯厥淵源，遠則皇古，近則來兹，靡不搜其閫奥。才稱繡虎，屈宋比肩；筆擅雕龍，潘陸接武。是以太玄經就，屨滿揚子之亭；長門賦成，金艷文園之席。群推祭酒，博雅登壇；競號宗工，典型在望。固應翔步金華，上備清問；庶幾燃藜天禄，偏校遺文。辨魯魚於汲史，定帝虎於竹書。式展鴻才，僉曰允矣；用昭碩學，誰云不然。奈何數奇不遇，空傳伏叟之經；窮乃益工，博極虞卿之論。遨游白下，著書滿家；終隱西泠，寄懷十畝。淹貫之餘，願學老圃，咏歌之暇，竊附陶朱。因花木而分課，依稀紫媚紅嬌；借禽魚以娱情，仿佛鱗游羽化。更念栽植之法，古人有書而未備；豢畜之術，時流從事而弗嘉。爰脩小史，多識草木之名；兼及餘刊，盡述靈蠢之屬。雖類末技，不減琅函；藉謂若箋，幾同鏽谷。如斯清玩，樂我素心；若彼〔二〕幽標，供客雅況。將見是編一出，習家之池館益奇，金谷之亭園備美。百卉争暄，别饒花藥；繁葩競露，倍結英華。勁挺冰雪之姿，芬芳馥郁之質，蓊靄森秀之光，參差掩映之色。從風披拂，弄影飛揚。奚止張公之大谷，梁侯之烏椑，周文之弱枝，房陵之朱仲，珍貴一時，誇耀奕禩而已哉。他若丹穴之精，錦鋪碧浪；珠樊之翠，聲度緑牕。南華園之蝴蝶入夢，半閒堂之蟋蟀吟秋。罔不各遂其性，各適其天。又若〔三〕魚躍鳶飛，皆入光風化日矣。我知花神結袂，競獻奇英；仙鳥連翩，争相儀舞。仲長統之樂志，不過如兹；張仲蔚之孤蹤，於焉尚已。以消永日，以享高年。展讀斯篇，恍然得之云。

時康熙戊辰花朝同學眷小侄張國泰頓首拜題。

自序

余生無所好，惟嗜書與花。年來虛度二萬八千日，大半沉酣於斷簡殘編，半馳情於園林花鳥；故貧無長物，只贏筆乘書囊，枕有秘函，所載花經藥譜。世多笑余「花癖」，兼號「書癡」。噫嘻！讀書乃儒家正務，何得云癡！至於鋤園藝圃、調鶴栽花，聊以息心娛老耳。淵明有云：「富貴非吾願，帝鄉不可期。」余棲息一廛，快讀之暇，即以課花爲事。而飲食坐臥，日在錦茵香谷中。時而梅呈人艷，柳破金芽；海棠紅媚，蘭瑞芳誇；梨梢月浸，桃浪風斜。樹頭蜂抱花鬚，香徑蜨〔四〕迷林下。一庭新色，遍地繁華。則讀倦縱觀，豈〔五〕非三春樂事乎？未幾榴花烘天，葵心傾〔六〕日，荷蓋搖風，楊花舞雪，喬木鬱蓊，群葩斂實。篁清三徑之涼，槐蔭兩階之粲。紫燕點波，錦鱗躍浪，則高臥北牕，聽蛙鼓於草間；散步朗吟，靄薰風於澤畔，誠避炎之樂土也。至於白帝徂秋，金風播爽，雲中桂子，月下梧桐，籬邊叢菊，沼上芙蓉，霞月楓柏〔七〕，雪泛荻蘆。晚花尚留凍蜨，短砌猶噪寒蟬。鷗瞑衰草，雁戾書空。同人雅集，滿園香沁詩脾；餐秀啣杯，隨托足供聯詠，乃清秋佳境也。迄乎冬冥司令，於衆芳搖落之時。而我圃不謝之花，尚有枇杷纍玉，蠟瓣舒香。茶苞含五色之葩，月季逞四時之麗。則曝背看書，猶藉簷前碧草；登樓遠眺，且喜窗外松筠，怡情適志，樂此忘疲。要知焚香煮茗，摹榻洗花，不過文園館課之逸事，繁劇無聊之良劑耳。癡耶？癖耶？余惟終老於斯矣。堪笑世人鹿鹿，非混跡市廛，即縈情圭組，昧藝植之理，雖對名花，徒供一朝賞玩，轉眼即成槁木耳。客曰：「唯！唯！既非花癖，何不發翁枕秘，授我《花鏡》一書，以公海内，俾人人盡得種植之方，咸誦翁爲『花仙』，可乎？」

时康熙戊辰〔八〕桂月，西湖花隱翁陳淏子漫題。

二、書目提要

花鏡六卷

清陳淏子撰。淏子亦名扶摇，自號西湖花隱翁，始末不詳。自序稱，平生嗜書與花，「飲食坐臥，日在錦茵香谷中」，對於種植的方法，頗多獨得之秘，因此著書立説，以公於世。書凡六卷。卷一曰「花曆新裁」，就一年十二月各記其占候以及所應從事的作業，計分栽、移植、扦插、接换、壓條、下種、收種、澆灌、培壅、整頓，凡十項。卷二曰「課花十八法」，詳述種種培護處理的方法：先論「課花大略」，概言種花原理，實爲本書精華所在。後附「花間日課」四則，「花園款設」八則，前者雖屬小品文字，但後者確是可以供研究中國造園藝術者的參考。卷三曰「花木類考」，所記凡一百種。卷四曰「藤蔓類考」，所記凡九十四種。卷五曰「花草類考」，所記凡百有三種，每種均記有别名、性狀以及栽培的方法。卷六爲附録，曰「禽獸鱗蟲考」，分記調養禽鳥、獸畜、鱗介、昆蟲的方法，那是與園藝之學并無直接關係。

本書作者自序題康熙戊辰（一六八八），似即寫成此書的年份。那時作者已年過七十，可知凡所講述，都是他畢生經驗，所以極可珍貴。只是本書不見於《四庫全書總目》，清代人所編各種叢書也都未收入，流傳的幾種版本都是坊刻本。

——王毓瑚編《中國農學書録》，中華書局一九五七年版。

花鏡六卷

清陳淏子撰。淏子一名扶搖，自號西湖花隱翁，平生始末不詳。自謂平生最喜好的是書和花，對於種植的方法，頗多獨得之秘。書的第一部份是「花曆新裁」，也就是種花月令，包括分栽、移植、扦插、接換、壓條、下種、收種、澆灌、培壅、整頓等十目。其次是「課花十八法」，暢論藝花技巧，實在是全書的精華。再次爲「花木類考」「藤蔓類考」和「花草類考」，各約百種，都附栽培技術。最後附記調養禽獸、鱗介、昆蟲的方法。書前作者的自序題康熙戊辰（一六八八），那時他已年過七十，可知書中所講的，是他畢生的經驗，確是可貴。不過從書的内容和體裁來看，明代後期流行的那種名士山人的氣息還是很顯著的，因此難免有浮誇不實之處，這一點在讀此書時似應注意。原來只有各種坊刻本，有的書名作《百花栽培秘訣》。後來又有石印本和鉛印本。康熙二十七年的善成堂刻本和金閶書業堂刻本大約是最早的版本。

——王毓瑚編著《中國農學書録》，農業出版社一九六四年版。

清陳淏子輯秘傳花鏡六卷康熙二十七年（一六八八）序刊

撰者是浙江杭州人，因懷才不遇，久居南京，晚年歸鄉，隱於西湖之畔，以園藝爲樂，編成此書。卷一花曆新裁：，卷二課花十八法，附花間日課、花園款設、花園自供：，卷三花木類考：，卷四藤蔓類考：，卷五花草類考：，卷六養禽鳥法、養獸畜法、養鱗介法、養昆蟲法。

此書述種樹之法，詳草木之情，論鑒賞之方，兼及禽獸魚蟲的飼養方法。

有各種坊刻本，日本有平賀源内校本（日本安永二年）京都（皇都）林權兵衛刊本（六册），收藏在大連圖書館、國會圖書館白井文庫、内閣文庫。日本文政元年皇都菱屋孫兵衛刊本，收藏在國會圖書館。文政十二年京都出雲寺宋柏堂修訂本，收藏在内閣文庫、國會圖書館、大阪府立圖書館。又，一九四五年由弘文堂出版了杉木行夫譯注本。一九五六年由中華書局出版了據康熙二十七年陳氏刊本的校刊本。對於上述坊刻本，王毓瑚認爲康熙二十七年的善成堂刻本和金閶書業堂刻本大約是最早的版本（二百零五頁）。又，東洋文化研究所藏有清慎德堂刊本和另一清刊本，後者有圖一卷，但未見。

——［日］天野元之助著《中國古農書考》，農業出版社一九九二年版。

花鏡提要

閔宗殿

《花鏡》是我國古代著名的觀賞植物專著。作者陳淏子，一名扶摇，自號西湖花隱翁，人稱「花癖」，也稱「書癡」，史籍中未見其事蹟記載，生平不詳。

作者在自序中説：「余生無所好，惟嗜書與花。年來二萬八千日，大半沉酣於斷簡殘編，半馳情於園林花鳥，故貧無長物，只羸筆乘書囊。」可知陳淏子是個愛花又愛書的窮書生。他說「年來虛度二萬八千日」，即寫序時已七十七歲高齡了。自序寫於康熙戊辰年（一六八八），按此推算，其出生當在明萬曆三十九年（一六一一），可知他是明末清初人。

關於陳淏子的經歷，張國泰在序中説「遨游白下，著書滿家」，曾在南京游歷過，而且著作甚富，「終隱西泠，寄懷十畝」，最後隱居於杭州，寄託情懷於園圃之間，康熙二十七年（一六八八），他將一生種花的經驗寫成了我國觀賞植物的巨著《花鏡》。

陳淏子寫《花鏡》，目的十分明確，就是要使「人人盡得種植之方」，即是使人都懂得種花的方法。他的寫作態度也十分嚴謹，除整理自己種花的經驗外，還考查歷史文獻，據統計，約有《齊民要術》、《王禎農書》、《本草綱目》、《群芳譜》等一百多種，遇到「有一二目未見，法未盡善者，多詢之嗜花友，以花爲事者，或賣花傭，以花生活者，多方傳其秘訣，取其新論，復於昔賢花史、花譜中參酌考正而後録之，可稱樹藝經驗良方，非徒紙上空言，以眩賞鑒者之耳目也」。（《課花大略》）正是這種嚴謹的治學態度，不僅使《花鏡》具有重大的學術價值，而且也使《花鏡》具有了很高的實用價值。

《花鏡》全書共六卷，十一萬多字，稱得上是一部我國古代觀賞動物和觀賞植物大全。不但内容豐富，而且在學術上有不少貢獻。

一、明確提出了植物特性的形成和環境條件的關係。作者在《課花大略》中説：「生草木之天地既殊，草木之性情焉得不異，故北方屬水性冷，産北者自耐嚴寒，南方屬火性燠，産南者不畏炎威，理勢然也。」这和達爾文關於自然選擇的進化學説和米丘林關於有機體與生活條件相統一的理論是一致的，雖然道理説得比較粗淺，但提出問題却要早上二個世紀。

二、提出了觀賞植物的園林配置原則和方法。作者在《課花十八法》的種植位置法中説：「有名園而無佳卉，猶金屋之鮮麗人；有佳卉而無位置，猶玉堂之列牧豎。故草木宜寒宜暖，宜高宜下者，天地雖能生之，不能使之各得其所，賴種植時位置之有方耳。如園中地廣，多植果木松篁，地隘只宜花草藥苗。設若左有茂林，右必留曠野以疎之；前有芳塘，後須築臺榭以實之；外有曲逕，内當壘奇石以邃之。花之喜陽者，引東旭而納西暉；花之喜陰者，植北囿而領南薰。其中色相配合之巧，又不可不論也。」自古以來，我國的花卉著作不少，粗略統計約在百種以上，但没有一部著作對於觀賞植物的園林配置作過系統的論述，《花鏡》的功績就在於首先提出了這個問題，并爲我國觀賞植物的園林配置提出了一整套的原則和方法。這對我國造園技術的發展具有重大的意義。

《花鏡》一問世，就受到人們的高度贊揚，丁澎在序中説：「思士大夫邸第之外，營别墅，植卉木，爲休沐宴閒之地者，此書故不可少；市廛肉食之家，更不可無。若王芳慶《園亭花木記》、劉杳《離騷草木疏》，猶憾其未詳盡，且未及禽魚爲欠事。《群芳譜》詩文極富，而略種植之方。今陳子所纂《花鏡》一書，先花木，而次及飛走，一切藝植、馴飼之法，具載是編，其亦昔人禽經、花譜之遺意歟。」《花鏡》問世以後，流傳很廣，書名也累有更改，有《秘傳花鏡》、《園林花鏡》、《百花栽培秘訣》、《繪圖園林花鏡》、《群芳花鏡》等名。最早的版本是康熙二十七年（一六八八）的善成堂本和金閶本。此外還有乾隆年間的文德堂本，同治四年本，一九一四年錦章圖書局的石印本，一九三六年大美書局的鉛印本和沈鶴記書局的石印本，一九五六年中華書局的鉛印本，一九六二年農業出版社出版的伊欽恒的校注本。《花鏡》在康熙五十八年(一七一九)以後，曾多次傳到日本，受到了日本人民的歡迎和重視。

本書根據同人堂本影印。

——任繼愈、范楚玉主編《中國科學技術典籍通彙·農學》卷四，河南教育出版社一九九四年版。

三、生平資料及軼文

壽陳扶揺先生七十序

林雲銘西仲

今上御極之二十有三年，甲子重開，時和物阜，閭閈咸賡太平，景星慶雲昭於天，醴泉芝秀出於地。雖僻處邃野，歲時娛樂，幼有育而老有養，爲酒介壽，雍睦成風。余自解組歸里，出荆棘而寓武林，快覩更新氣象，不苐田園桑梓之感漸忘，而鷲嶺之鬱蔥、聖湖之瀲灔，足以登眺徜徉，且多賢達文人，日相周旋觴詠，洵可樂也。夏四月，同學諸子徵余言爲扶揺先生侑古稀之爵。扶揺先生为余友簡侯尊人，簡侯與余日以詩酒文章迭相往還，因知先生最悉。請以先生之天懷高誼，燕喜詒謀，堪爲士君子楷式者質言之。夫潁川之族，德澤孔長，簪纓有繹。先生賦質醇茂，孝友性成，弱冠蜚鳴，文品卓卓爲儒林領袖，不愧元龍之遺。自高岸深谷之遷，隱跡窮巷，以藤蘿自蔽，不復與後進分青紫。杜門著書，種竹灌花以適意。凡所評定六經講義及周秦兩漢文章，莫不奉爲典則。先生之身雖恬退，而教澤之所被者廣遠矣！是以四方名公卿來游吴會者，咸願識荆就正，蓋慕先生之高，而重先生之學也。家有傳經，元燈相續，令嗣簡侯、天培，皆嗜學能文，律身循謹，胸羅錦繡，筆挾煙雲，承顔養志，克紹二難，行將月殿扳桂，秋風刷羽，鳴震天衢，顯揚庭訓。孫枝多歧挺英森，寢昌寢熾已，非余所爲天懷之高雅、燕喜之詒謀者然耶，否耶？時值清和，欣逢嶽降，庭樹陰濃，舞斑斕以樂永日，酌康爵以介大年。先生芝顔鶴髩，鼓掌掀髯，與座上賓朋談少年事，亹亹侃侃，不自知其老也。夫氣充者力强，神固者壽耈，由是而期頤大耋又何疑！方今朝廷優禮耆英，蒲輪虚左，指日下鳳凰而來星聚之門，余當從諸有司後再獻巨觥，而爲之脂車秣馬矣。

——《憑山閣彙輯留青采珍集》後函卷一

扶摇陳先生暨元配戴孺人合葬墓誌銘

方象瑛渭仁

扶摇先生世居錢塘，以儒行起家。諱淏，字爻一，號扶摇。習舉子業，入杭郡庠生，名噪鄉校中。於書無所不讀，博綜淵邃，而獨得其精醇。爲人端毅質直，敦古道，重然諾，言笑不苟，喜愠不形，人莫能測其涯際。至與人談性理、説古今經常大義及引獎後輩，輒娓娓終晨夕不倦。規方通變，各盡厥旨，所以師表流俗，訓育宗姓者，皆是道也。雖未嘗闢子雲之亭，設扶風之帳，而執經問字，時時屨趾交錯無虚席，故咸號爲「鄉祭酒扶摇先生」焉。居恒南面百城，抉二酉之異同，究五車之純駁，討論著述，悉成完書，其已梓傳世者，纔十之二三，而藏諸幃架者，尚珍積未經人管窺也。性愛秣陵名勝，欲束裝往游，適笠翁李先生卜居白門，相延作杖履老友，遂得遨游其地。

與笠翁登臨憑弔之暇，商酌魯魚，品題帝虎，而所裁定書益廣，研京鑄都，洛陽紙爲之價十倍。由是先生之名愈彰，聞風景慕者，望之不啻若太山北斗云。晚年以齒日加進，倦而歸里，出其餘緒，頗留意於花木禽魚之興。推物理，本生趣，凡栽藝玩畜之法，無不雅合，而備極稱賞於丁祠部飛濤先生，而特爲弁首以梓行。復有《神仙通考》一編，考訂成帙，雖未付剞劂，而願得借觀者早喬跂俟矣。先生於時優游湖山，頤養性天，壽踰大耋，始悠然辭人間世以逝。古所謂永終譽而德音不朽者，非歟？先生祖象先公、父芝仙公，俱擅杏林橘井之學，以岐黄術活人，不可秭億計，宜其得令子穎孫以食報於無窮。而所有枕中秘，不幸俱爲祝融君所燼，故先生不及世其美爲名家宗匠者，豈數使然耶？搜集殘笈，僅存片羽，尚足以起沉疴而應若響，迄今稱御院領袖，諸君子莫不嘖嘖加太息之。先生元配戴孺人，新安□□戴公女，文學汝諧先生姐也，賢聲懿行，彤史褒嘉，婦德母儀，誠可與桓少君、孟德耀相伯仲；内助之得宜，慈輝之永被，爲何如哉！雖不獲逮先生天年，共享齊眉之慶，其源遠流長，固奕葉未艾也。先生誕三子二女，長諱枚，字簡侯，號東阜，杭府庠生，淹貫六經，縱横諸史，以文章樹幟雞壇，能令萬夫辟易，而厄於遇，徒擁皋比爲生徒，講解奧理，世競尊禮如黄叔度，不難吟風弄月而歸。所操選政，風動士林，四方名宿投刺請教，冀邀一字之光者，不憚走數千里相折衷也。仲諱根，字天培，倜儻多才，卓卓具丈夫略。雖以居奇自雄，而志氣蓋已豪邁矣。季諱□，字質芳，早卒，不嗣。孫六人，長諱德裕，字子厚，錢邑監生，名冠成均，綽有丰表，兩試棘闈，一旦時至，當破壁飛去，知非屈蠖老也。餘皆琳瑯玉樹，穎秀不群，其爲亢宗，其爲繼武，世世不替，又皆可拭目期耳。兹於康熙癸未年十月□□日卯時，簡侯與弟天培，將奉兩尊人柩合葬陸家坳祖塋南山之陽，問誌銘於余，余辱世誼，且知先生之生平最悉，不敢以不敏辭，因歷敘其大概焉。其世次俱載行述，故不再贅。

銘曰：天馬之行空兮，遽萃於此。瑞氤氳兮秀鬱起，微高賢之凝承兮，孰受其祉。蘊千秋之靈脈兮，祥發伊始；卜吉壤之綿延兮，曷其有已。天之所以報施善人兮，永斯藏而寧止。

——《憑山閣增輯留青新集》卷三

壽陳母戴孺人五十序

孫子起楚欽

余與陳子爻一弱冠時同讀書雲居，迄今三十年矣。溯洄疇昔，猶昨日事也。余兩人山川相距，或一年數晤，或數年一晤，離合無定；余兩人之心，不緣離合爲疎密，歷三十年如一日。是以人咸謂：「陳子孫子，雖異姓，猶骨肉。」良不謬已！今兹仲秋，爲尊夫人五十設悦之辰，其姻家彦修姚先生，備羔雁，設酒醴，以祝戴孺人，因屬予一言以爲壽。余謝曰：「世俗之徵文者，必求所稱名公巨卿，咳唾半天，風生珠玉，賓筵於是乎增色；即不得名公巨卿親摛文藻，亦必託筦倩墨，丐其銜印，以爲一時光重。何屑屑予言是問耶。」彦修先生曰：「唯唯否否！玄鶴東來，王母西降，言非不華，華而失實，謂之誣；采蘋續賡，沼沚載揚，言非不美，美而寡當，謂之諛。既諛且誣，非所以壽戴孺人也。」予乃唯唯載拜，稽首而颺言曰：「母道之隆，有踰於静正者乎？有踰於孝謹者乎？有踰於敬愛而勤勞者乎？若有一於是，已足永筭遐齡，而況備德也者。」孺人生名族，擅坤輿之秀，《家禮》、《内則》之篇，其夙嫻也，笄而於歸，婦儀壼範，巋然冠於鄉國。迨柄家政，庭除嚴肅，外言不入，內言不出，自非懿親，莫覯其面。即有冠婚晏會諸大禮，而裙裾未嘗曳堂閾間。至事舅姑數十年，無有怠色。芝仙先生賦性嚴峻，絶少當意者。自孺人入門，則怡然喜曰：「是真吾門佳兒婦也。」爻一母太夫人，年且古稀矣，孺人之事之也，較爲新婦時勤慎更十倍，以爲吾姑老，惟余服事久，能調性情，順好惡，是以一棗一粟，一衣一履，必躬親，假手臧獲，則闕然勿安也。爻一好讀書，壯好交游，四方之賢豪長者，覽勝湖山，未有不式陳子之閭者。爻一輒爲投轄留連，孺人則脱簪珥供殽核，賓主盡歡，不見瓶罄。或爻一出游，孺人則健持門户，擘畫經營，上事下撫，不貽爻一內顧之憂。舉丈夫子三，皆森森蘭玉，督課之責，父師兼之。是以簡侯甫髫年，知名黌序，負荀龍之目，則孺人之教居多也。然則孺人之静正如此，宜壽者一；孺人之孝謹如此，宜壽者二；孺人之敬愛勤勞如此，宜壽者三。余舉是三者，以佐稱觴，并示簡侯，簡侯拜而受曰：「先生之言，不諛不誣，是真足以壽吾母已。」

——《憑山閣增輯留青新集》卷一

賀張鄒彥五袠壽序

陳淏扶揺

乙未之春，識張君鄒彥於璜書陸子所，緣君之鳳毛履安與兒曹同負笈璜書先生墻宇。履安琪樹仙葩，遥知誕毓有本。既而稔其尊人，行誼卓犖，有古人風概，而璜書每時時向予稱道。謂其色養貞萱，友愛花蕚，爲鄉國月旦推崇。俠肝攄吐，拯危賑乏，往往傾囊濡解。以知君爲至性人。虔奉《感應靈篇》爲檢身符券，更裝標施帙，見者競生歡喜，因之湔尤浣悔者，指不勝數。以知君爲種德人。開尊埒北海，雖盛供張，不畜伶俳。布家人令，寧驕過於嘻。以知君爲嚴氣正誼人。日事鉛槧，凡石彝書畫，性命以之。愛藝藥蒔花，芳辰嫵景，偕二三韻侶，攀巖泛艇勿倦。以知君爲高致邁俗人。余恨相見晚，故十年來時親叔度麈霏，以消鄙吝。兼之兒曹得附履安筆硯礱錯，兩家遂成世誼云。乙巳蟾秋，爲君五十初度，凡與長公盤敦義者合舉觴君，屬辭於余。余何能壽君，慚馬齒忝過數齡，而踐履不逮君遠甚。余菽漿奚奉，君尚有穎封人之遺。余兒輩器識未跨中人，君之雙驥騰驤，可占萬里。余以畏罟，故隻詞不浪予，君坦心盈願，鐫寶籙以公人。余鍵户守株，空齋坐老，君巾車游墅，吟月飛觴。菀枯迥異，余何能壽君哉？偶咀君命字之指，冀步武嶧山。雖然，君蓋不僅爲鄒之彦也。君之先，幻爲赤松之遁者，韓人也；金鑑上千秋者，粤人也；希顔理學，世崇聖廡者，蜀人也。如君之至性種德，與嚴氣正誼、高致邁俗，君家自有紹衣，奚沾沾嶧山是異哉！璜書氏聞而笑曰：「孰爲鄒之彦也？孰爲韓之彦、粤之彦、蜀之彦也？乃吾兩浙人倫矜式之彦也。」請持是説以當諸君子舉觴之贄也可，詎必三多九如，便謏是贅爲。

——《憑山閣增輯留青新集》卷一

答聘啟

陳淏爻一

伏以良緣天定，肇繫足於仙耆；嘉禮時稱，賦同心於朋舊。幸昆占之吉協，荷上族之聯姻；敬陳不腆之詞，用復請期之命。恭惟台下，德重鄉邦，興甘泉石。遥遥華胄家聲，侈八座之榮；奕奕名門世澤，衍兩都之盛。爰念先世之契，葑菲不遺；俯成新締之盟，絲蘿遂結。令郎思緒雲飛，才鋒劍躍，鳳凰生而五色，豫章蘖而千尋，近承碧水之恩，佇拜彤墀之寵。自慚弱女，尚歉好儀，式誇此日朱陳，窃附當年王謝。時維孟夏，日屆長庚，蒙羔雁之鼎來，辱魚書之賁及。華裾織翠，衆稱倚馬之才；綺雀流金，妙過乘龍之選。伏願友以琴，友以瑟，既和且平；宜其室，宜其家，式燕以好。欝欝金蘭，二姓永門庭之喜色；綿綿瓜瓞，千年昌嗣續之儒風。載陳赤牘之臨，顒望重輿之迓。

——《憑山閣增輯留青新集》卷九

賀笠翁六袠舉第六子啟

陳淏扶搖

道德名言，雄雌知守，華封私祝，福壽先稱。至期男子之祥，則云多多益善；況是文人之後，必須濟濟爲奇。朝來客過，座上啼聞，龍門又産猶龍，虎子更增筆虎。載弄之璋，却用幾雙美璧；適遭其睡，已探三對驪珠。荀淑八龍，二慈將繼；賈彪三虎，兩倍先聞。直逼七崔八韓於前，遠過四李五實之上。果然芥子園笠翁園名中，須彌可納；行見一房山笠翁齋名内，玉筍同班。十年前孤舟蓑笠，何期此際遶膝盡可釣鼇；五袠時獨對寒江，孰意階前指日群看射虎。欣言及此，會須一飲三百杯，舍我其誰；斟酌再招二三子，喜之欲狂。書殊未錯，亟呼湯餅，共醉酕醄。

——《憑山閣增輯留青新集》卷九

棋銘

陳淏文一

陶唐氏傳，數合周天。縱横盈尺，方輿已全。旦旦遞易，新新勿沿。湯武一局，神仙百年。

——《憑山閣增輯留青新集》卷二九

校勘記

〔一〕「封」，《憑山閣增輯留青新集》作「風」。

〔二〕「彼」，和刻本作「披」，據《憑山閣增輯留青新集》改。

〔三〕「又若」，《憑山閣增輯留青新集》作「凡兹」。

〔四〕「蜨」，書業堂本、文會堂本、萬卷樓本均作「捷」，據和刻本改。

〔五〕「豈」，書業堂本、文會堂本、萬卷樓本均作「並」，據和刻本改。

〔六〕「傾」，書業堂本、文會堂本、萬卷樓本均作「頃」，據和刻本改。

〔七〕「栢」，書業堂本、文會堂本、萬卷樓本均作「柏」，據和刻本改。

〔八〕「康熙戊辰」，萬卷樓本作「乾隆癸卯」。

花鏡附圖

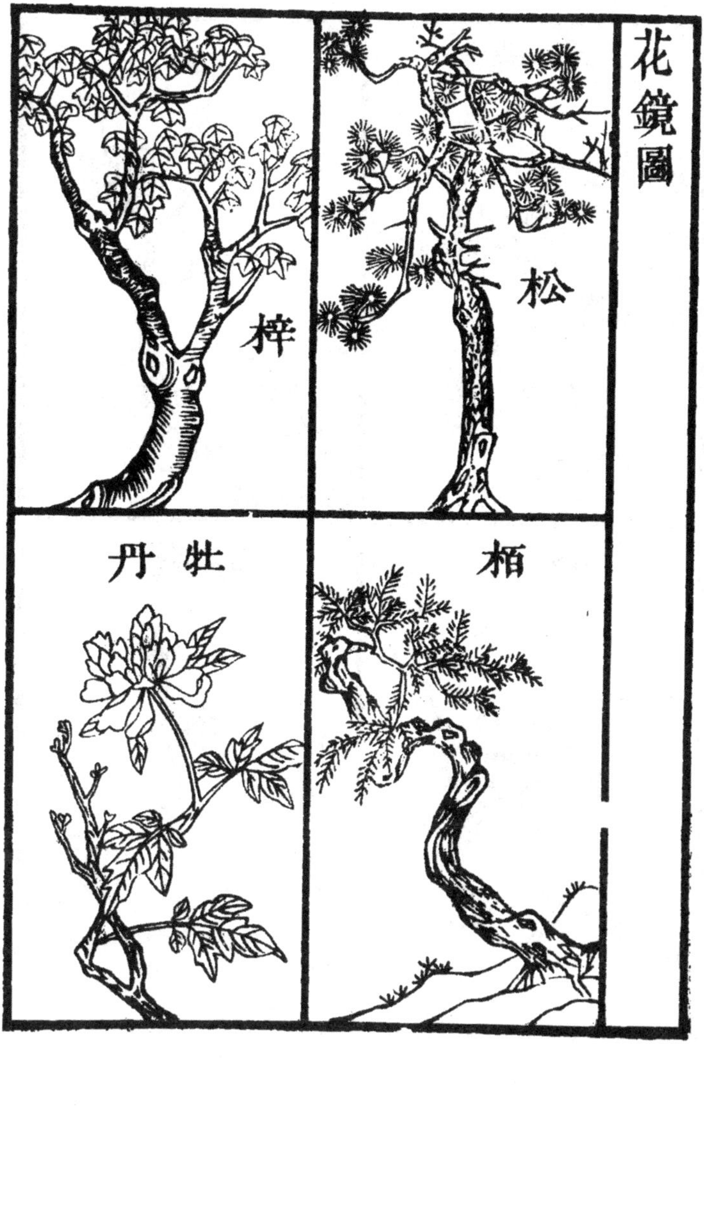
花鏡圖
松
梓
栢
牡丹

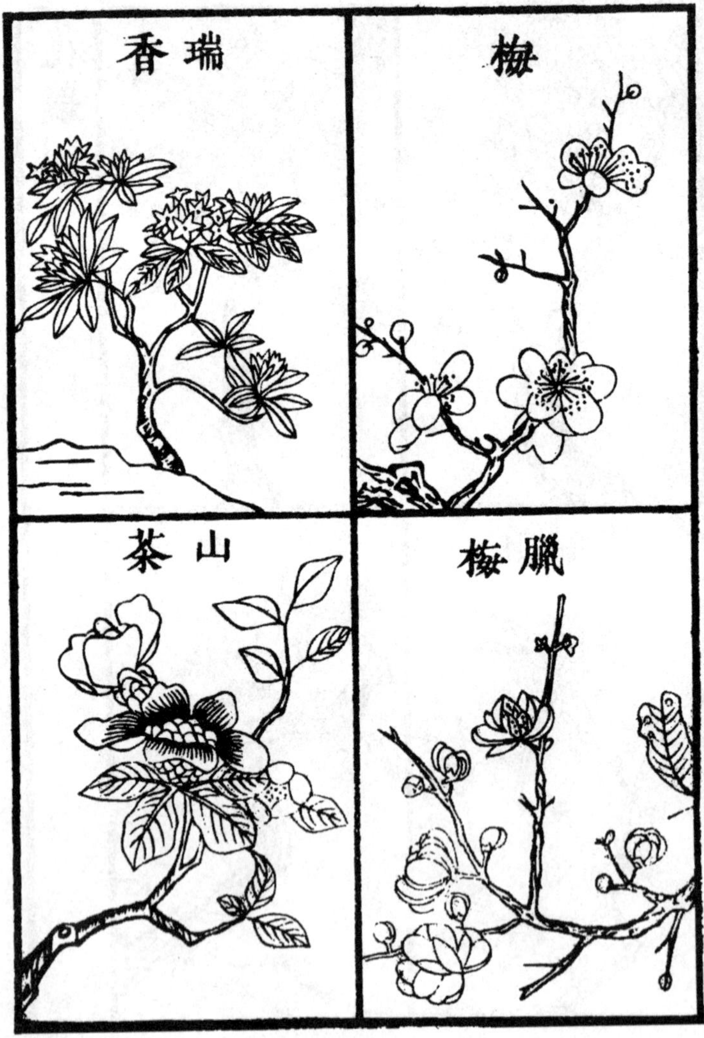
瑞香
梅
山茶
臘梅

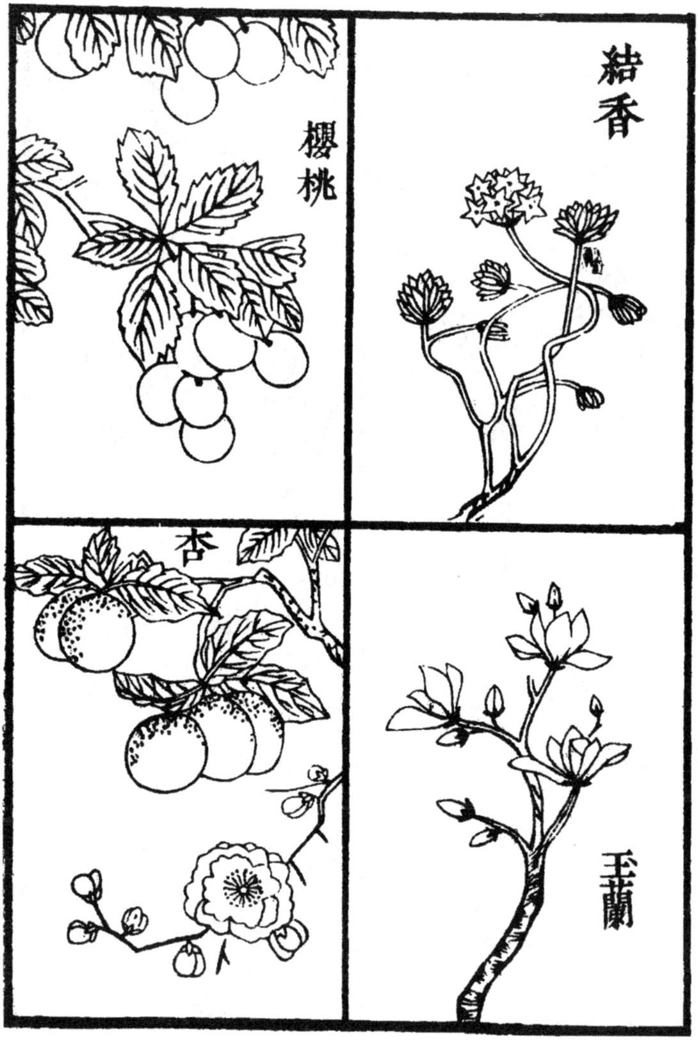
櫻桃
結香
杏
玉蘭

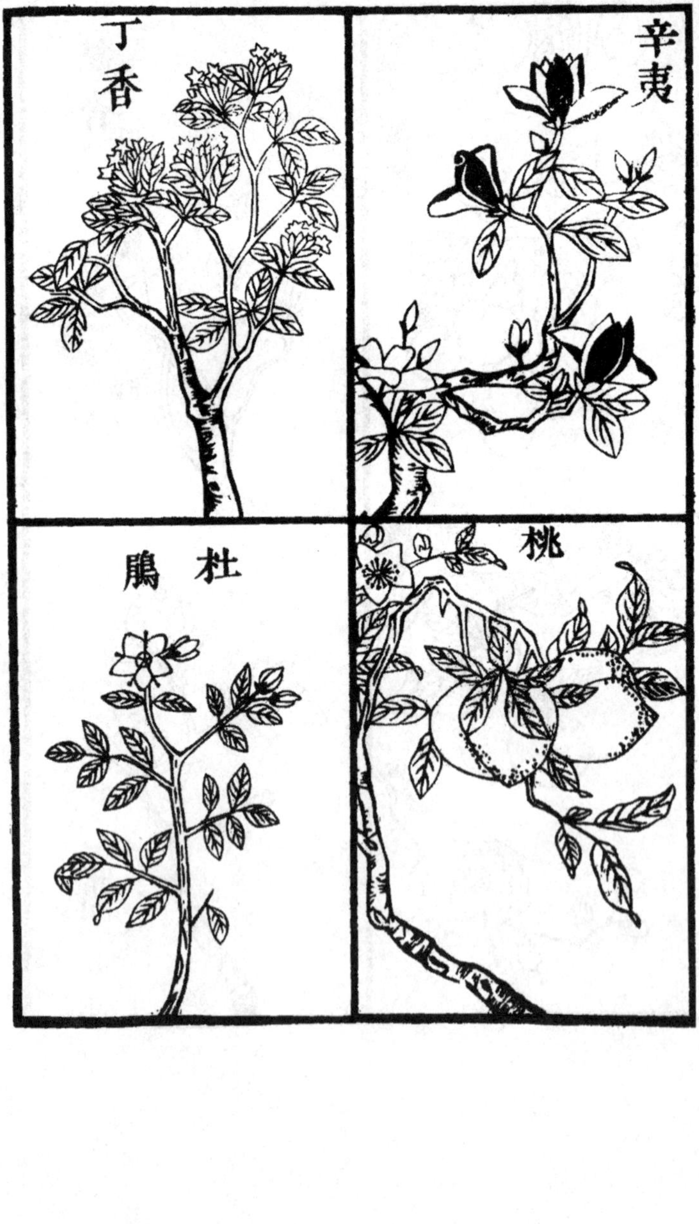
丁香
辛夷
杜鵑
桃

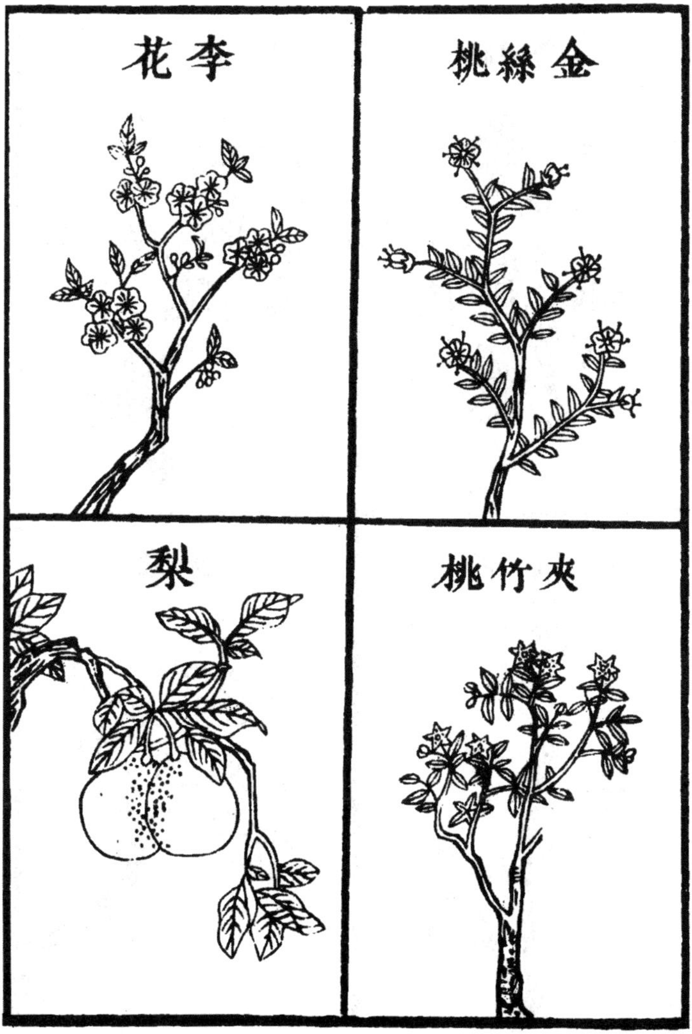
李花
金絲桃
梨
夾竹桃

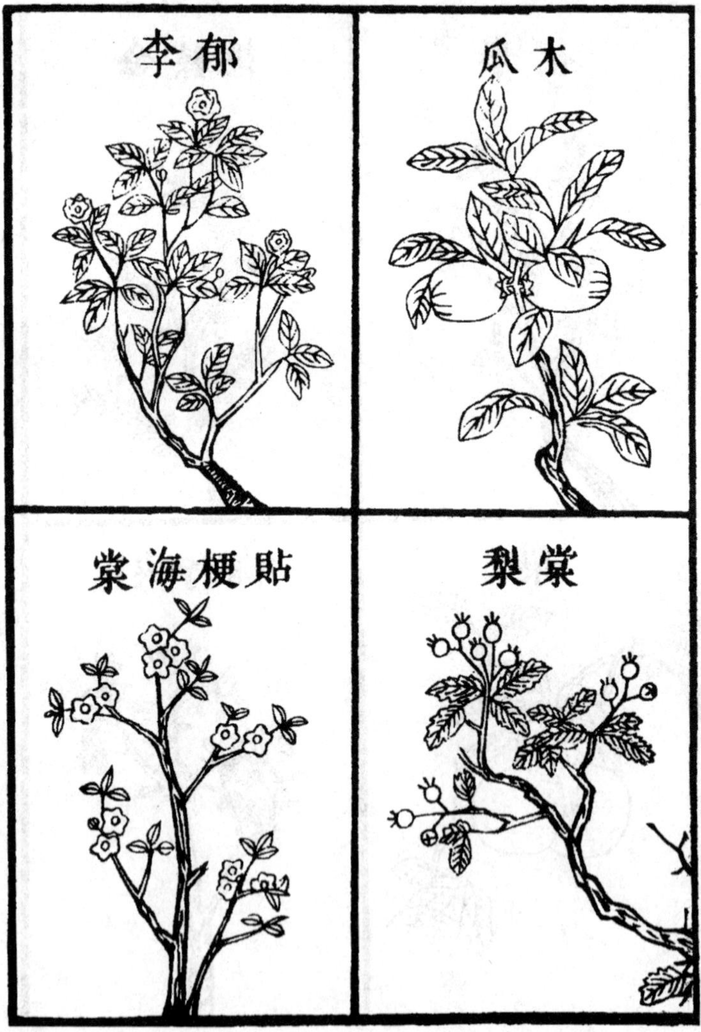
郁李
木瓜
貼梗海棠
棠梨

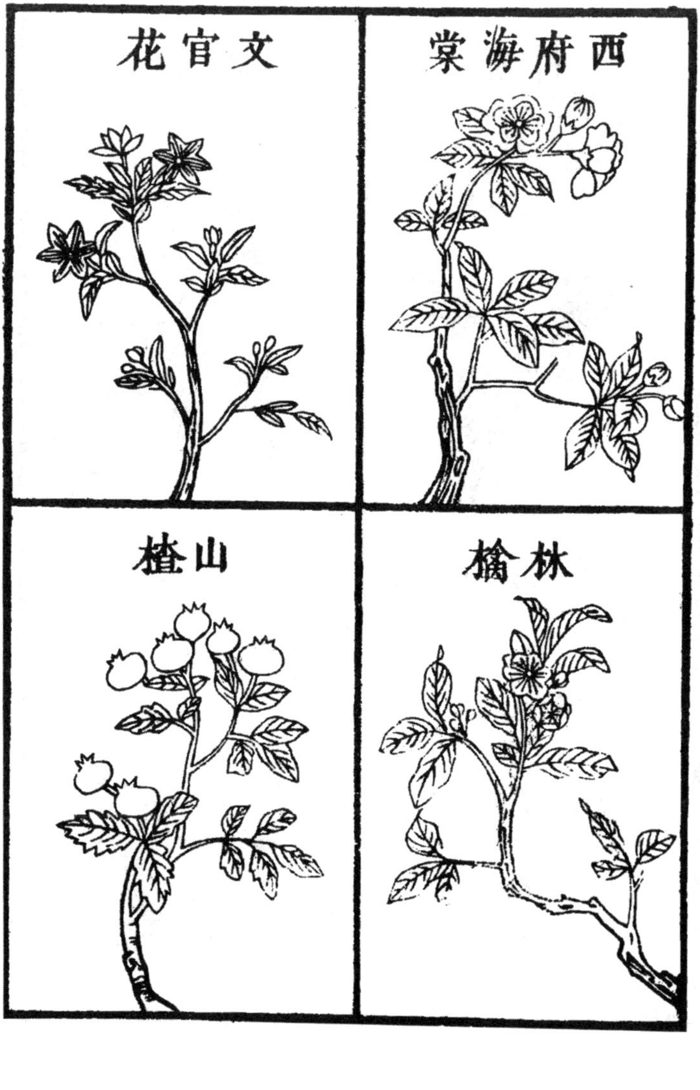
西府海棠
文官花
林檎
山楂

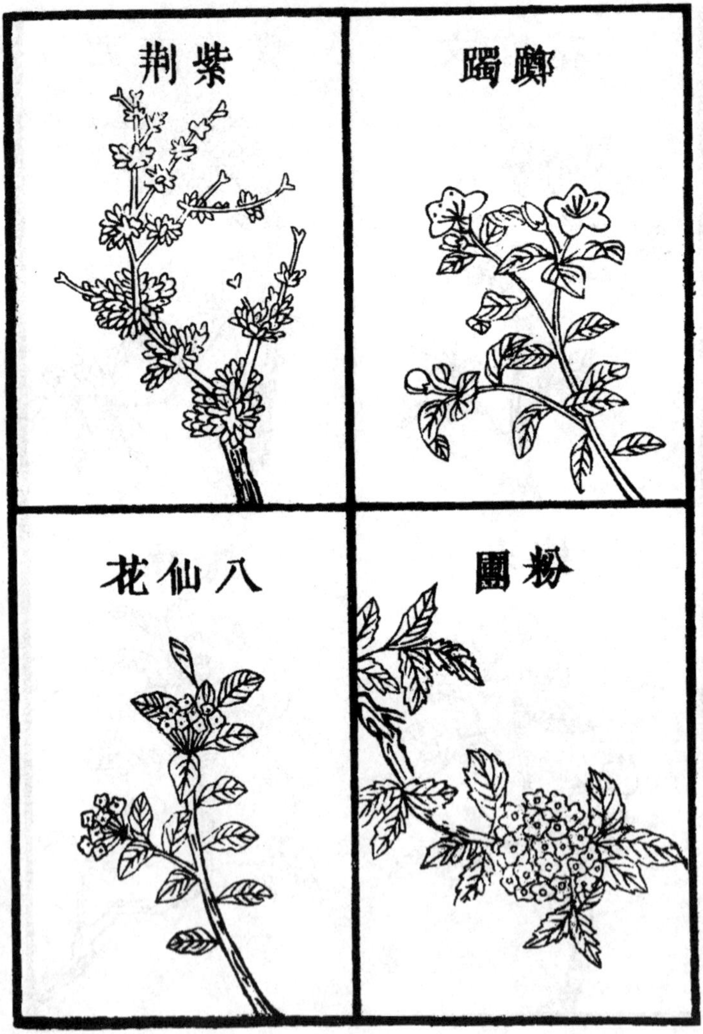
紫荆
躑躅
八仙花
粉團

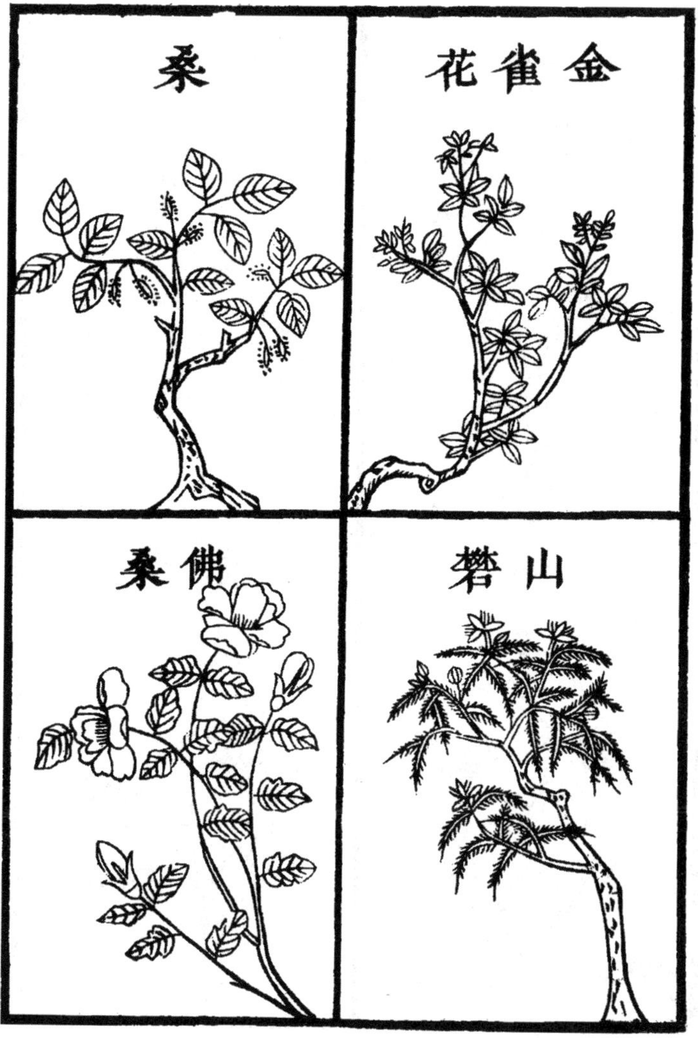
桑
金雀花
佛桑
山礬

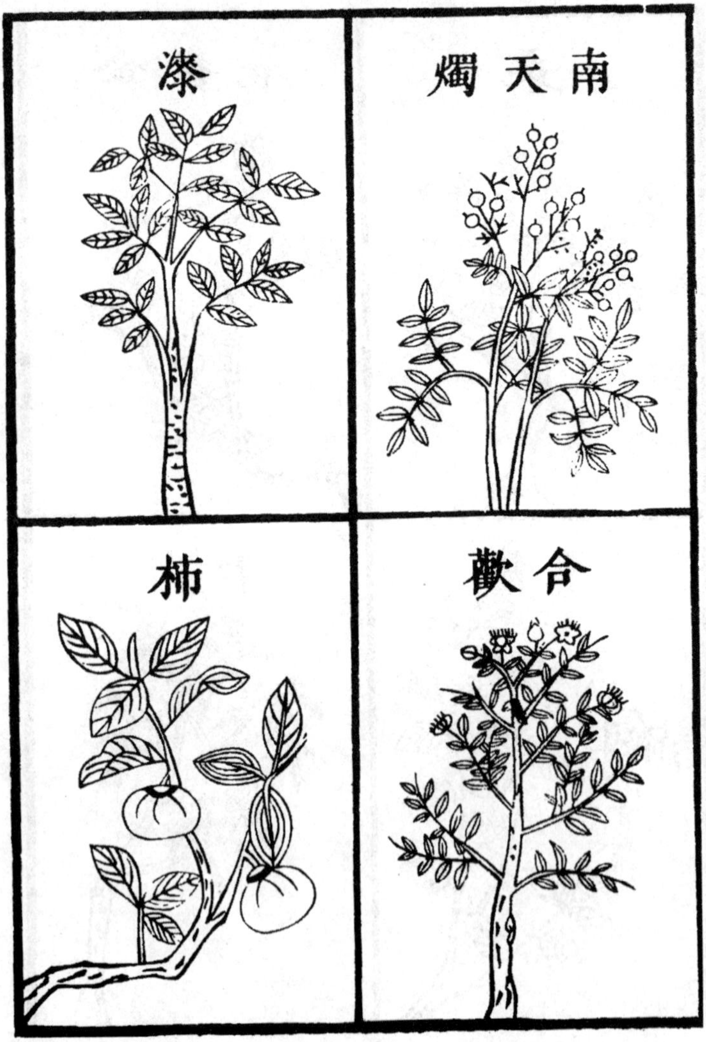
南天燭
漆
合歡
柿

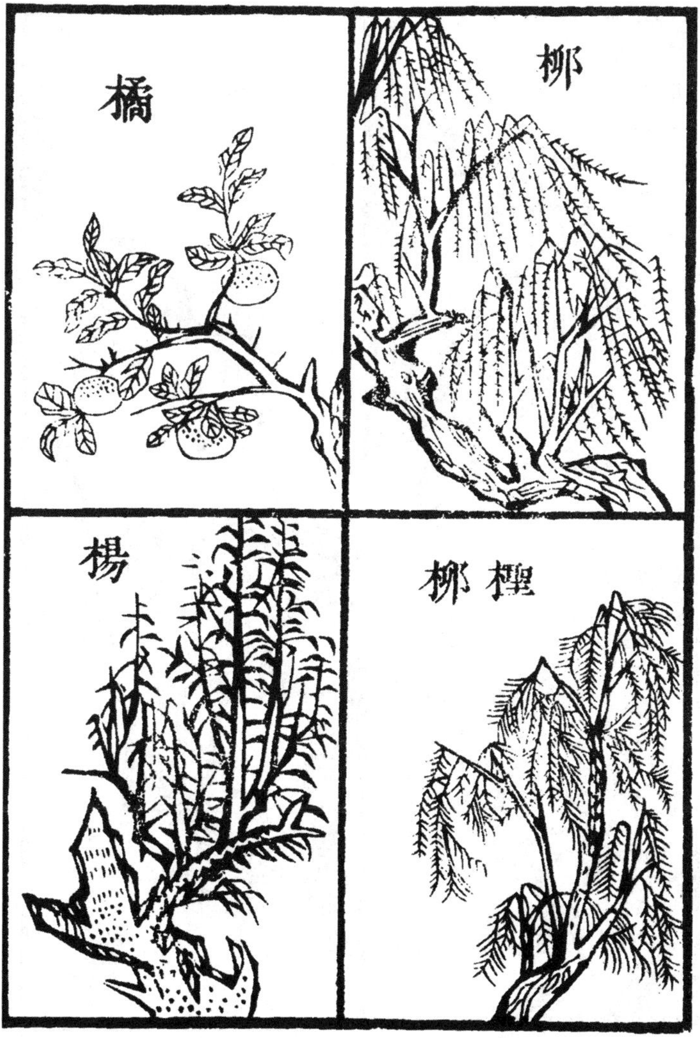
橘
柳
楊
檉柳

橙
佛手
櫞
楝

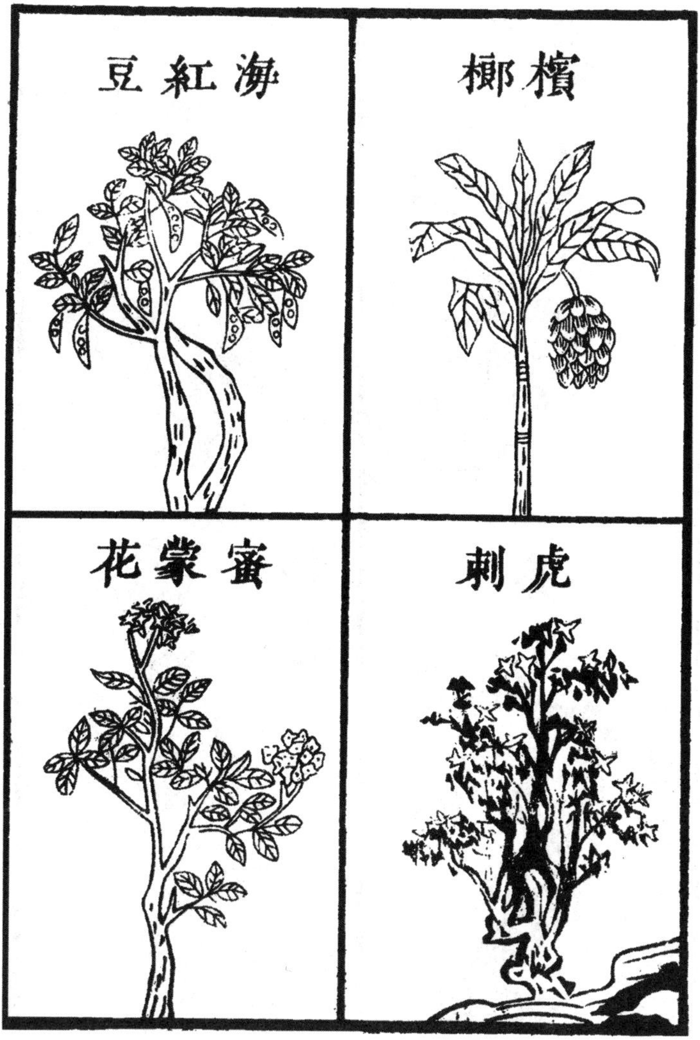
海紅豆
檳榔
蜜蒙花
虎刺

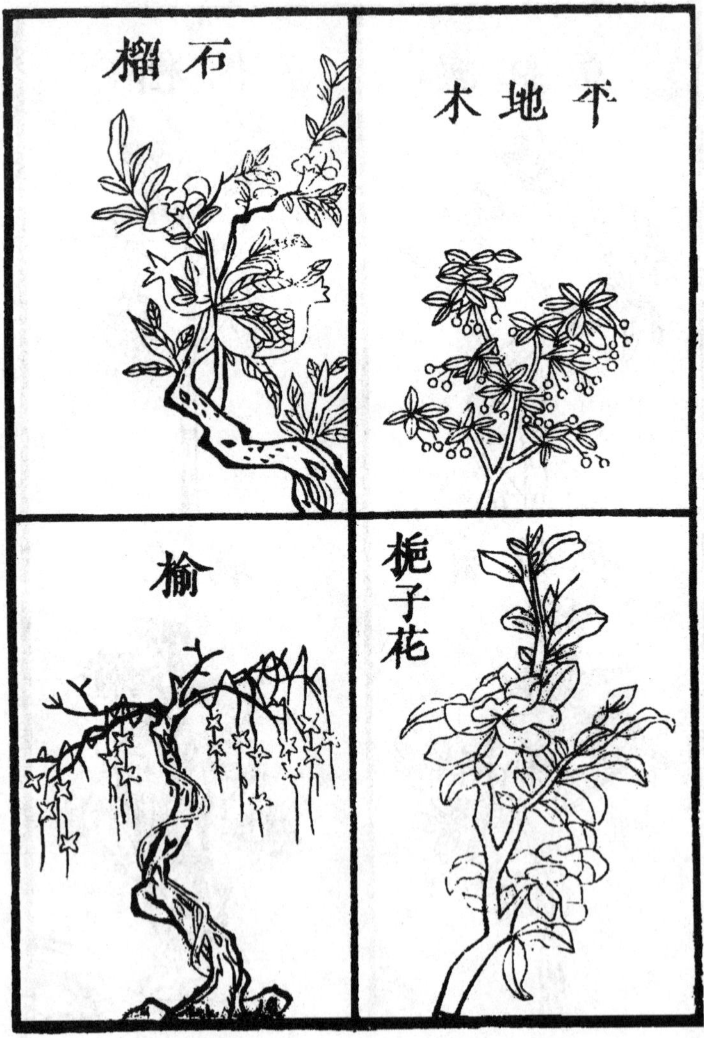
石榴
平地木
榆
梔子花

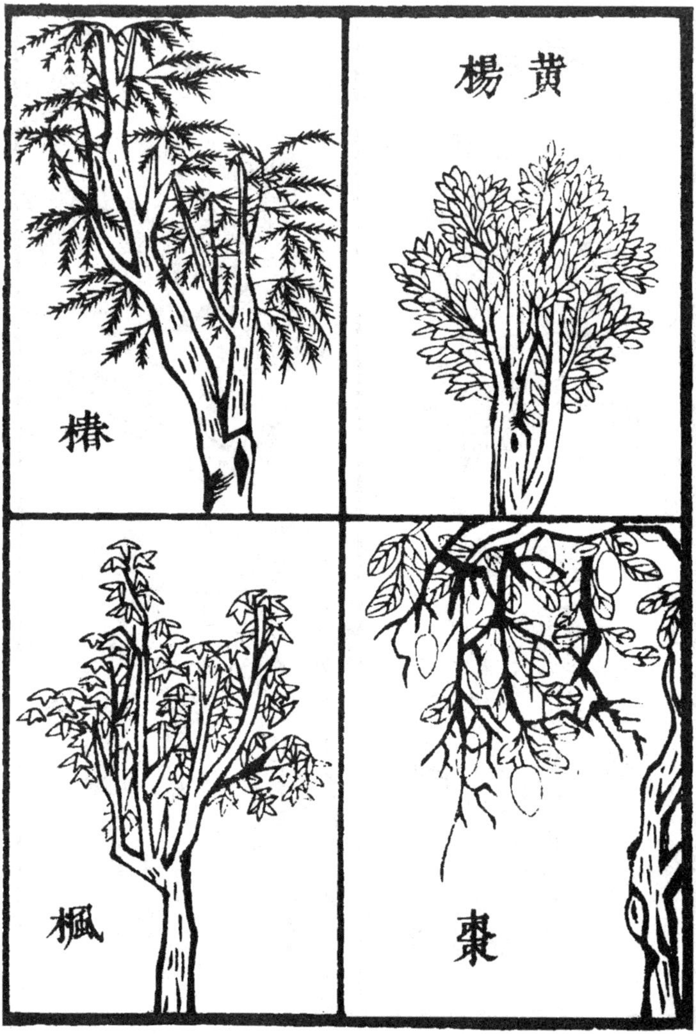
椿
黃楊
楓
棗

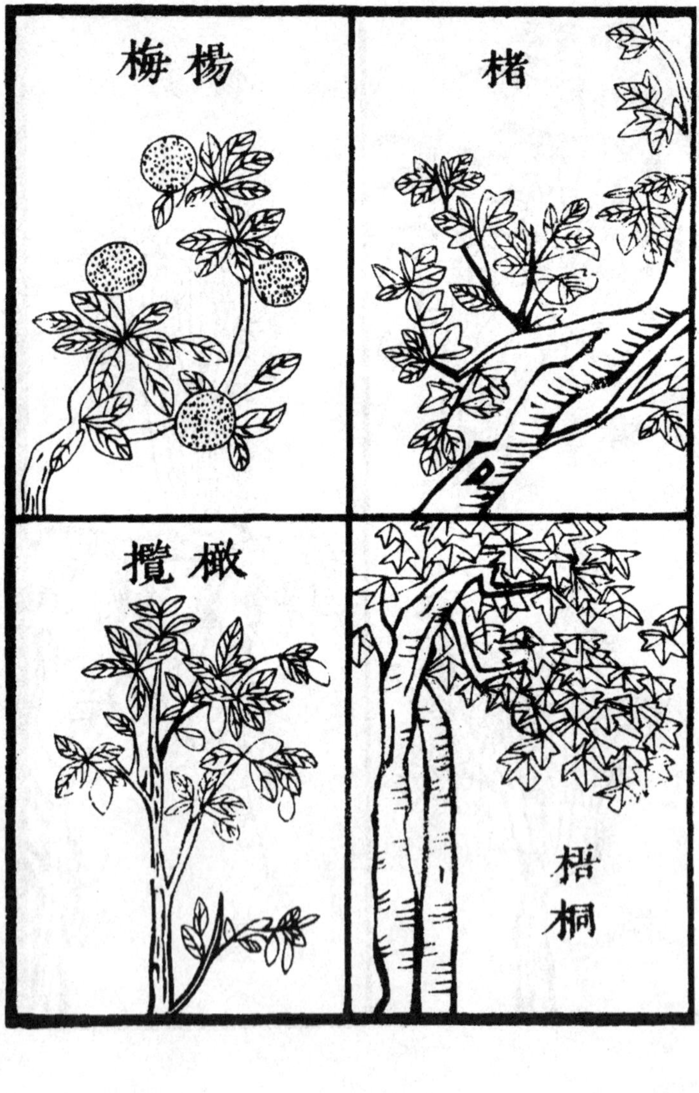
楮
楊梅
梧桐
橄欖

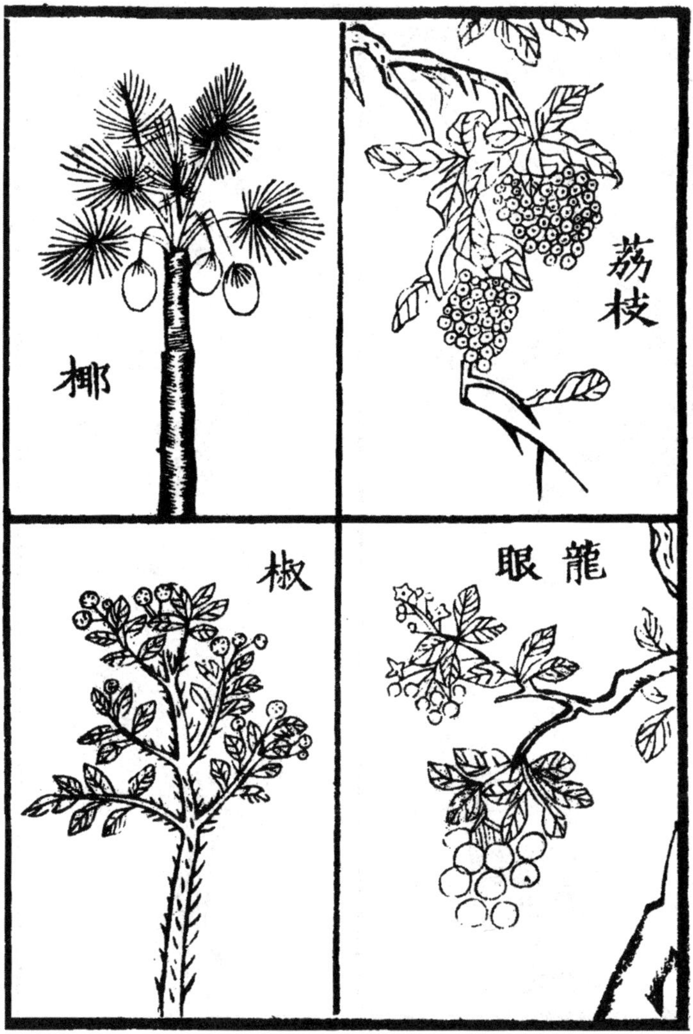
椰
荔枝
椒
龍眼

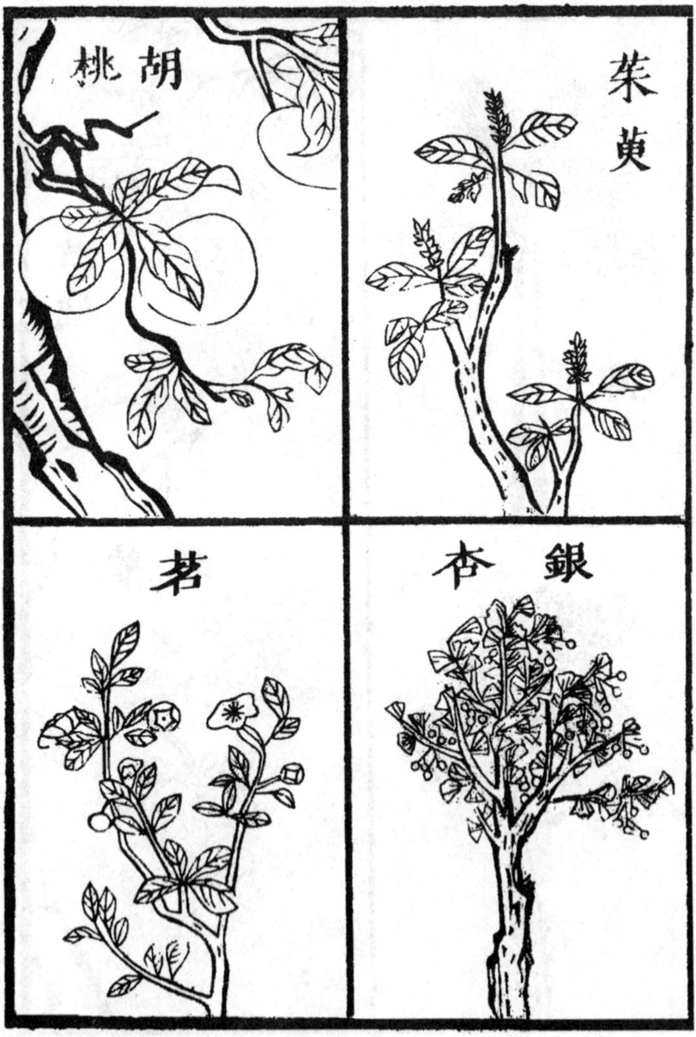
胡桃
茱萸
茗
銀杏

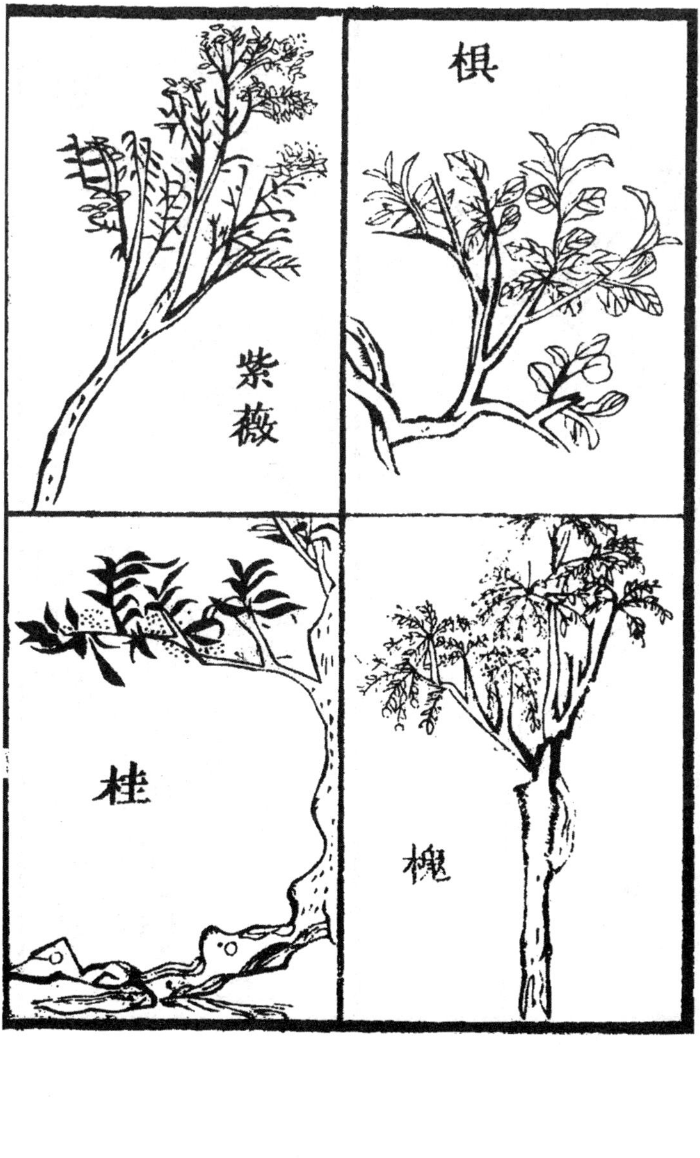
紫薇
椇
桂
槐

白菱
木槿
椶櫚
栗

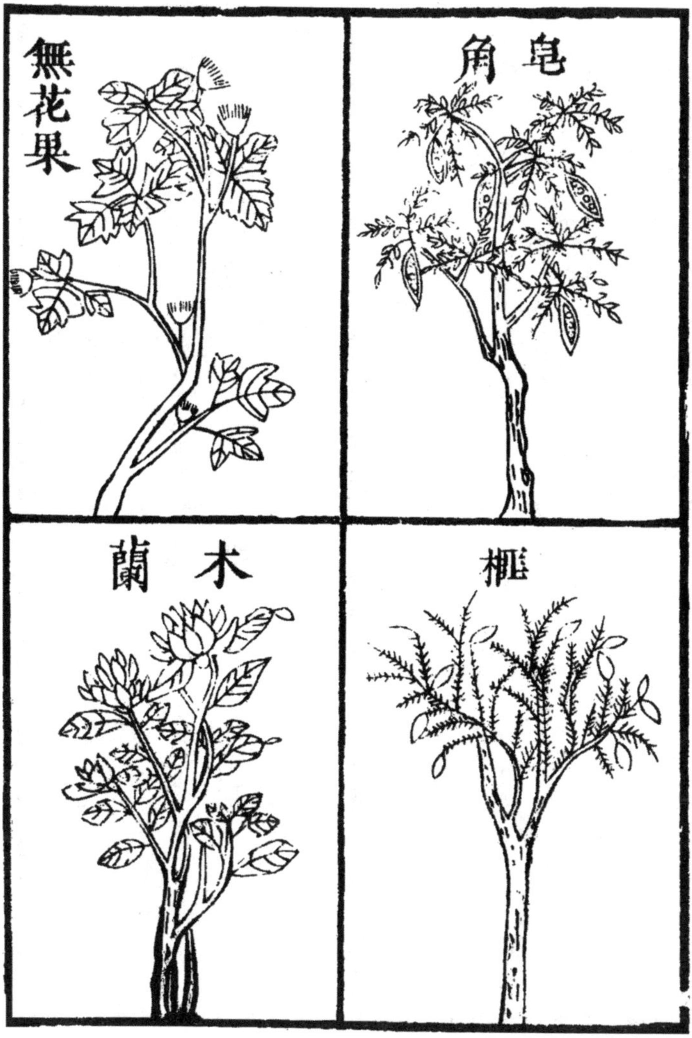
無花果
皂角
木蘭
榧

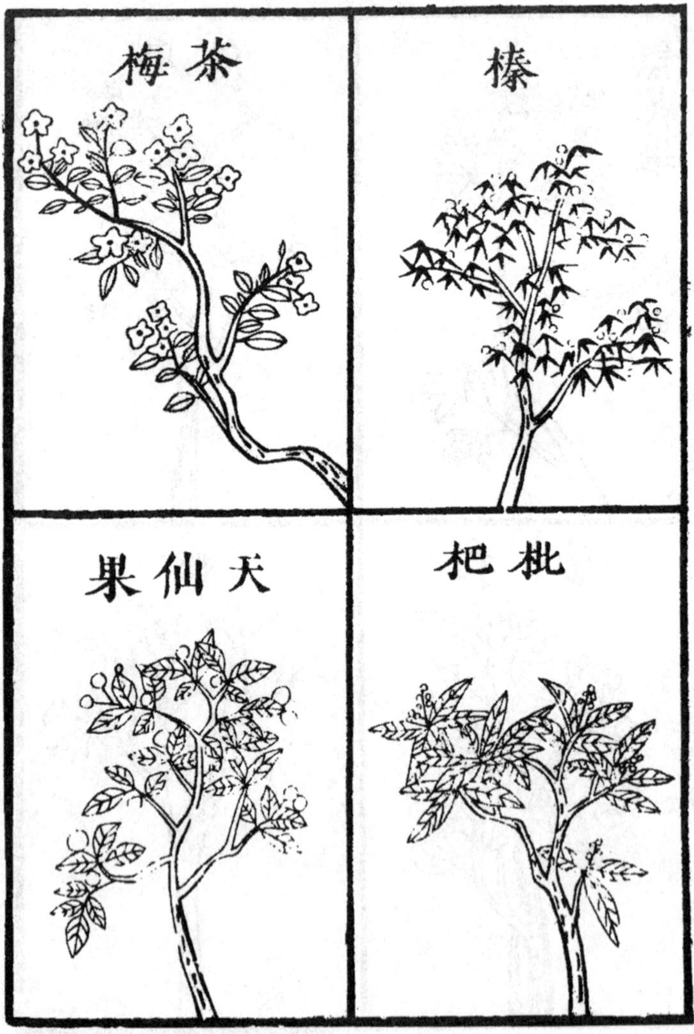
榛
茶梅
枇杷
天仙果

柏

古度子

石楠

攀枝花

鐵樹

冬青

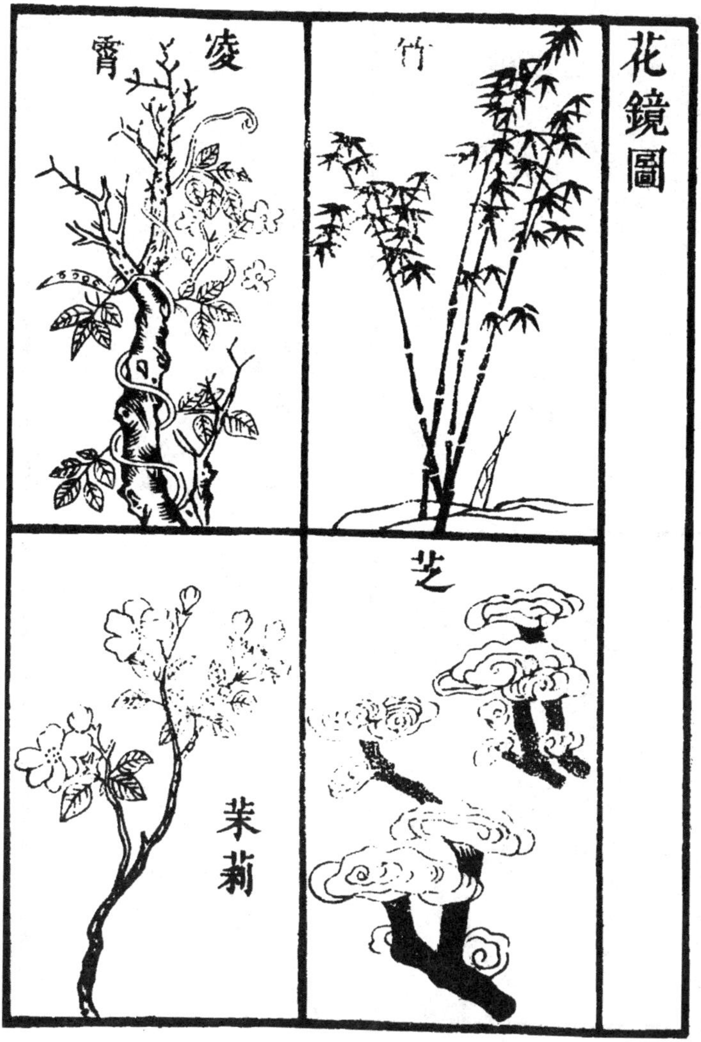
花鏡圖
竹
凌霄
芝
茉莉

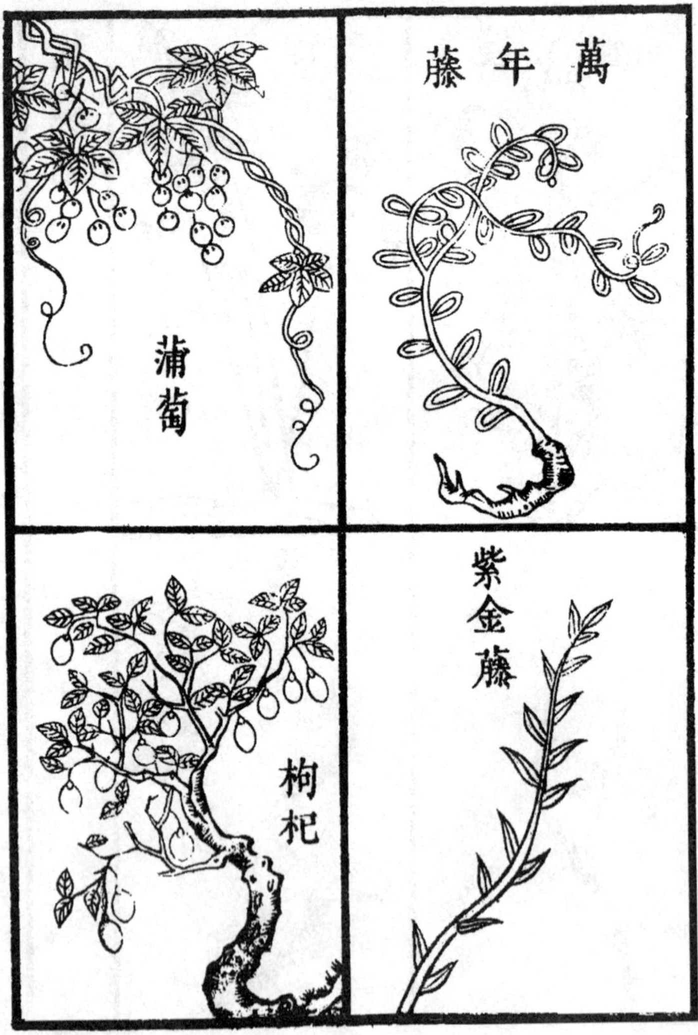
萬年藤
蒲萄
紫金藤
枸杞

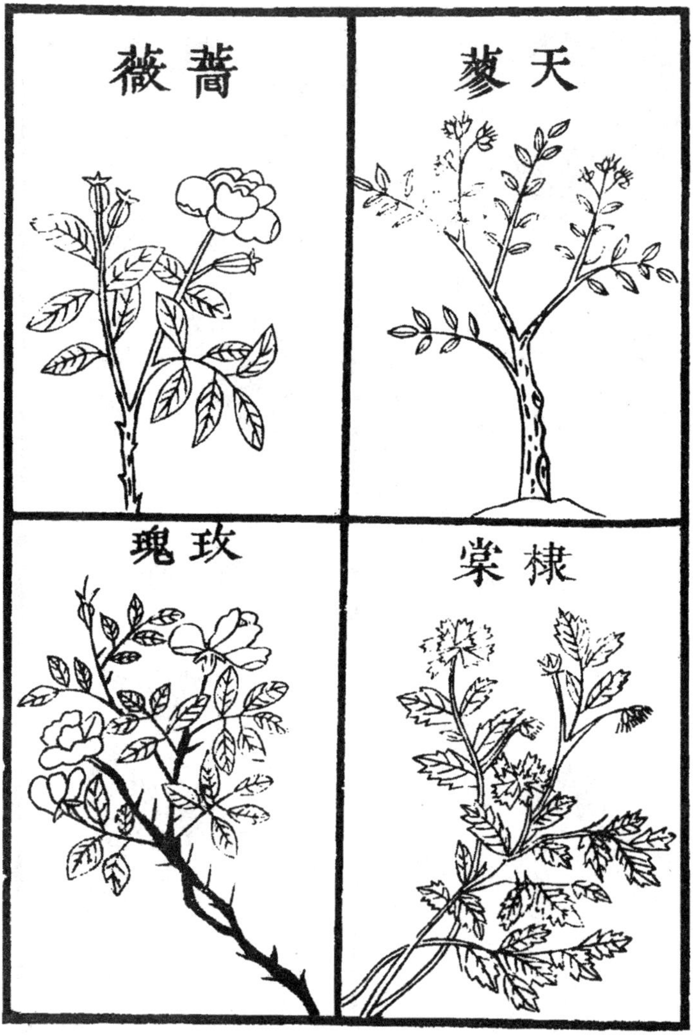
天蓼
薔薇
棣棠
玫瑰

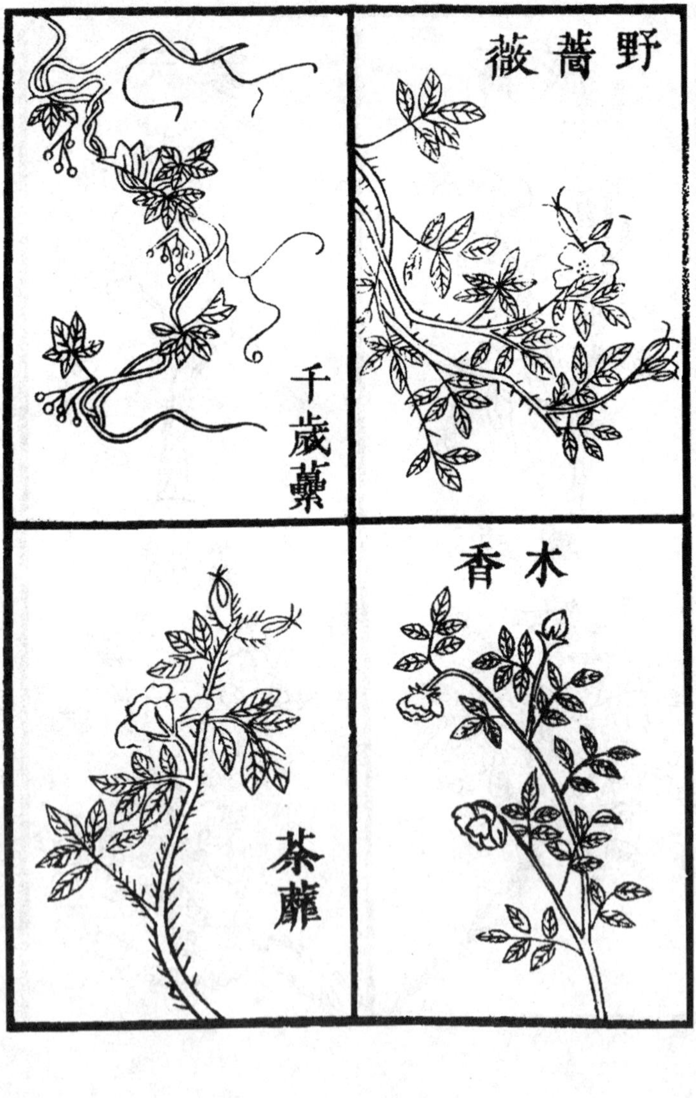
野薔薇
千歲藟
木香
荼蘼

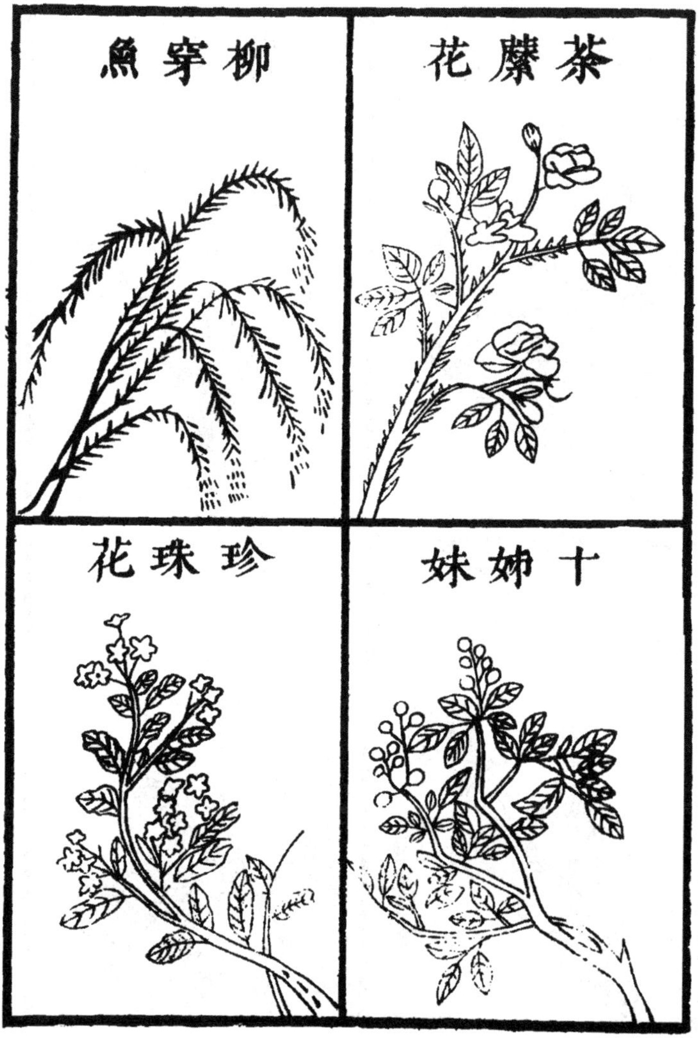
柳穿魚
荼蘼花
珍珠花
十姊妹

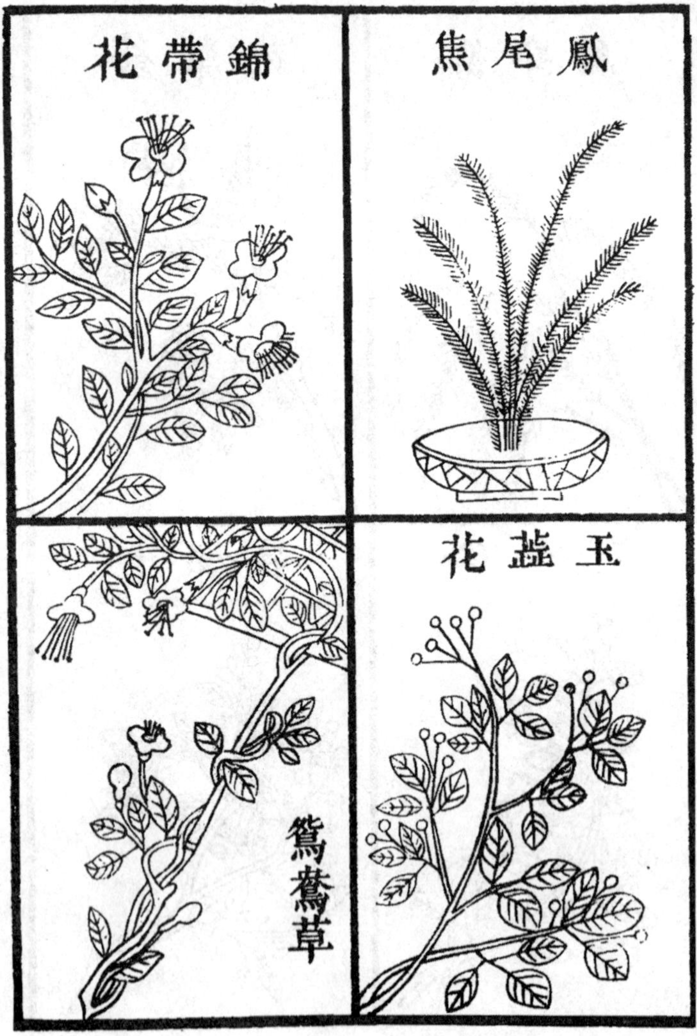
鳳尾蕉
錦帶花
玉蕊花
鴛鴦草

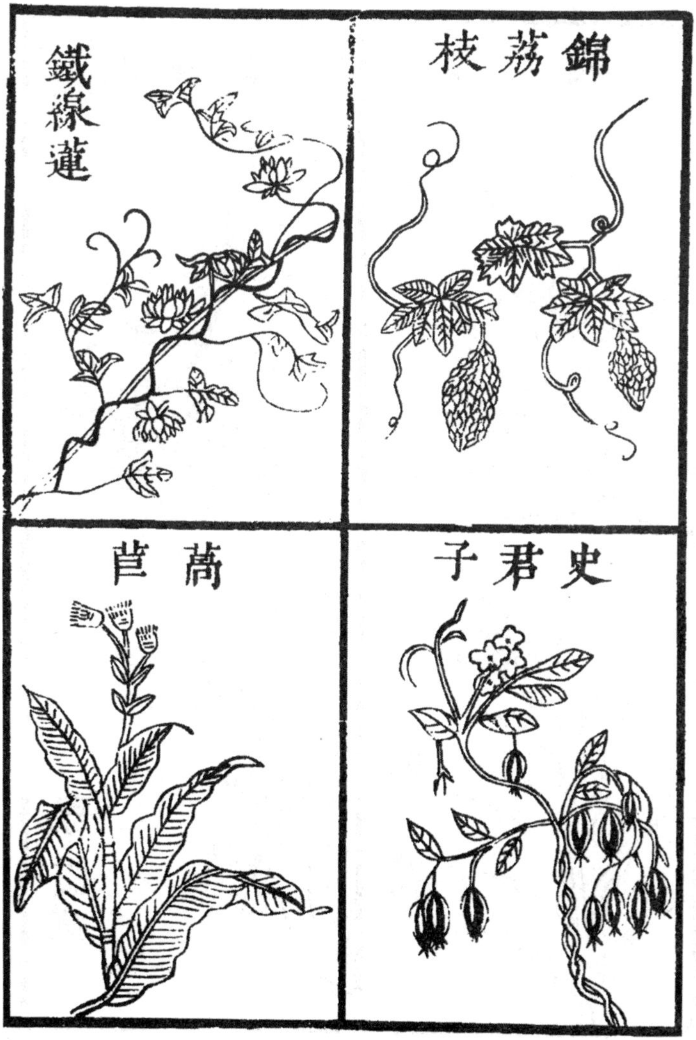
鐵線蓮
錦荔枝
萵苣
史君子

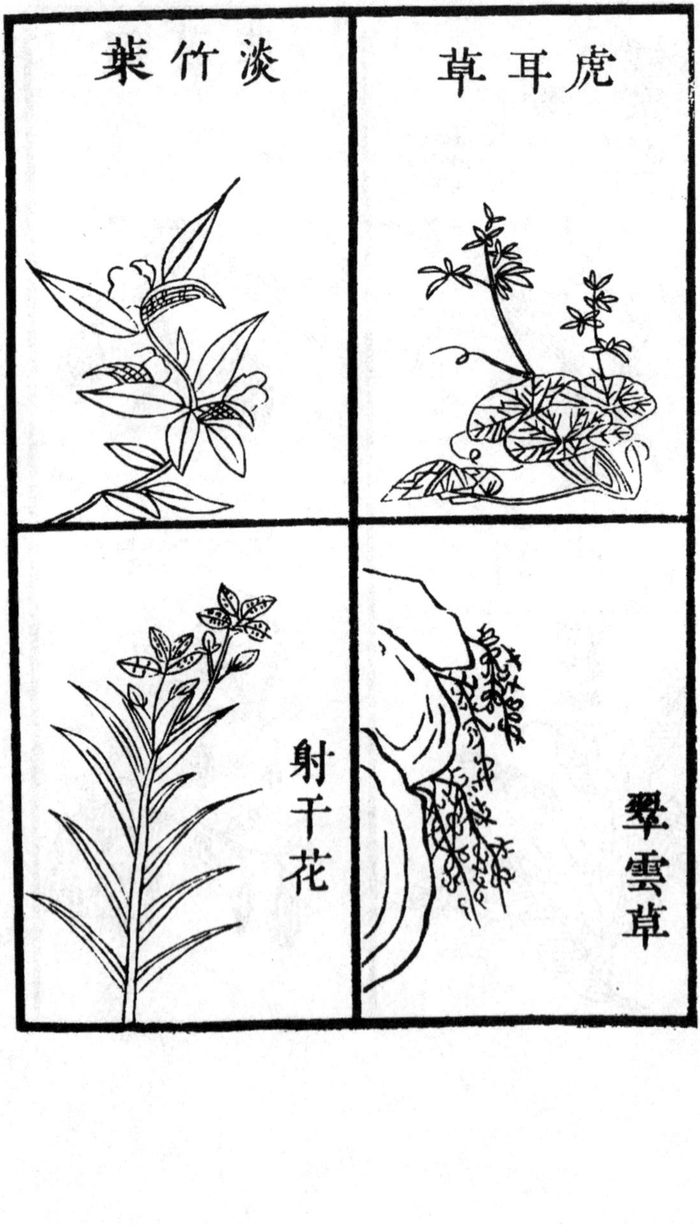
淡竹葉
虎耳草
射干花
翠雲草

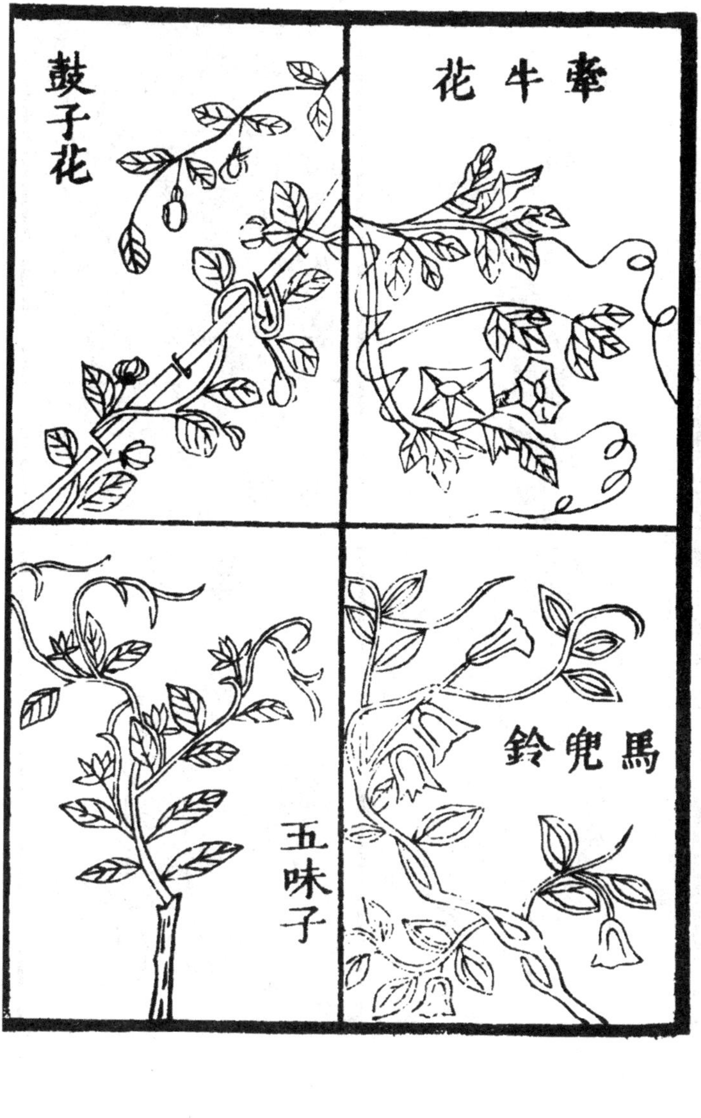
鼓子花
牽牛花
五味子
馬兜鈴

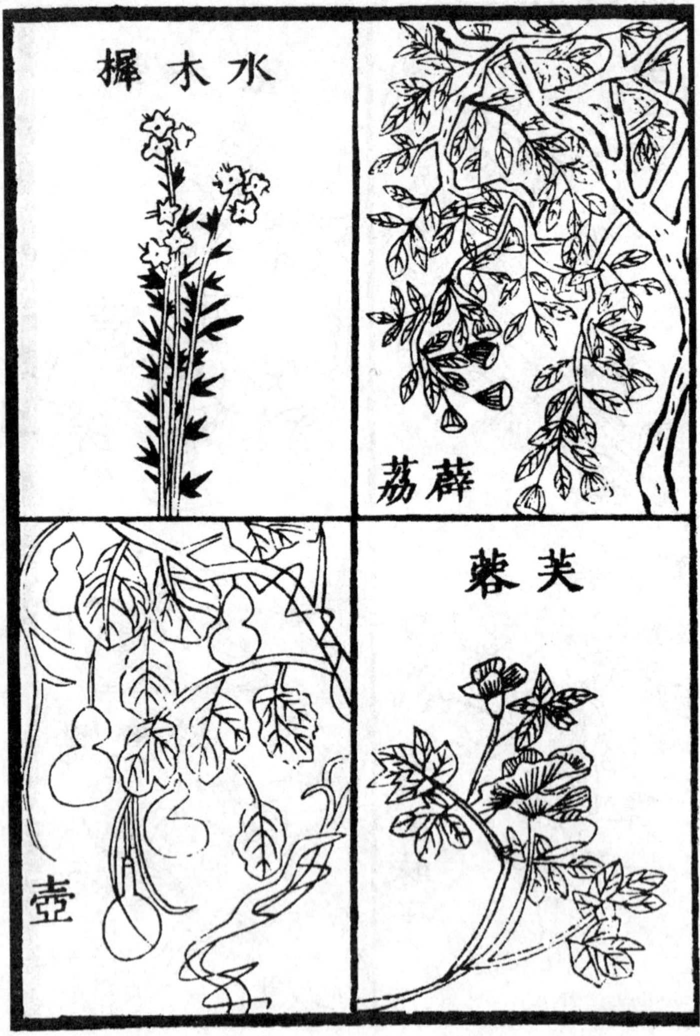
水木樨
薜荔
壺
芙蓉

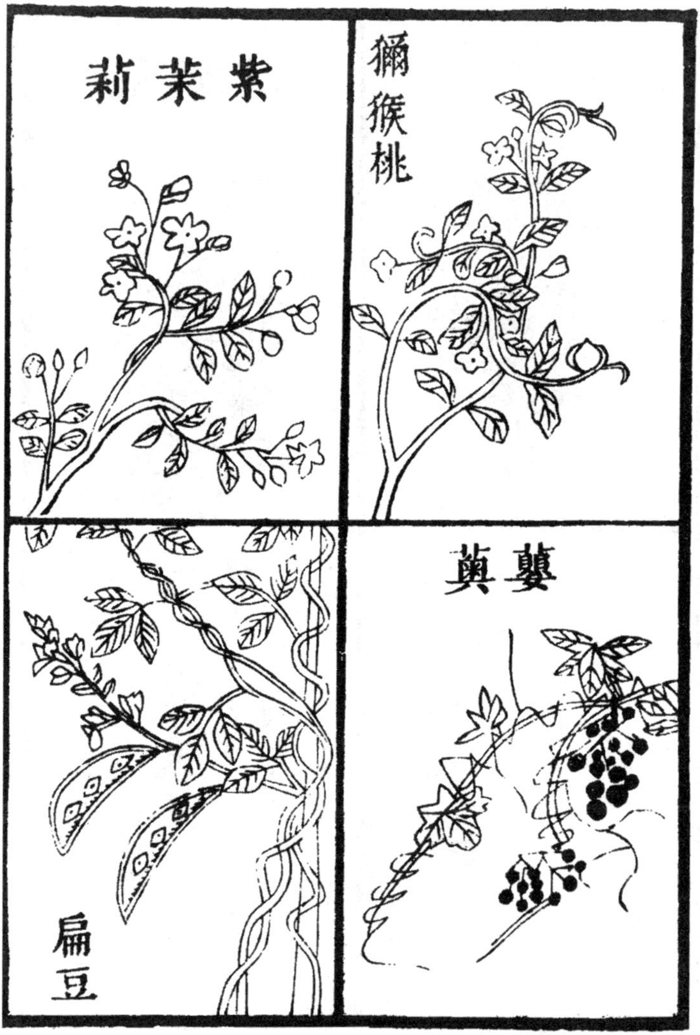
紫茉莉
獼猴桃
扁豆
蘡薁

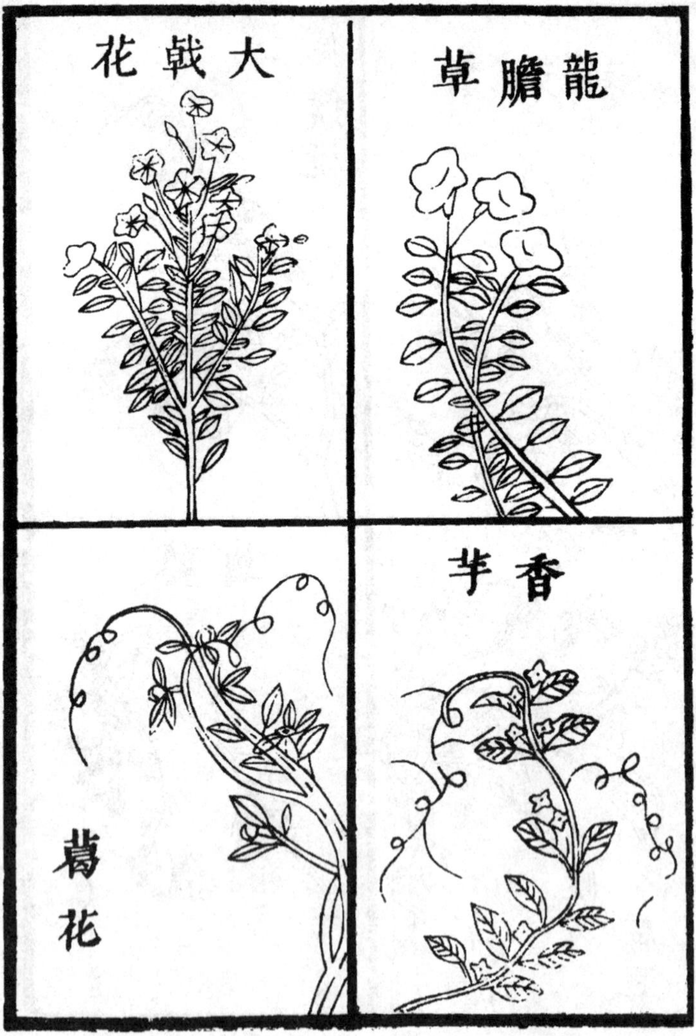
大戟花
龍膽草
葛花
香芋

紫花地丁

無風獨搖

茜草

虎杖

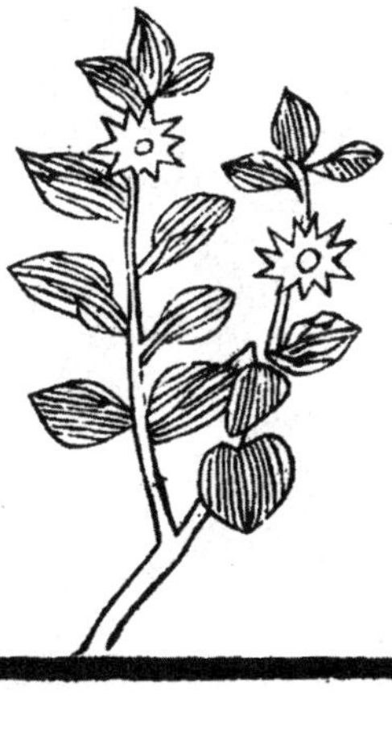

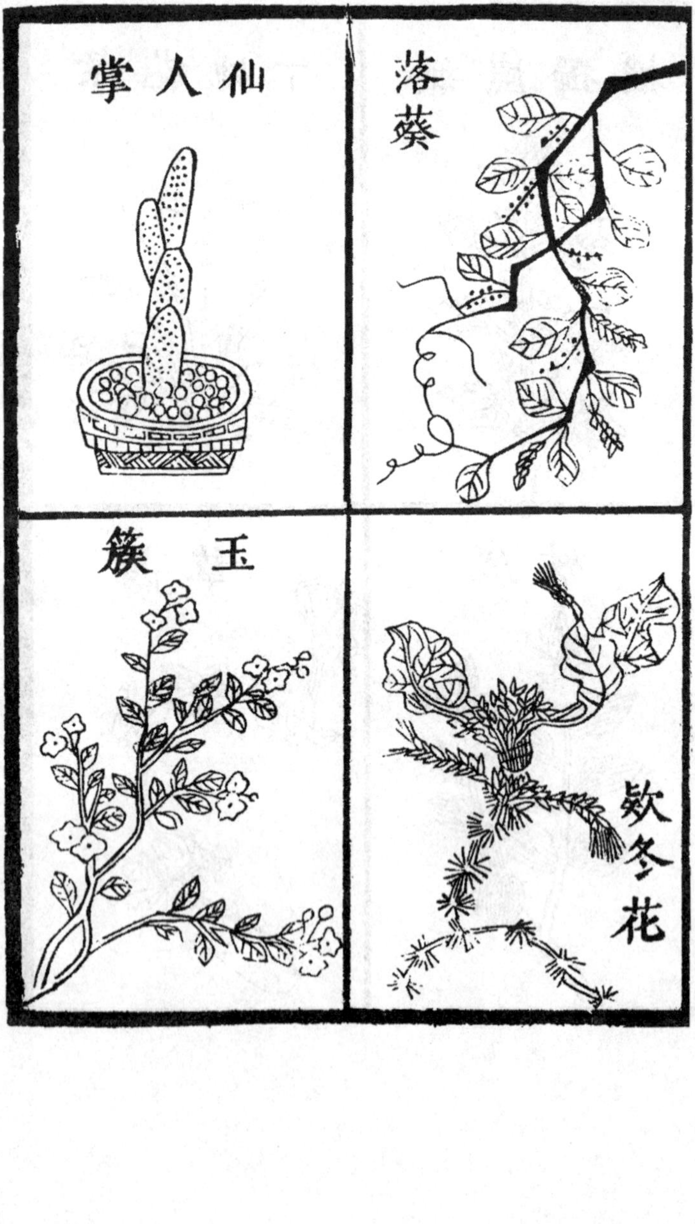
仙人掌
落葵
玉簇
欵冬花

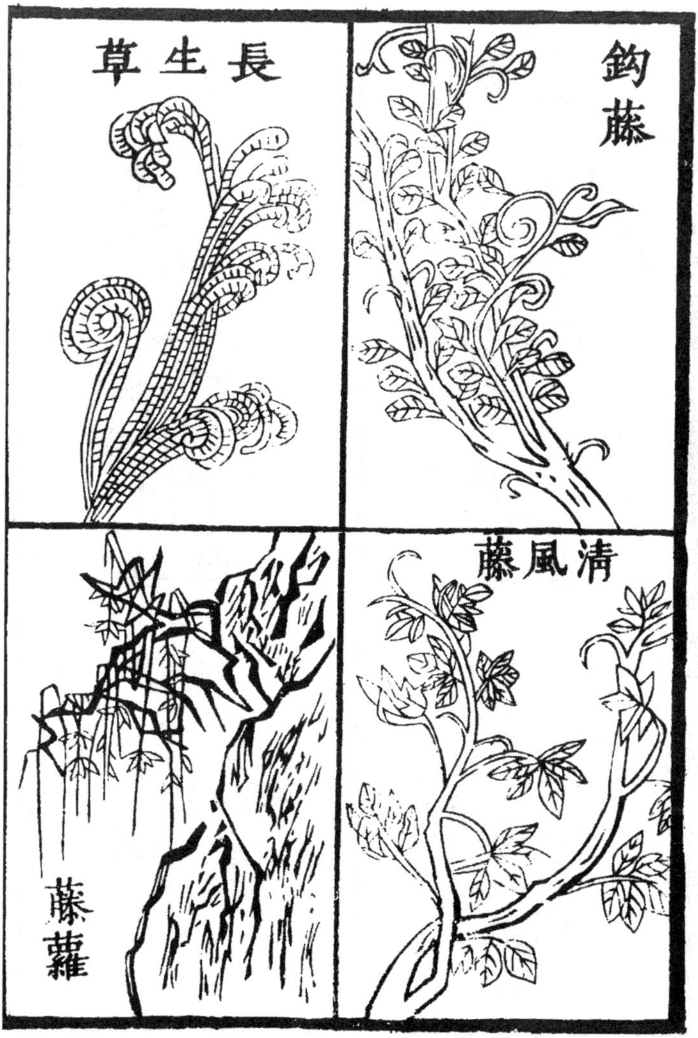
長生草
鈎藤
藤蘿
清風藤

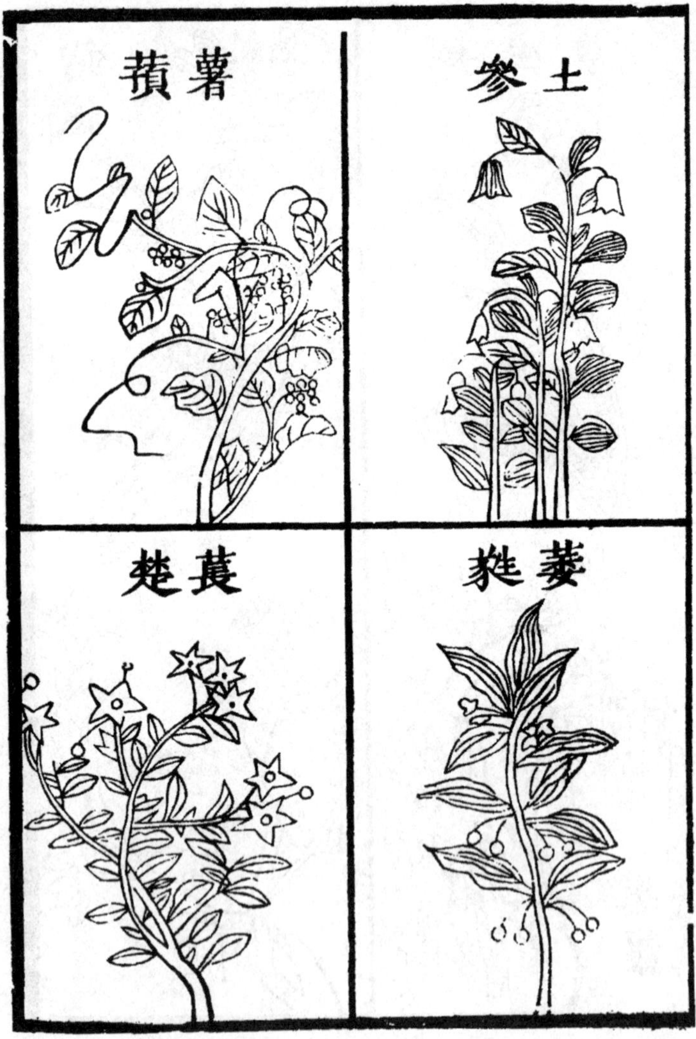
薯蕷
土參
萇楚
萎蕤

簡子

侯騷子

酒杯藤

波羅蜜

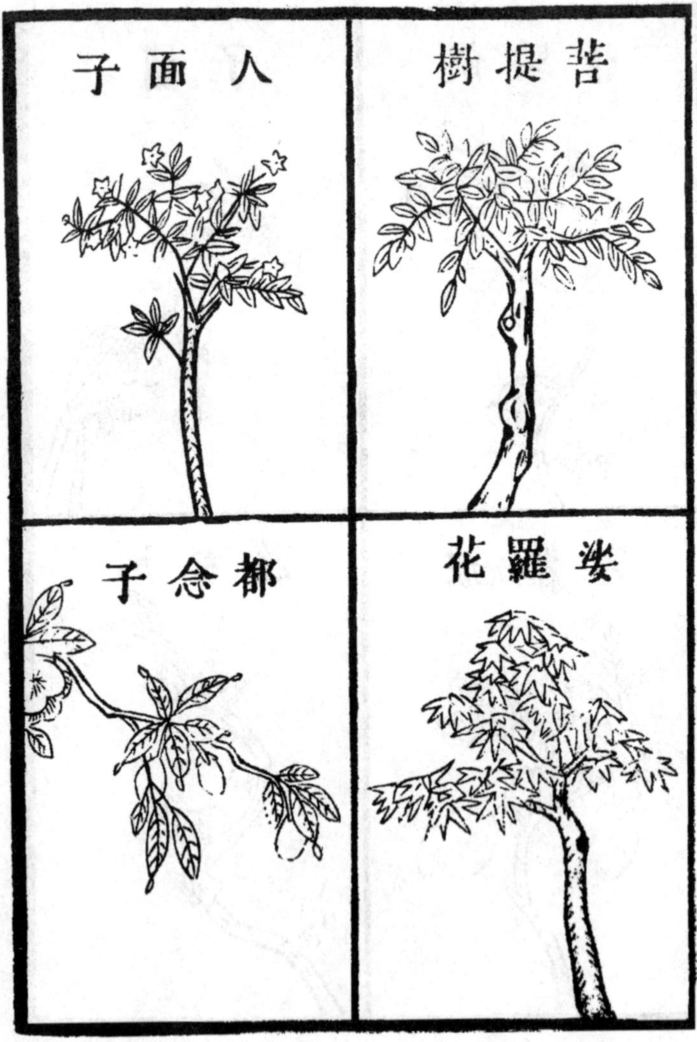
菩提樹
人面子
娑羅花
都念子

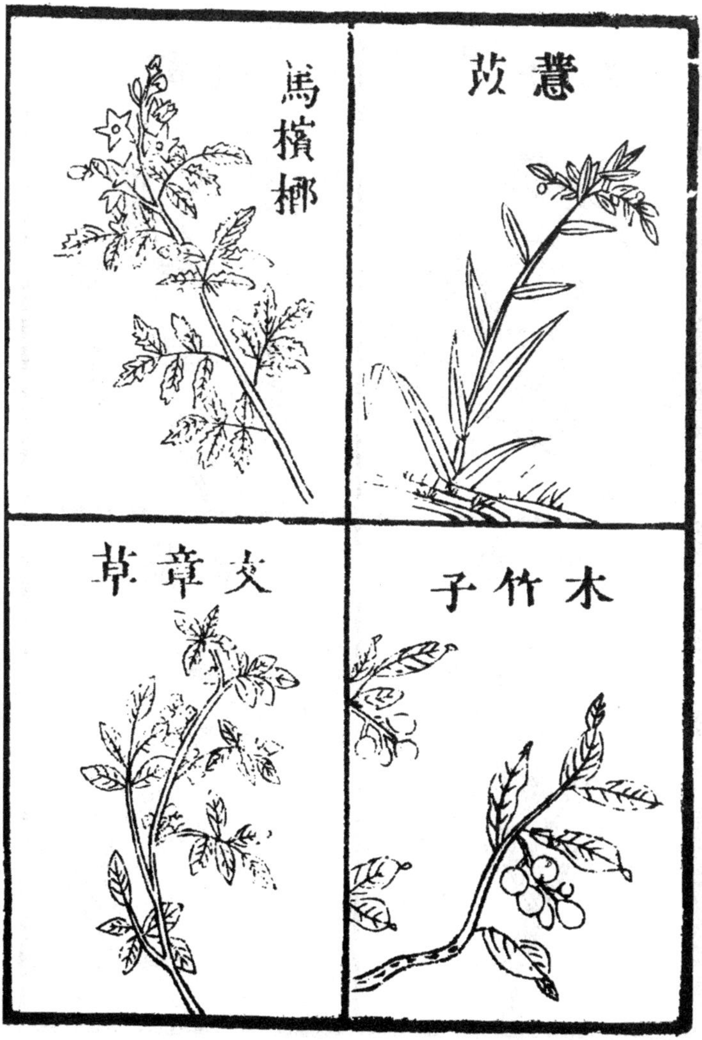
馬檳榔
薏苡
文章草
木竹子

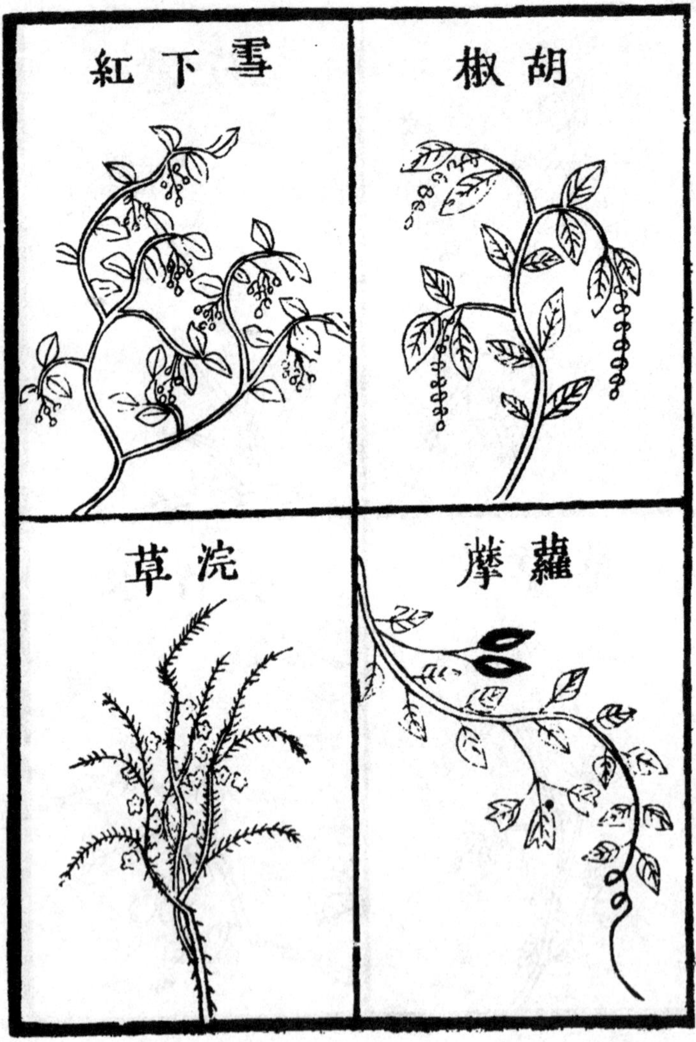
胡椒
雪下紅
蘿藦
浣草

西國草

栝蔞

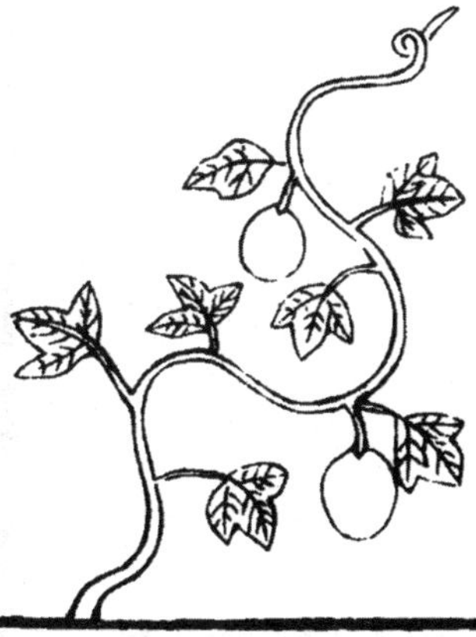

榼藤

五爪龍

蓬藟

千里及

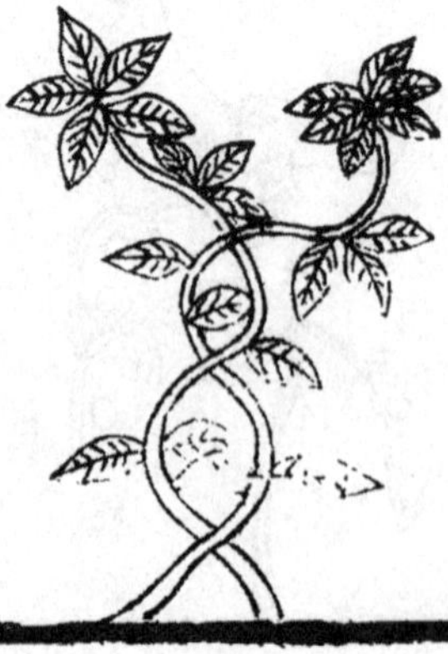

花鏡圖

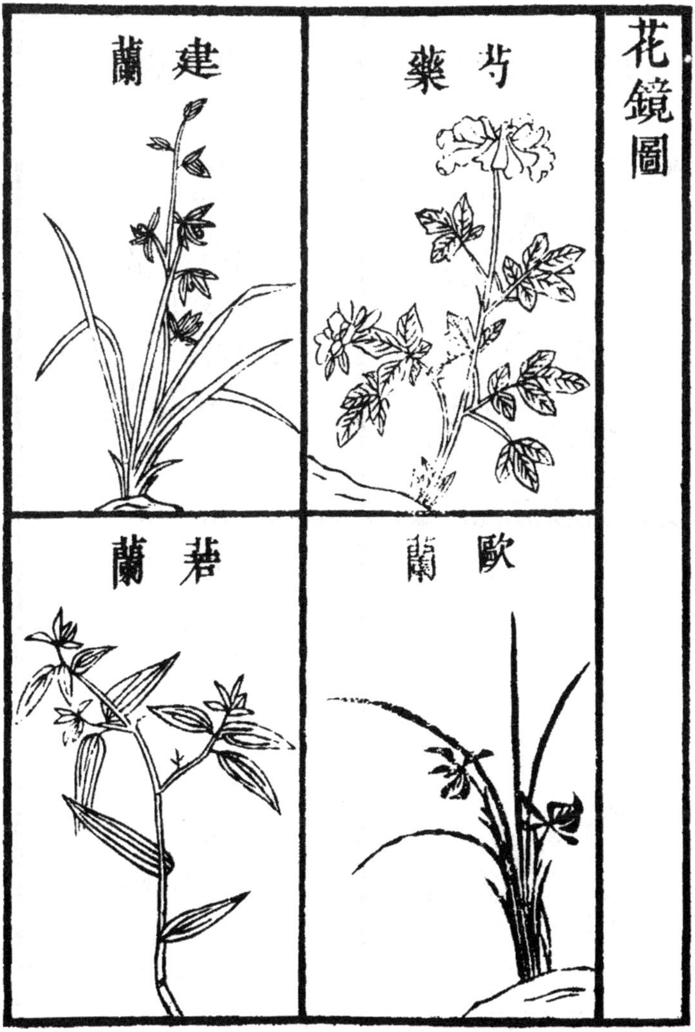

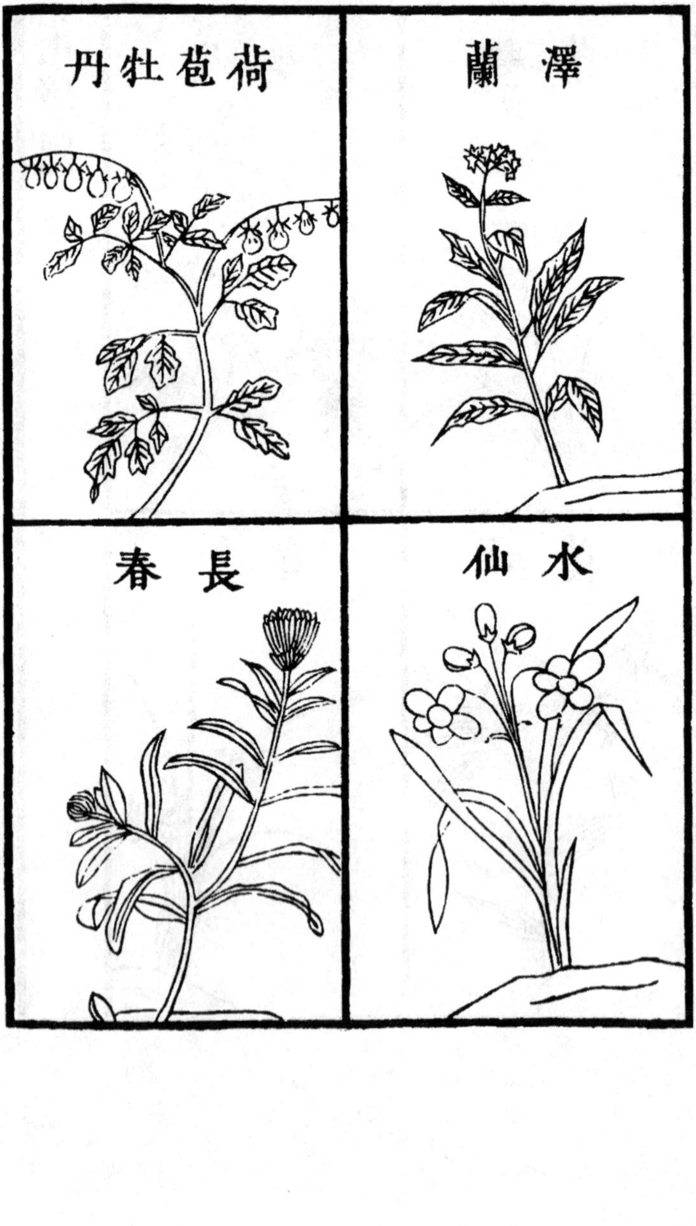
澤蘭
荷苞牡丹
水仙
長春

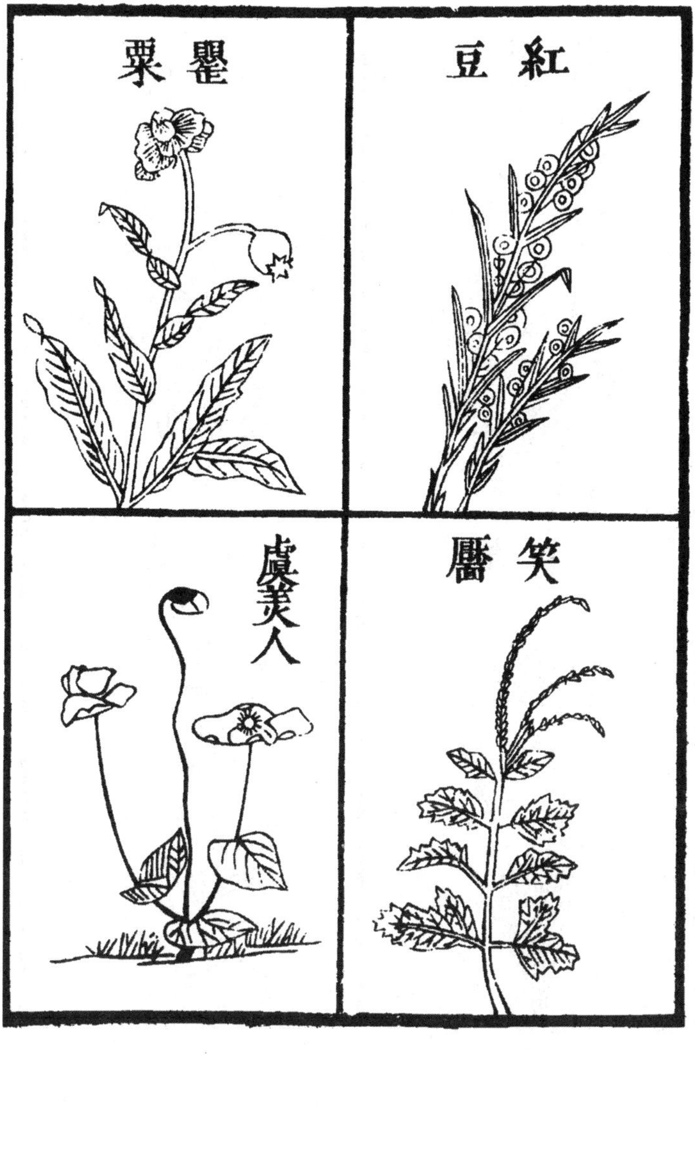
罌粟
紅豆
虞美人
笑靨

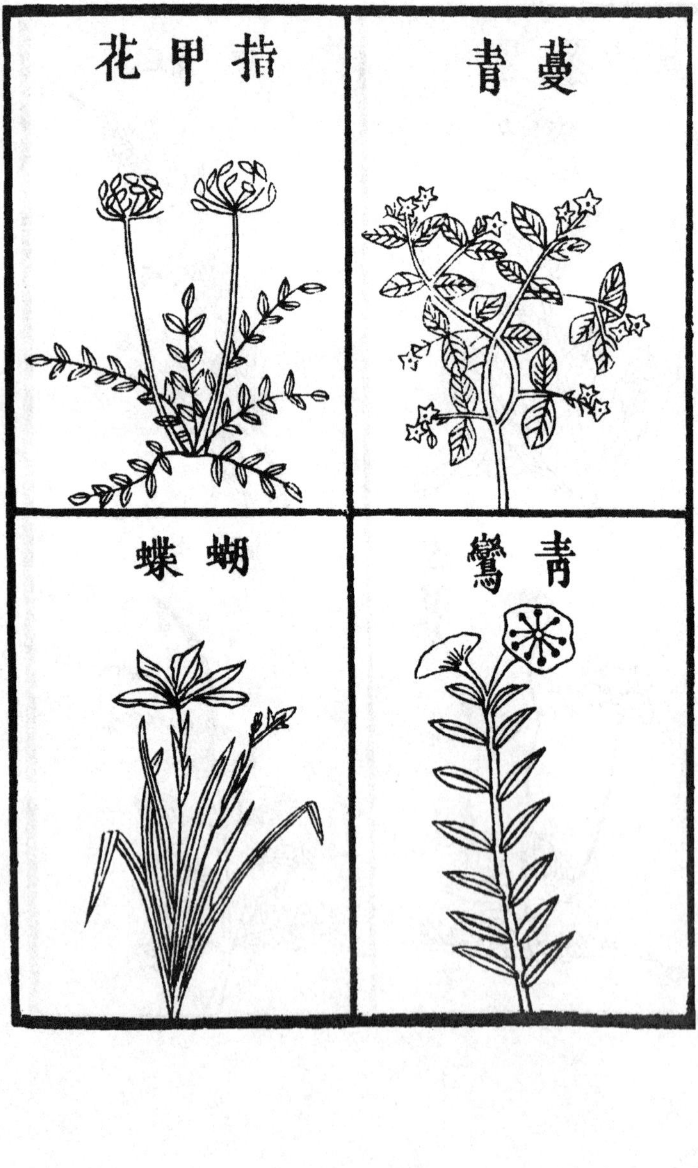
蔓青
指甲花
青鸞
蝴蝶

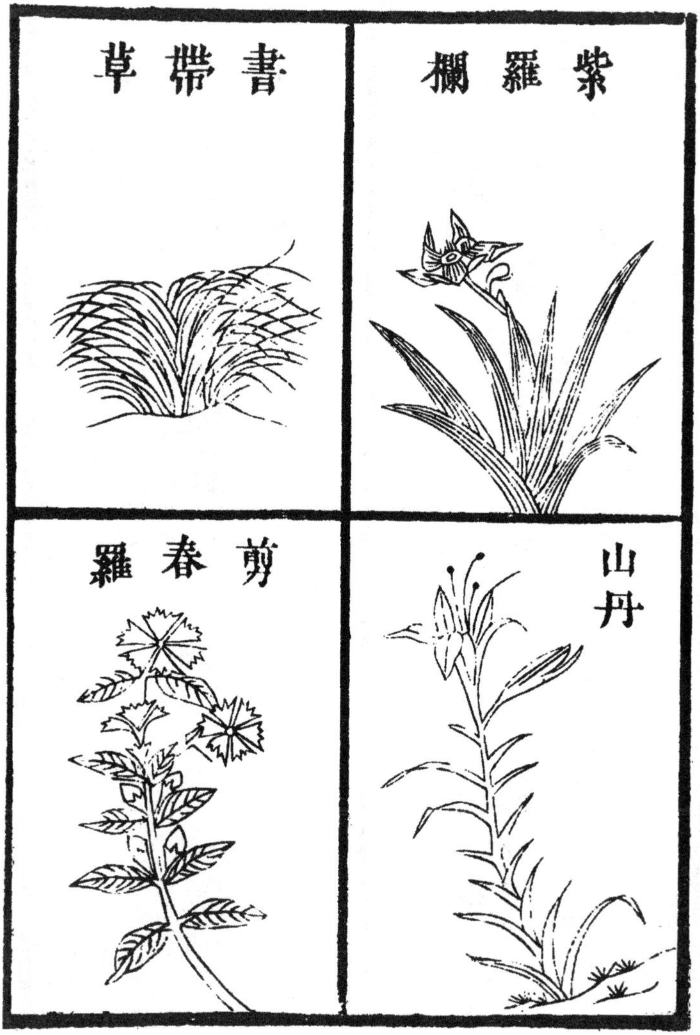
紫羅欄
書帶草
山丹
剪春羅

落陽花

白鮮

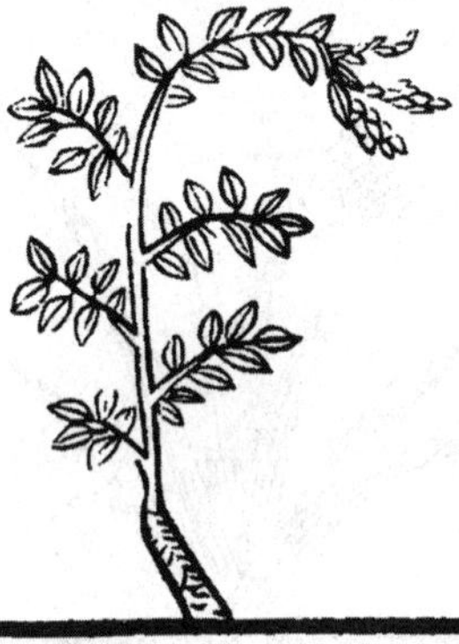

石竹花

王母珠

醒頭香

錦葵

蜀葵

莧葵

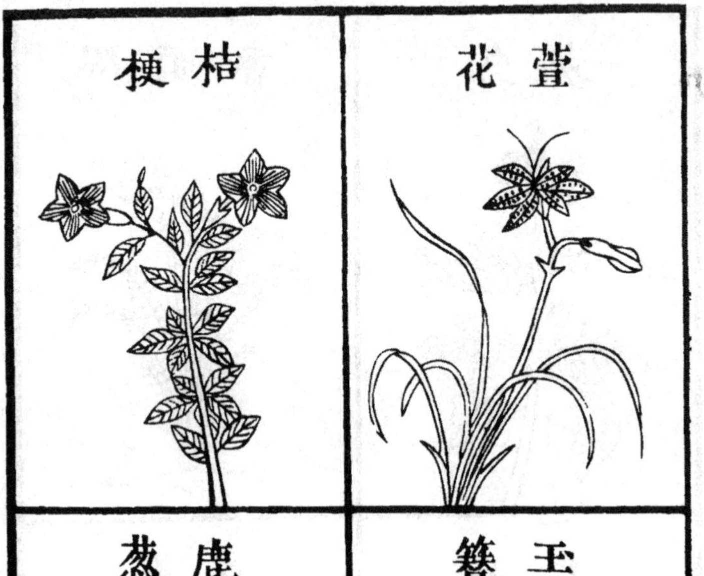
萱花
玉簪
桔梗
鹿葱

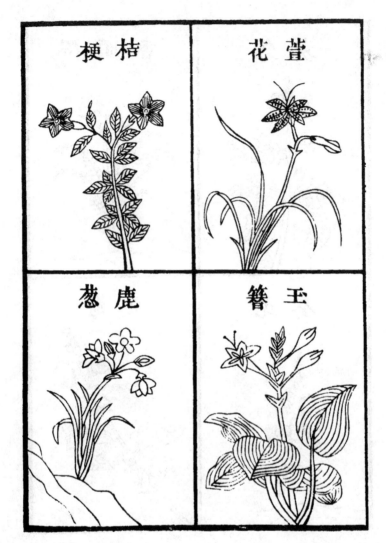

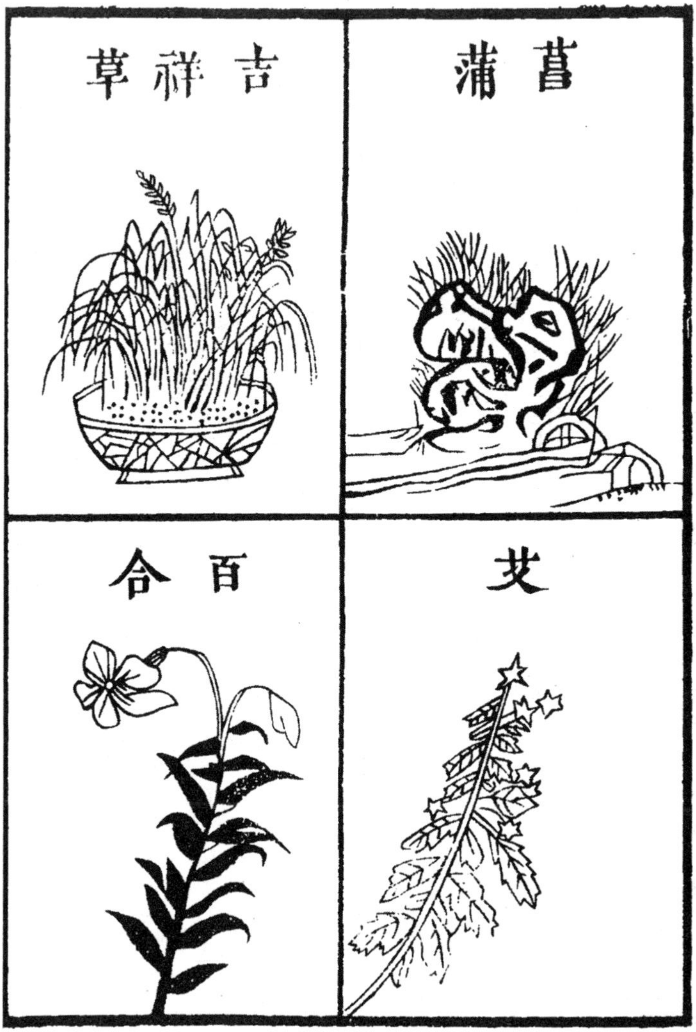
吉祥草
菖蒲
百合
艾

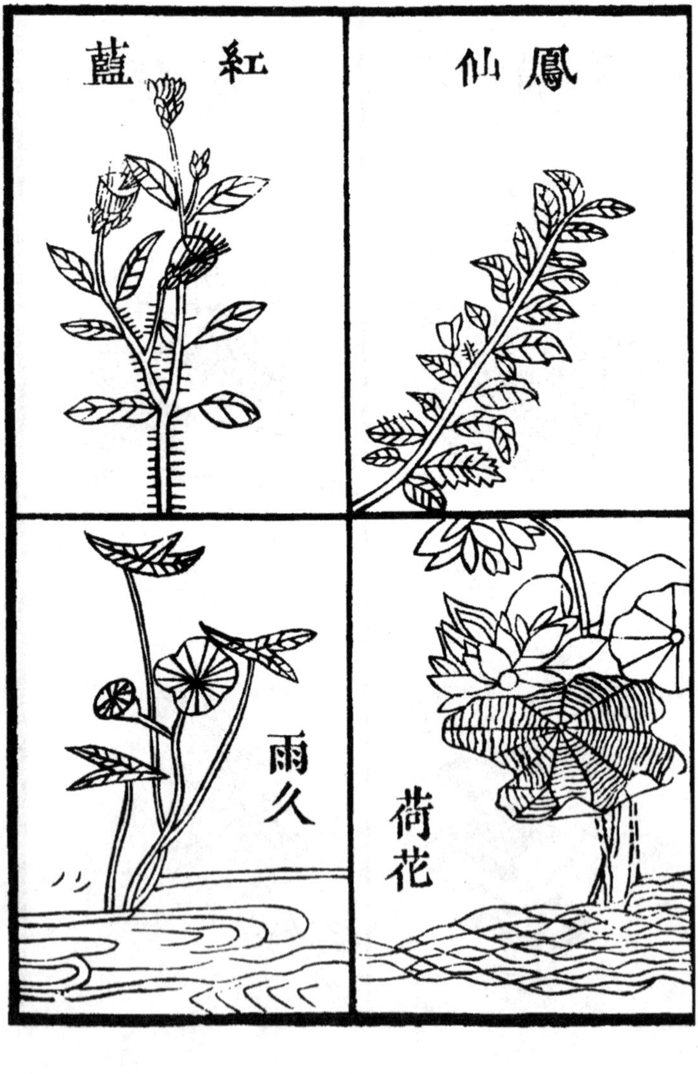
紅藍
鳳仙
雨久
荷花

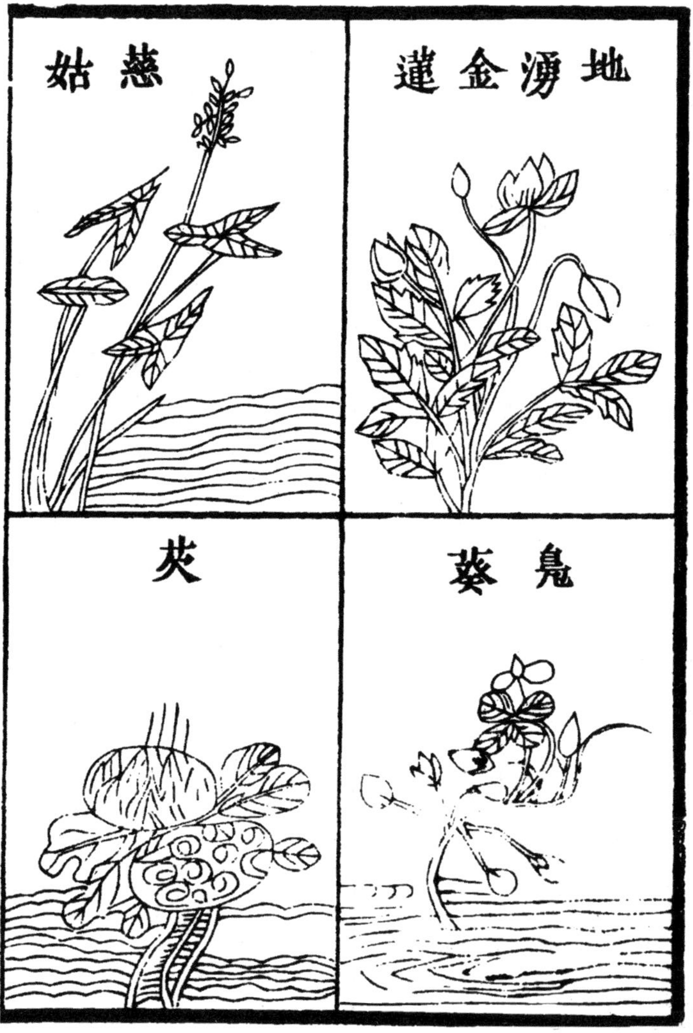
慈姑
地湧金蓮
芡
龜葵

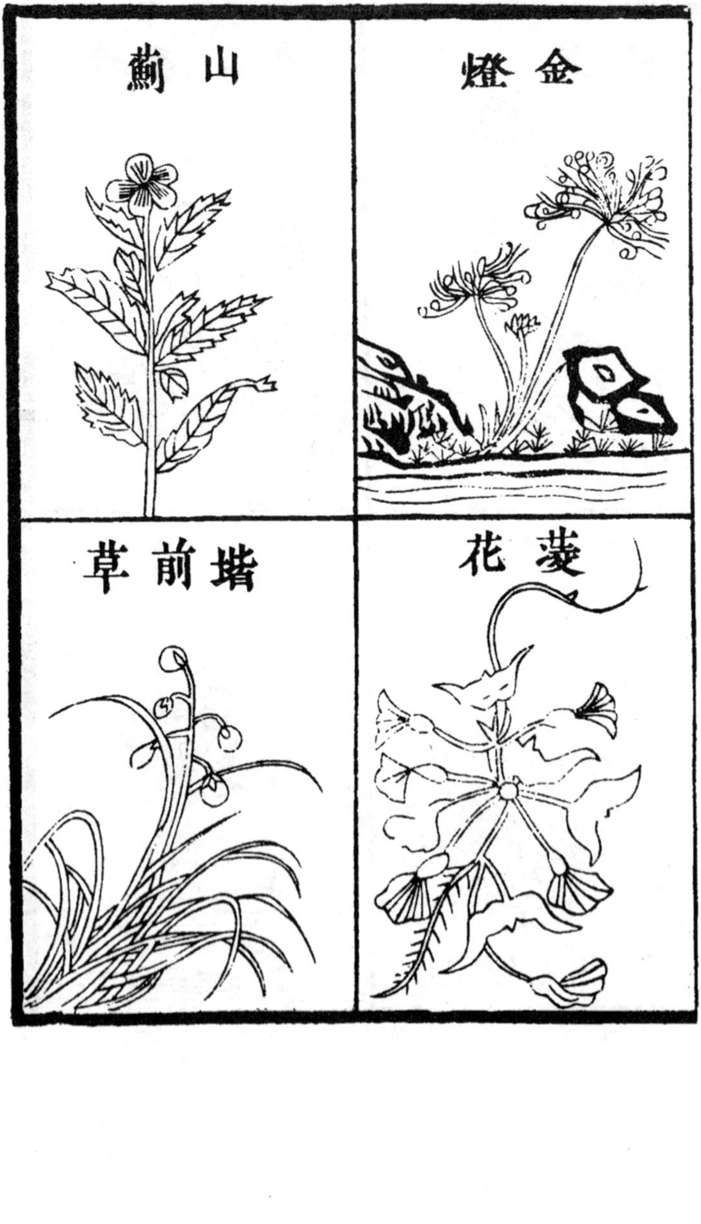
金燈
山薊
菱花
階前草

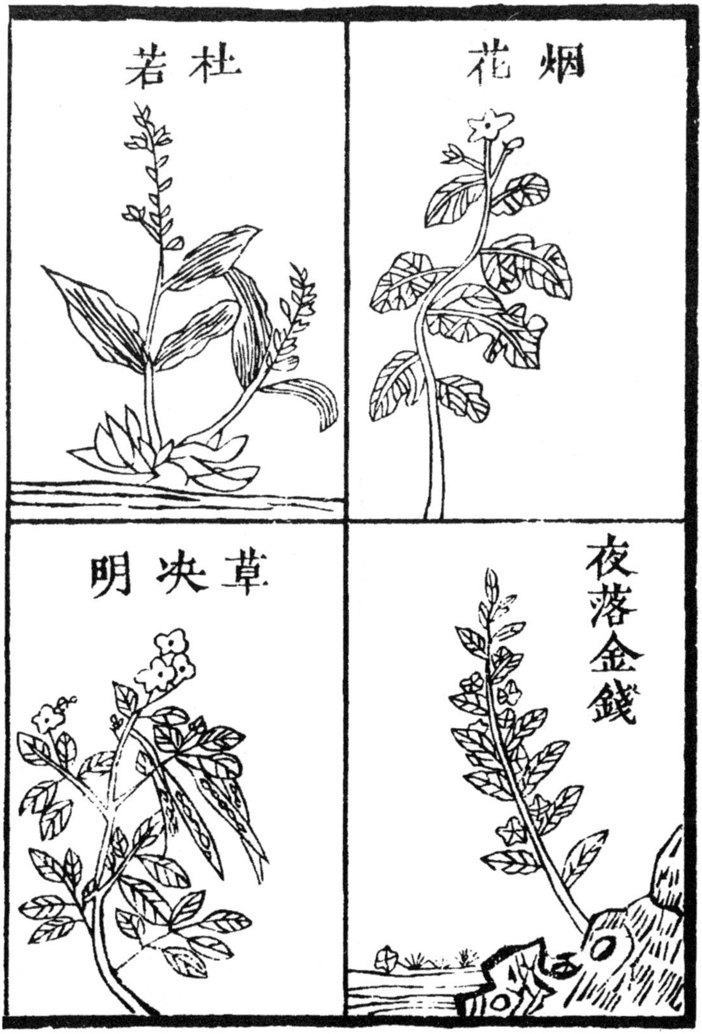
杜若
烟花
草决明
夜落金錢

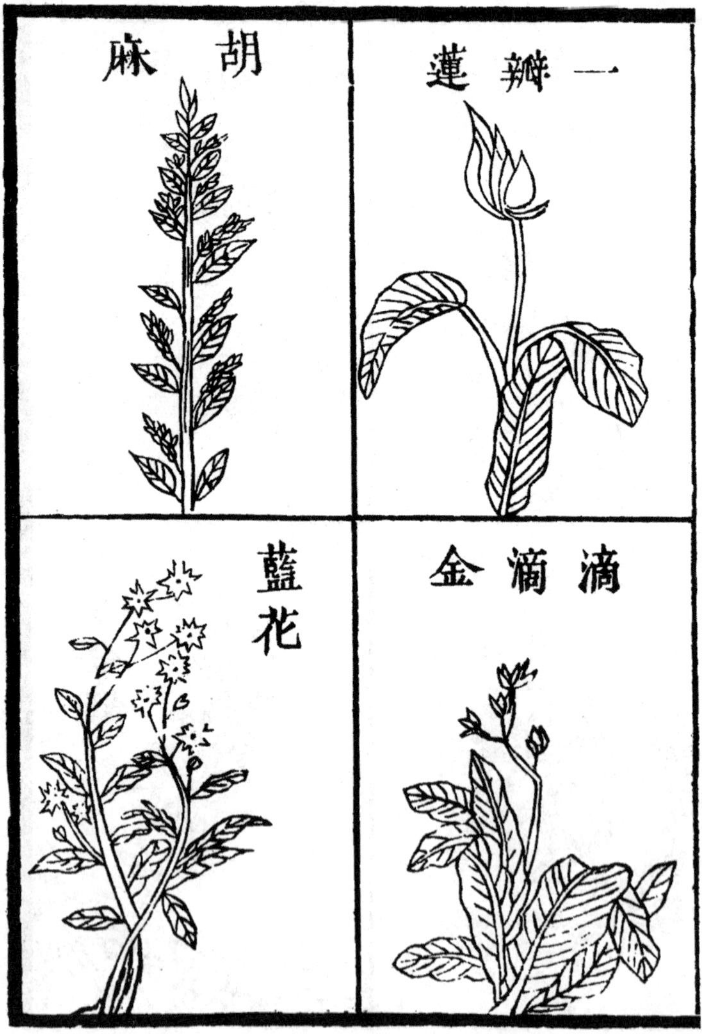
胡麻
一瓣蓮
藍花
滴滴金

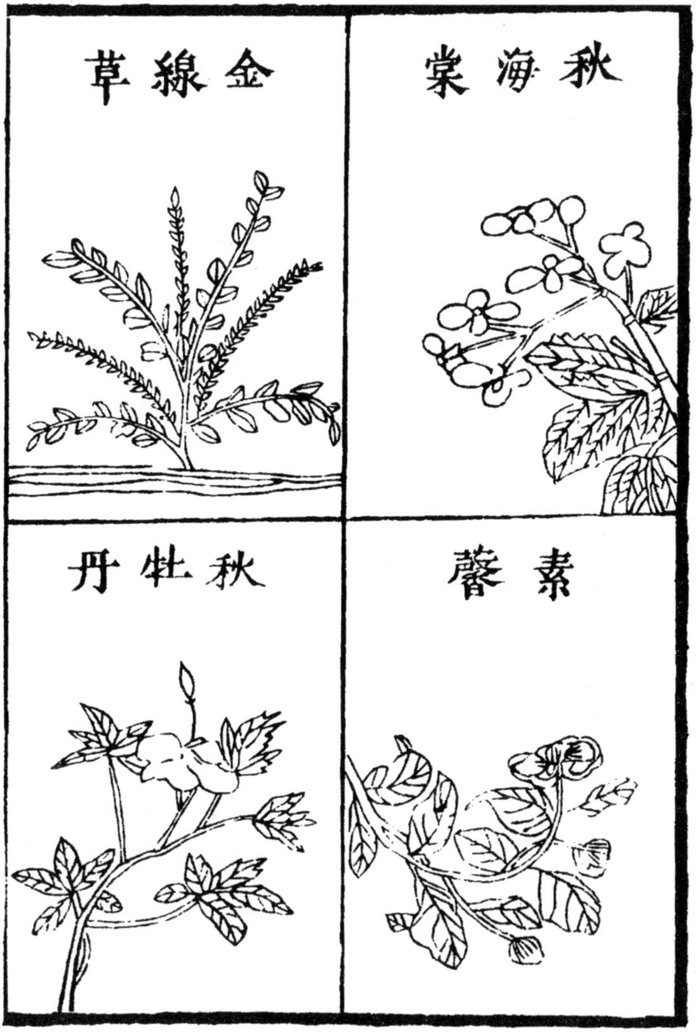
金線草
秋海棠
秋牡丹
素馨

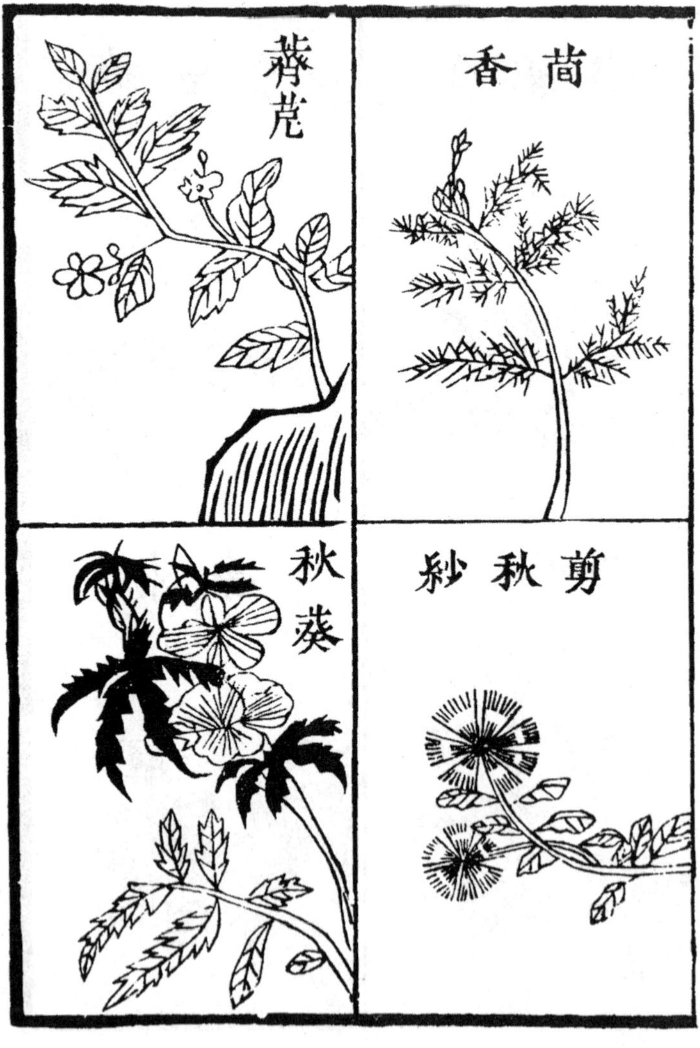
茴香
剪秋紗
薺苨
秋葵

雞冠

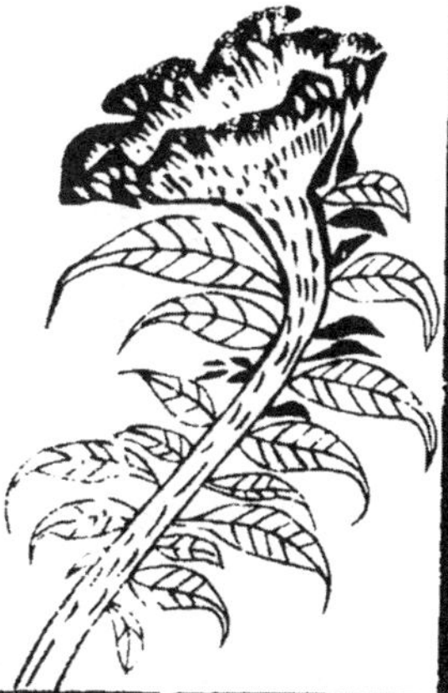

菊

十樣錦

曼陀羅

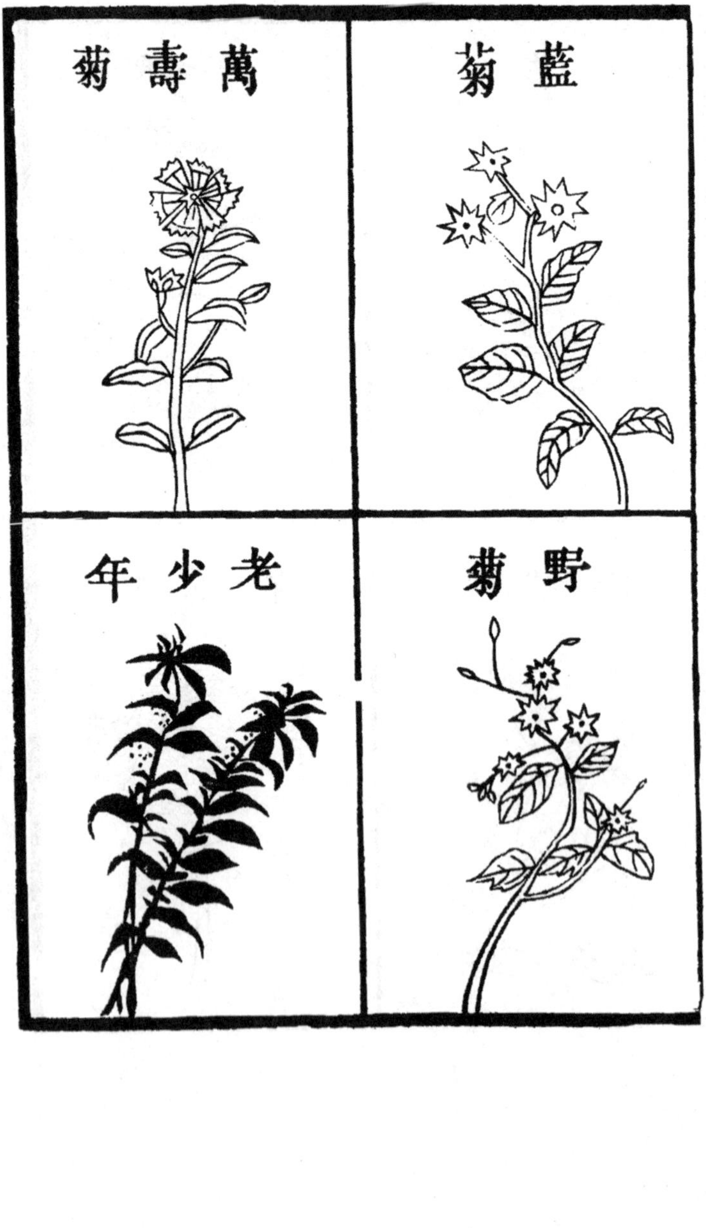
萬壽菊
藍菊
老少年
野菊

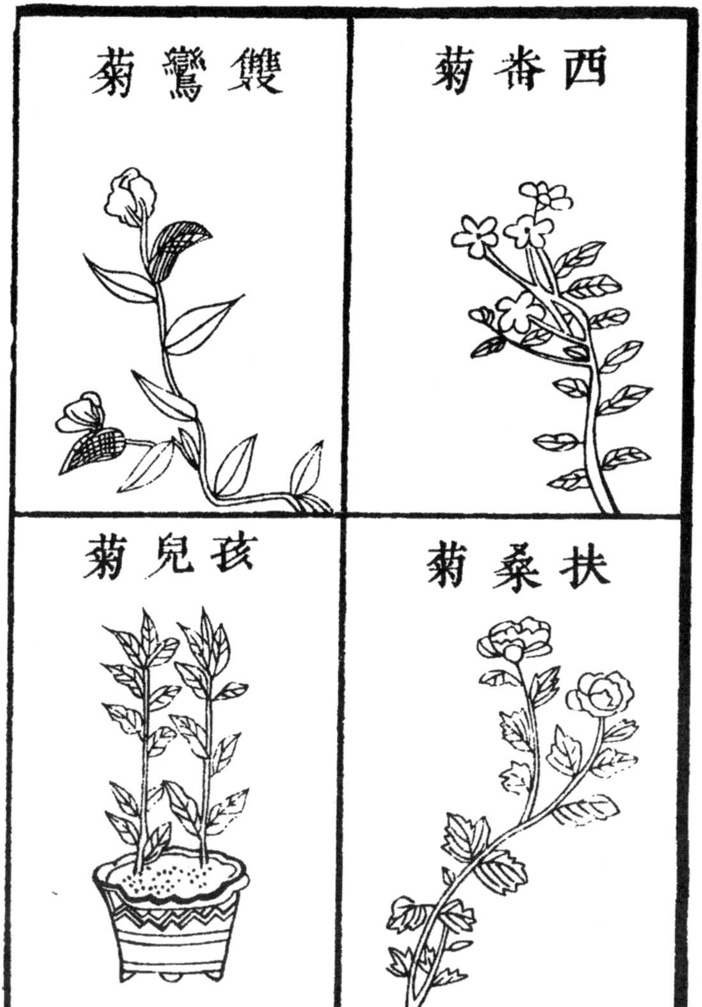
西番菊
雙鸞菊
扶桑菊
孩兒菊

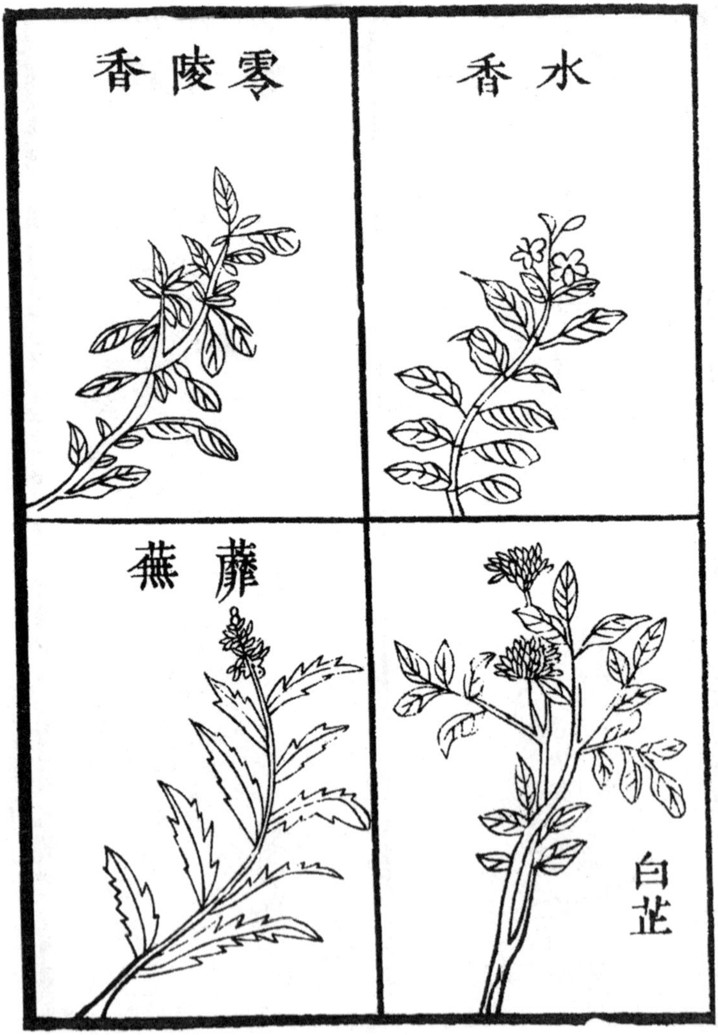
零陵香
水香
蘼蕪
白芷

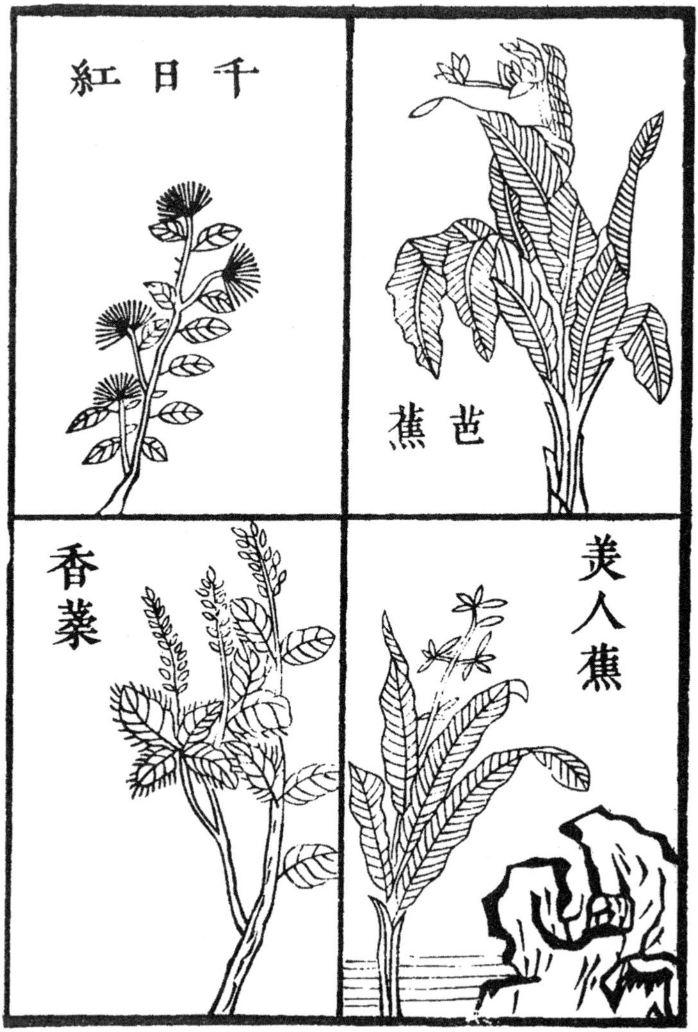
千日紅
芭蕉
香葇
美人蕉

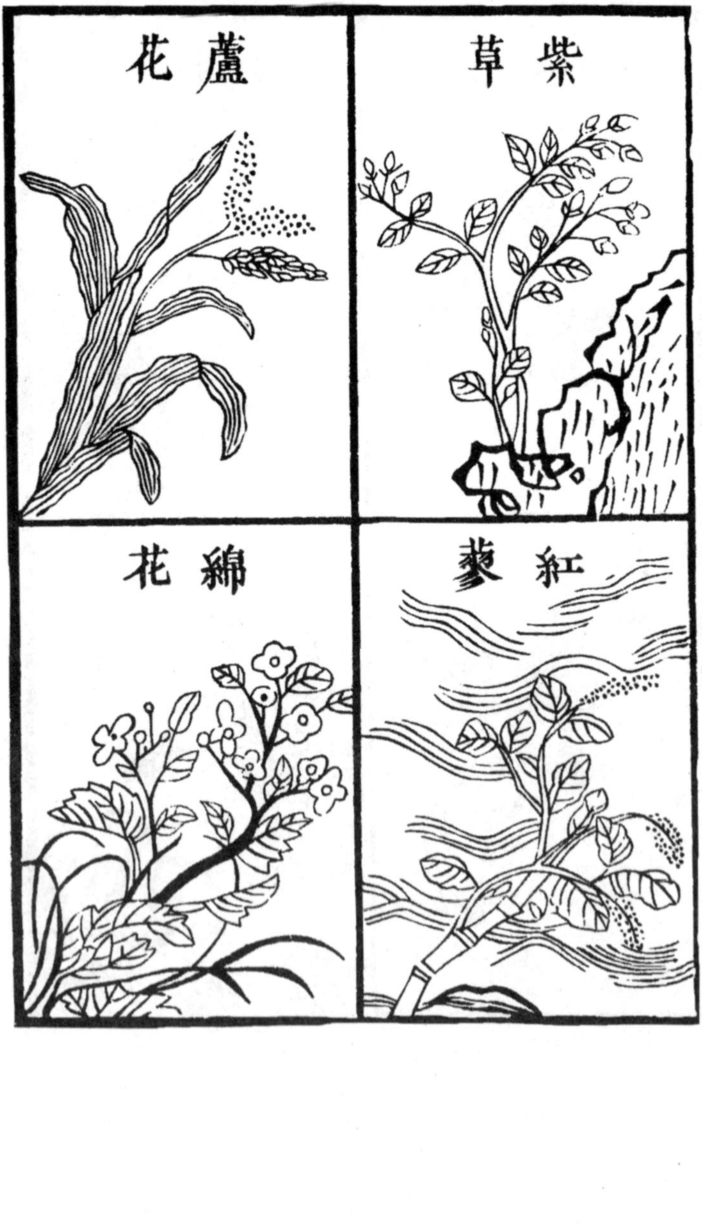
紫草
蘆花
紅蓼
綿花

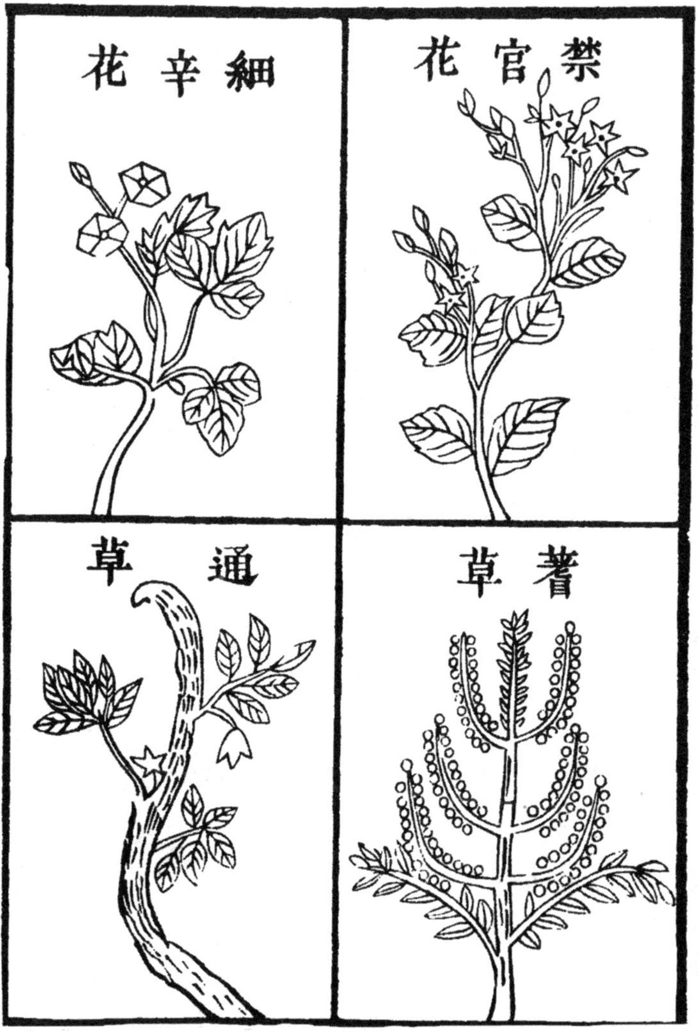
細辛花
禁宮花
通草
蓍草

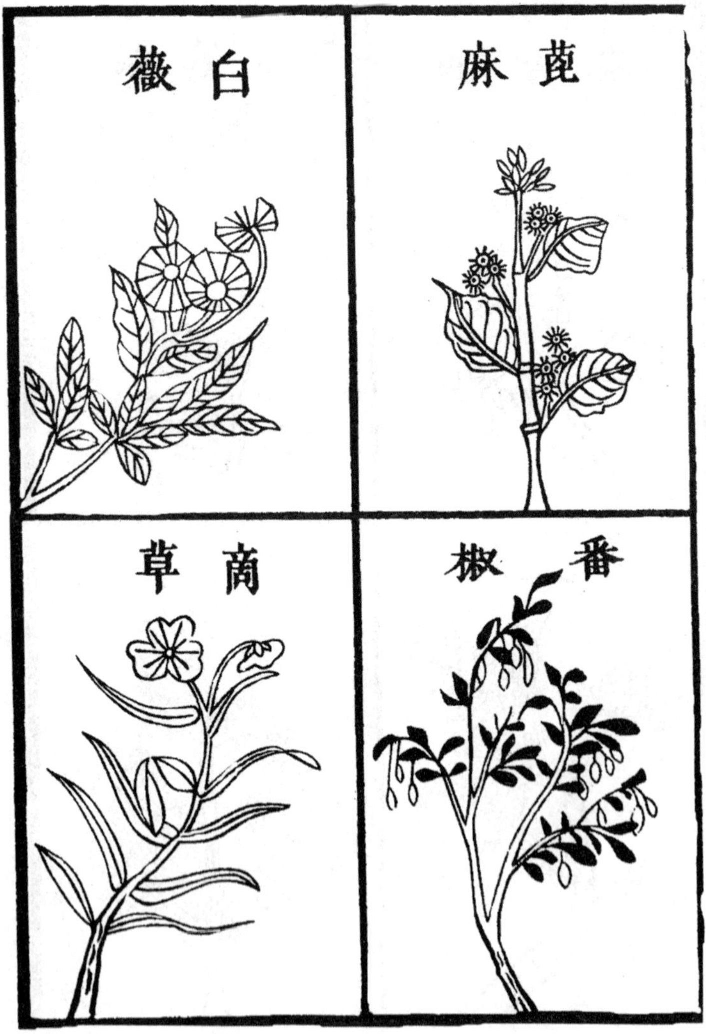
蓖麻
白薇
番椒
商草

萬年青

千兩金

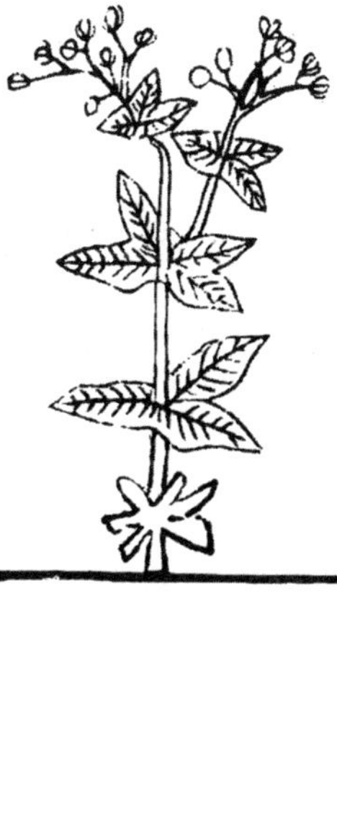

花鏡圖
附禽
仙鶴
孔雀
鷺
鸚鵡

鴝鵒
鷺鷥
鷹
烏鳳

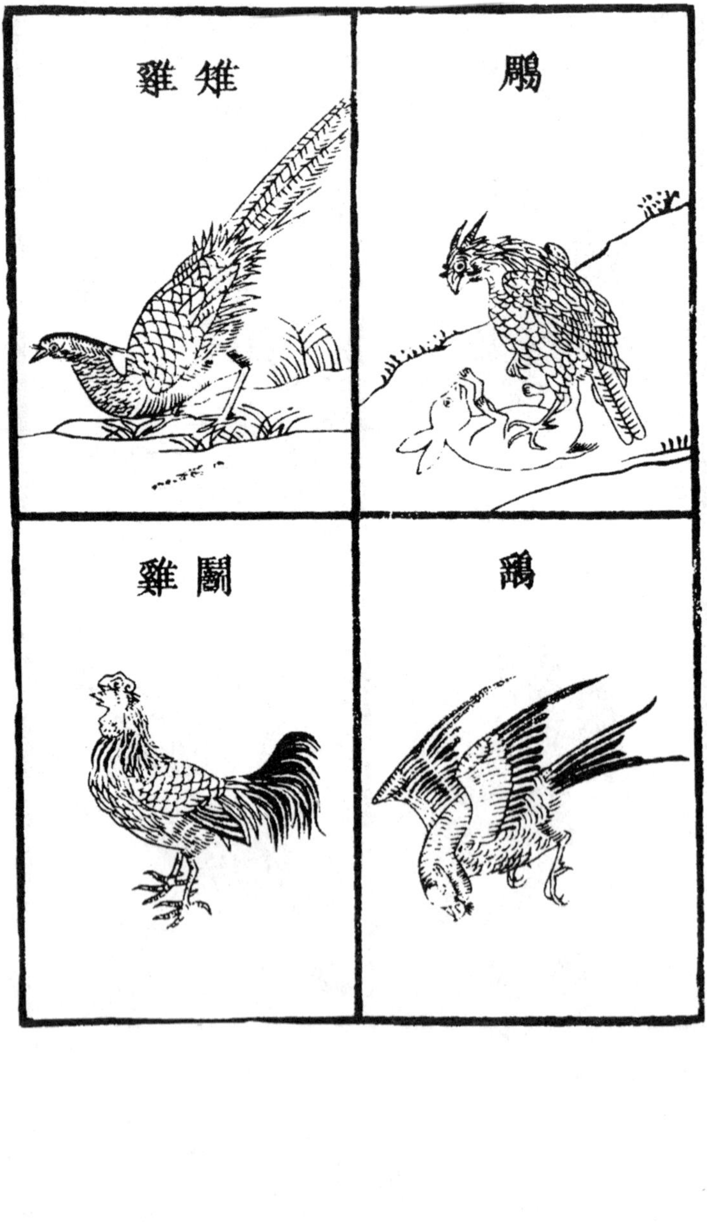
鵰
雉雞
鷂
鬬雞

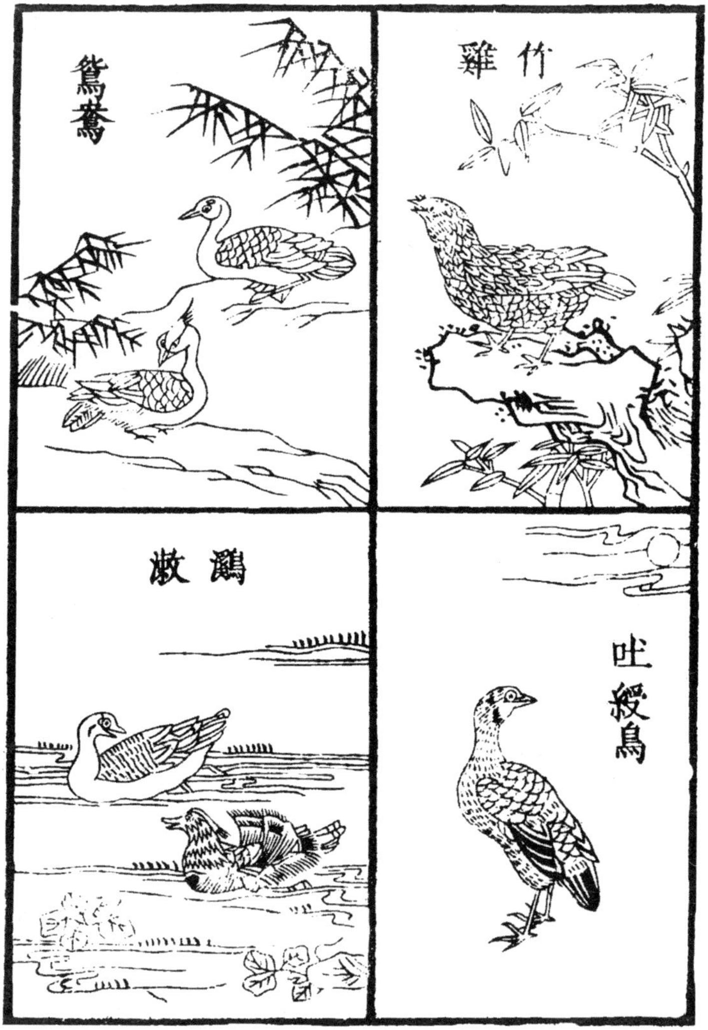
鴛鴦
竹雞
鸂鶒
吐綬鳥

百舌
鵓鴿
燕子
鶉

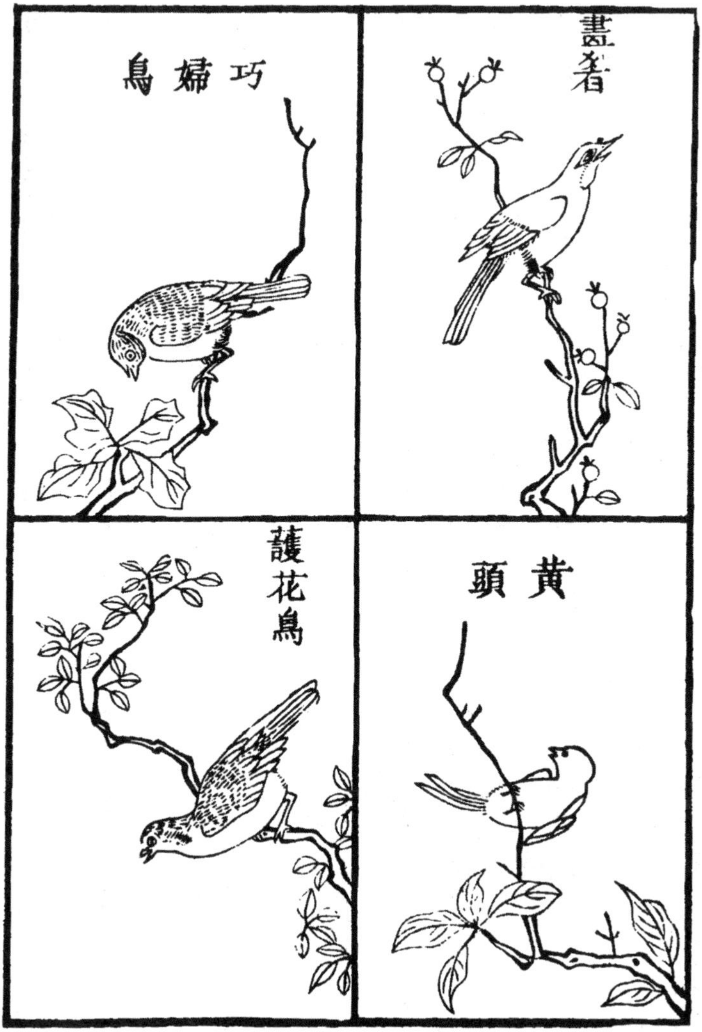
巧婦鳥
畫眉
護花鳥
黃頭

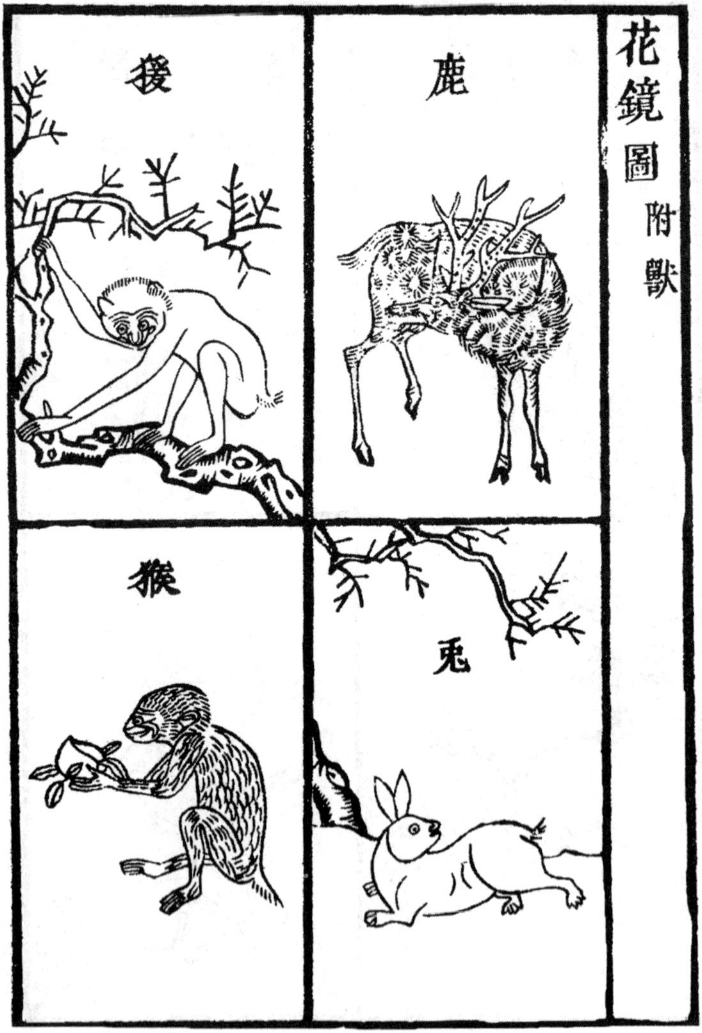
花鏡圖 附獸
鹿
猨
兎
猴

貓
松鼠
犬

花鏡圖 附鱗介

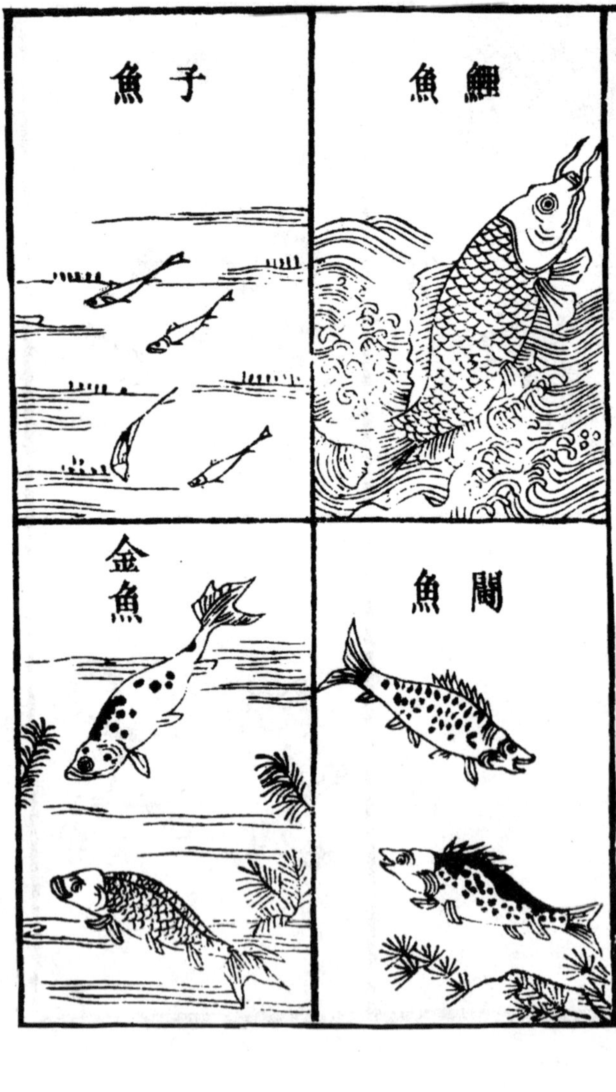

蟾蜍

龜

青蛙

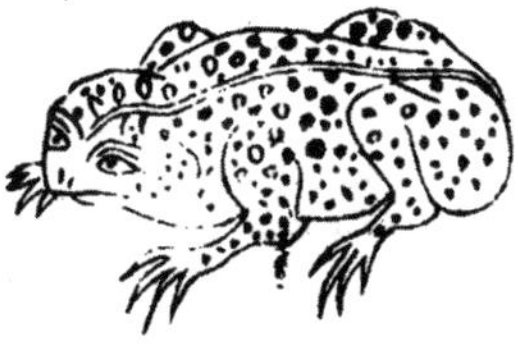

綠毛龜

花鏡圖 附昆虫

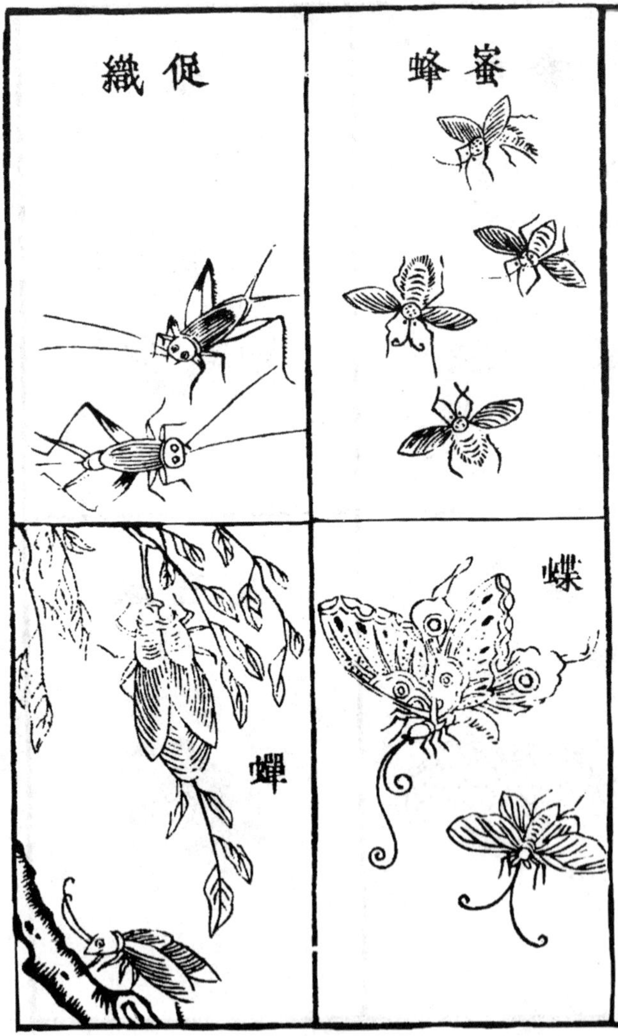

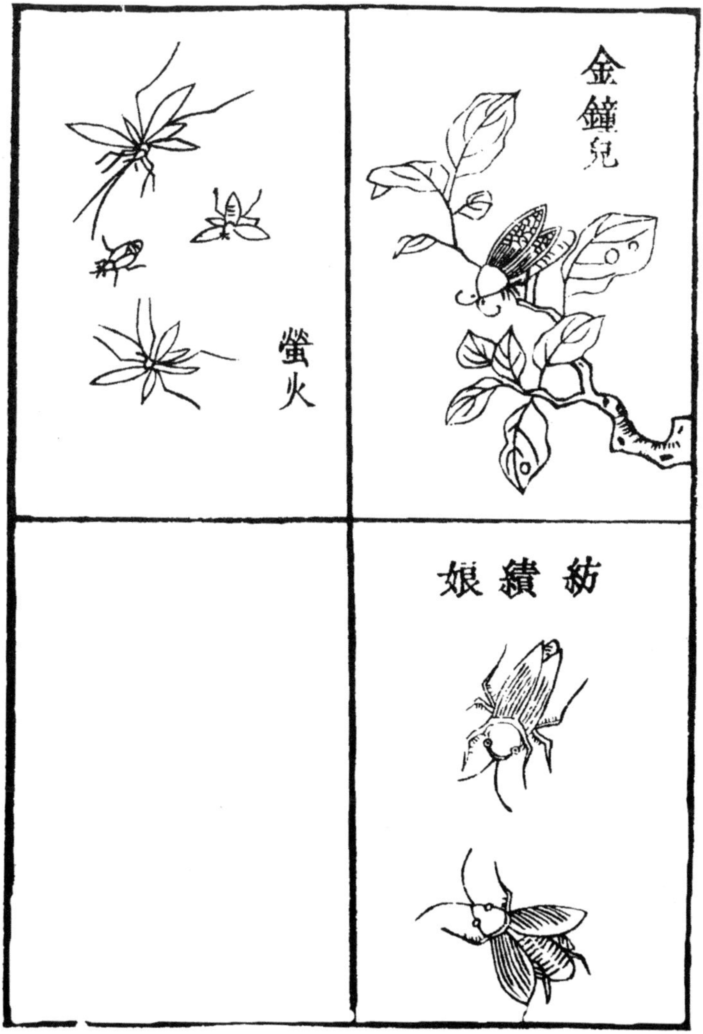
金鐘兒
螢火
紡績娘